区域的远见

——图解鲁尔区空间发展

［德］ 克里斯塔·莱歇尔、克劳斯·R·昆兹曼、扬·波利夫卡、
弗兰克·鲁斯特、亚瑟民·乌克图、迈克尔·维格纳　编著

李潇、黄翊　译

中国建筑工业出版社

图书在版编目（CIP）数据

区域的远见——图解鲁尔区空间发展/（德）莱歇尔等编
著；李潇，黄翊译.—北京：中国建筑工业出版社，2015.10
ISBN 978-7-112-18402-6

Ⅰ.①区… Ⅱ.①莱… ②李… ③黄… Ⅲ.①工业区－城市
规划－德国 Ⅳ.①TU984.13

中国版本图书馆CIP数据核字（2015）第202952号

责任编辑：姚丹宁
责任校对：刘　钰　赵　颖

区域的远见——图解鲁尔区空间发展
[德]克里斯塔·莱歇尔、克劳斯·R·昆兹曼、扬·波利夫卡、
弗兰克·鲁斯特、亚瑟民·乌克图、迈克尔·维格纳　　编著
李潇、黄翊　　译
＊
中国建筑工业出版社出版、发行（北京西郊百万庄）
各地新华书店、建筑书店经销
北京锋尚制版有限公司制版
北京顺诚彩色印刷有限公司印刷
＊
开本：965×1270毫米　1/16　印张：16¼　插页：1　印数：1000册　字数：610千字
2016年5月第一版　2016年5月第一次印刷
定价：138.00元
ISBN 978 - 7 - 112 - 18402 - 6
　　　（27648）

中文版序1

吕斌

中国城市规划学会常务理事、中国区域科学协会常务理事

北京大学城市与环境学院城市和区域规划系主任、教授、博士生导师

鲁尔区作为德国的传统重工业基地，曾经为德国的经济发展做出了非常重要的贡献。然而，随着经济全球化的快速推进，自20世纪70年代起，鲁尔区的煤钢产业迅速衰落，并随之出现了大量人口失业、城市环境污染、教育制度落后等一些严重的结构性问题。在如此困难的时期，德国采取了一系列具有远见的措施，从而有效解决了鲁尔区传统经济体制所存在的大部分问题，成功地实现了鲁尔区的经济结构转型。鲁尔区方圆4000多平方公里、涵盖50多个地方市镇、承载500多万人口的前"巨型重工业地带"经过几十年的转型之路，目前已经成为一个融合了高新技术、宜居环境、特色景观、历史文化、现代服务和低碳生态的复合大都市密集区。如此综合性地域的转型无疑会引出诸多值得思考的问题。例如，如何在规划和实施中驾驭这类大尺度的复杂化地区？如何统筹区内各种发展要素和协调多样利益主体的冲突？如何把握知识经济和信息时代下面临的问题和未来的再发展方向？……基于上述背景，德国多特蒙德大学空间规划学院的莱歇尔教授及其研究团队共同编著了《区域的远见——图解鲁尔区空间发展》一书，全面系统地探讨了鲁尔区在迈向后工业时代转型道路上的区域治理和规划实践。提到德国的城市规划和建设，人们的印象大多会集中在绿色建筑设计、旧城更新、小城镇发展、片区城市设计等微观层面，而鲁尔区的结构转型为人们展示了德国在大尺度的区域和都市区层面成功的规划实践案例。

本书采用理论结合实践、图文并茂的表达方式，从空间、形态、交通、社会人文、景观、产业和行动等七个维度探讨了鲁尔区的现状、发展路径和策略，并围绕"鲁尔城市性"的形成总结了鲁尔区结构转型的路径和具有普适性的经验，最后展望了其未来的发展方向，可为世界上其它大都市密集区提供借鉴。本书中大量区域宏观尺度、次区域中观尺度和局部微观尺度的专业分析图反映了德国现阶段比较流行的分析思路和研究方法，这种生动的表达方式也有助于读者理解和吸收书中所要传达的信息。

区域治理，包括实施区域协作、优化区域结构、推进城乡统筹、提升整体竞争力等多种策略，目前已经成为中国城乡规划领域关注的重点。而鲁尔区的转型过程恰恰采用了区域尺度的整体空间发展和地方尺度的城市建设项目之间相互联动的"双尺度整合"范式，促进了跨尺度、跨行政边界、跨部门和跨要素的互动与整合。同时鲁尔区的空间发展也一直遵循着"存量规划、存量空间利用"而非"增量规划、增长主义"的原则。本书立足于系统解构鲁尔区发展模式的成败得失，其中传递的发展理念对我国的城乡规划具有重要借鉴意义，为我国探索区域一体化路径提供了前车之鉴。

本书的作者团队来自长期扎根于鲁尔区从事研究的德国本土学者、专家及从业人员，因此书中内容真实客观、分析细致详实，体现了德国业界对于鲁尔区的最新研究视角和战略思考，可谓德国专家集体智慧的结晶。同时，本书的译者也在国内多年从事一线城市规划技术工作，并留学德国进行博士研究，这样的专业背景使得译文在专业表达准确的基础上更能够贴切于中国规划语境。总而言之，《区域的远见——图解鲁尔区空间发展》一书有助于中国从业者了解鲁尔区的过去、现在及未来，理解单纯的规划设计手段背后的实施管治机制，并起到抛砖引玉的作用，引发人们从中国视角来进一步思考德国经验的可移植性。

北京，2015年12月

克劳斯·R·昆兹曼博士（Dr. Klaus R. Kunzmann）
德国多特蒙德大学空间规划学院退休教授

鲁尔区：中国规划界的学习天地？
——致中国读者的话

本书通过"图解层析"的方式描绘了德国鲁尔区全面而综合的场景——这是一个空间更新的试验场；一个政治家、规划师和建筑师的学习天地。鲁尔区是一个立身于若干能够干预区域规划和决策过程的政治层面因素影响背景下的、处在转型变革过程的多中心区域。由于中德两国在社会、经济和政体背景上的显著差异，鲁尔区经验对中国城市地区的"可移植性"有局限性。尽管如此，中国的读者和规划师们仍然可以从本书中了解学习到——区域空间更新转型必须应对何种挑战。

1 鲁尔区：变革中的区域

鲁尔区是全球范围内得益于早期工业化经济强势而兴旺的区域之一。然而，在经历了20世纪工业蓬勃发展和经济繁荣的几十年后，技术革新和全球化趋势使得传统工业地区与那些没有因工业化在空间、生态和社会领域付出代价的其他地区相比失去了竞争力。这一浪潮同样波及到前东德以及美国、英国、比利时、法国、波兰，甚至是中国的传统工业化城市地区。就鲁尔区而言，其曾因煤矿和钢铁产业历经了一个多世纪的兴盛并对推动德国晋身世界经济强国具有重要的作用。尽管州政府付出了很多努力，尽管其具备西欧的中心区位优势，却仍不可避免地失去了纵横几十年的经济霸主地位。纵观位于莱茵河谷的邻近地区，如杜塞尔多夫和科隆，以及德国其他城市地区，如慕尼黑、斯图加特、曼海姆、法兰克福和汉堡，这些地区当前的经济形势均要强于鲁尔区。

但是，鲁尔区的另一面是：区内数百万居民中绝大多数拥有高质量的生活环境；最后一个煤矿会在短短几年内关闭，同时钢铁产量大幅度下降；尽管机动化率增加，这里的天空呈现蓝色，空气污染也得到了控制；那些因采矿形成的覆绿后的"人工山"工业景观不再是灰色；众多属于工业遗产的杰出建筑得到了保护与再利用；诸多高校敞开了大门；城市社会保障型住房机构和大型企业一直保持着提供经济适用房的传统；文化基础设施的布局紧罗密布；一张由绿色开放空间和自行车路径组成的密集网络使得人们能够便捷地亲近自然；多中心的居民点结构使得诸如日常消费、运动休闲等良好的就近服务成为可能；公交系统健全发达；在很多新的产业领域业已产生出新的就业岗位；可投资领域大量存在。此外还有一点使得鲁尔区别具吸引力——这里的生活成本比德国西部和南部的其他城市地区更为低廉。

当然，尤其外界来访者还未曾察知的是：这一区域仍然需要承担和应对来自工业化之后大量有形和无形的后果代价、二战的遗留问题和全球化与信息化态势带来的挑战。从历史上看，鲁尔区的居民点演化模式不同于德国其他城市地区，其一直遵循着采矿业和工业生产的逻辑和区位条件要求。区内只分布少量小型的自由城邦（如多特蒙德和埃森），此外几乎没有贵族诸侯在这里营建城堡豪宅并以之为中心向外围发展城镇。直到今天，鲁尔区仍可谓是一个工业村镇的集合体。如此轨迹运转下的空间脉络和工业结构给这一区域的发展带来了负担。鲁尔区迄今仍缺乏一个有强辐射力的历史性内城中心。区内为数不多的老城中心在二战中大多被摧毁了，尽管在战后得到重建，但似乎并没有富有伟大创造性的发展雄心。因此，鲁尔区不是一个受到大量国外旅游者青睐和年轻人喜好的旅行目的地，除非他们想体验工业历史。此外，尽管有着浩大的市场宣传力度，鲁尔区仍不是一个能切实感受到大都市城市特质的地区，也不是一个必需或者倾向让外国投资者尽情发挥的舞台。这里的区域道路网总是不堪重负，同时也没有自己的国际机场。邻近地区的杜塞尔多夫机场倒是快速可达，但这却是杜塞尔多夫（鲁尔区西部一个更具吸引力的城市）的窗口标志，与鲁尔区自身无关。

鲁尔区的经济结构一直难以摆脱煤钢产业的强烈影响。长期以来区域中大型工业企业提供的稳定职位培养了大量胜任的技术劳工和年轻人，却也因此阻碍了他们自我创业的机会。可以说从出生到死亡，鲁尔区人民一直被大型矿业和能源企业所"滋养"。一个世纪以前推动鲁尔区蓬勃发展的创业精神在今天却十分匮乏。很多本地高校毕业的高素质大学生走向德国或者欧洲其他经济更为繁荣的地区寻求就业机会。此外，长期的工业繁荣导致本地企业忽视放眼定位国际市场。在当前的全流通时代，这是一个很大的弊端。

就城市地区之间对吸引高技能劳动力、大事件和外国投资者的国际竞争而言，城市形象、声誉与吸引力扮演着重要角色。这就是鲁尔区很少受到国际媒体关注的原因——其一直没有机会承办奥运会和大型世界峰会。大事件主办方也承认在鲁尔区组织和承办此类活动兴趣不大，因为鲁尔区的城市对来访者没有吸引力。即便鲁尔区的足球业有着很大社会影响，这也并不能从经济利益的角度加以利用。在一定程度上鲁尔区与中国东北的某些老工业基地（例如哈尔滨、长春和沈阳）具有可比性，它们同样有着厚重的工业氛围并面临类似的挑战。

在鲁尔区开展区域协作治理行动较易受挫。尽管鲁尔区有着近一个世纪历史的市县组合而成的区域联盟，但几十年以来在引导区域空间向预期方向发展的方面却事倍功半。鲁尔区在决定自己的行动时长久受制于区内主要城市过分自我的地方利益博弈、来自杜塞尔多夫州政府的过分担忧以及社会民主党过于强大的权力——这些都是鲁尔区的"传统"并且很难避免和掌控。另外，鲁尔区没有自己的"首府"和统一的政体架构，其行政管理职能是由州首府或者区域以外的部门来承担。直到最近，鲁尔区才获准成立了地区议会，区内居民可以参选议员。同样直到最近，鲁尔区才开始编制一个统一的物质空间层面（非经济层面）的区域规划，其也主要是对人口发展停滞的区域空间进行控制而不是再发展，因为没有城市扩张的需求。因此，区域规划的方向更可说是区域空间更新。

2 区域空间发展和空间更新所处的背景语境至关重要

鲁尔区是德国和欧洲26个州中制定有区域发展框架的次区域之一。在德国实质上有八大因素会影响一个城市和区域的规划及治理行动：

（1）德国是一个联邦制国家。中央政府对各联邦州和其中次区域空间发展的影响十分有限。在德国几乎没有自上而下的指令式规划，即便是立法框架也没有规定和约束城市和区域规划的内容。空间规划主要作用在地方市镇一级，当然，它们也总是遵从于上位的区域、州和联邦级以及越来越多的欧盟层面的空间发展政策和战略。

（2）城镇自身全权负责、并且有权限通过一切法律和政治手段来捍卫本地的发展规划。这一原则不仅适用于如慕尼黑和多特蒙德这样的大城市，也适用于只有2万人口的小城镇和县。就规划管辖权而言，鲁尔区覆盖11个城市和4个县（共辖42个乡镇）。地方发展规划一般是由强势的政府部门和规划师来开展执行。

（3）联邦税务法决定了地方财政收入。地方政府根据本地居民情况会获得固定份额的收入税和营业税。也就是说，地方获取的税越高，说明这个城市或乡镇就越富裕，同时也能更好地承担各种社会、基础设施和经济层面的责任义务——地方议会和媒体会持续监管该原则的贯彻执行。

（4）德国的区域空间和居民点结构较为均衡，几乎没有一个强势主导的中心城市，即便是首都柏林。承担全国性管理职能的机构（如宪法法院、审计总署、国家环境局等）均是均匀分布在德国全境。中小城镇拥有和大城市一样的生活质量。全国境内随处可见适合无论是跨国企业还是中小企业生根条件的地方，同时也分布有大量的公立（免费）和私立高校——它们在教学质量上差异不大，并且基本上面向所有中学毕业生。

（5）德国很多城市战后重建的经历使得城市社会对投资者和建筑师可能给内城带来的再次结构性破坏变得非常敏感。建筑遗产因此得到了很大程度地保护，很多首次使用超过50年的建筑都编号记载保存以记录城市发展的结构持续性。保护建筑的私营业主可以把维护工作列入年度个人所得税申报范畴。

（6）德国的规划和决策过程总是发生在建立共识的环境中。规划过程中的公众参与通过法律来引导。规划策略和冲突一般会公开讨论，直到利益相关者达成共识。就这些而言势必会付出大量人力物力与时间。因此，决策过程通常比在中国要长得多。

（7）德国的经济发展是基于社会市场经济的原则。经济和社会问题相互权衡，自由市场经济由政府监管和引导控制。与其他许多欧洲国家不同的是，"双重教育"是德国教育系统的重要奠基石。所谓"双重教育"，即除了学校教育之外，私营部门承担了大量在公司企业的在职培训工作，这一点是德国经济发达至关重要的因素。

（8）自然环境保护历来对于德国社会有着重要意义。无论是学校教育还是媒体倡导都一直强调环境保护。另外，在各级政府的全面立法框架保护下，环保法律法规得到了社会的广泛接受、严格贯彻以及悉心监管。

上述八大因素贯彻于鲁尔区和全德的地方城镇和区域级规划及决策过程中，映射出背后的社会和政治语境。

3 中国能从鲁尔区的规划案例中学到什么？

中德之间无疑差异巨大。像北京、上海或者是南京这样的特大城市可能无法从鲁尔区的空间规划和空间更新中学到太多经验，因为鲁尔区的规划、行政和社会层面的挑战与中国的这些仍然处在增长态势的城市地区截然不同，而更为贴近的案例则是中国东北的诸如哈尔滨、长春和沈阳等传统老工业基地。其实在这些地区规划师所能学到的原则性观点要多于具体的战略、规划和项目实施。那么来看看中国规划师到底能从鲁尔区中学到什么？

（1）一个区域的空间更新不能以"理想蓝图式"的规划方式来进行。从鲁尔区可以提炼一些原则来对中国城市地区的空间更新有所启迪，包括资源节约式改造、多中心结构的维护、区域绿道系统的连接、混合空间替代单一功能使用、居住地均衡布局、有吸引力的开放空间、规划策略的渐进实施等等。

（2）一个大尺度城市地区不需要单一集聚的中心，而是应该多中心分散布局——它们之间形成良好的连接，最好功能差异化发展，这更有助于地方承载公共服务的责任义务。

（3）著名的"IBA埃姆舍公园国际建筑展"（1989—1999）实则是一种区域治理战略——重点致力于保护工业遗产，并通过广泛再利用塑造这些遗产丰碑向后工业社会功能转型的样板。它同样反应了为说服行政和社会层面领导和决策者所采取路径的重要性。

（4）一个区域吸引外来投资者、来访与旅游者需要具备正面积极的认同感和清晰可辨的城市意象——这就需要一些有辐射力和说服力的旗舰项目和内容可信的发展计划来支撑，只要这些旗舰项目的开发不会给居民的生活环境质量带来负担。一旦旗舰项目会束缚居民生活质量的改善，并且像"沙漠里的白色大象"一样形成孤立效应，就不应再开发了。

（5）一个区域需要有空间发展愿景，注意这并不是"色块规划图"，而是为循序改善居民生活质量和地方商业环境而制定的切实规划导则。当然，这些导则仅仅通过专家来制定，然后印在精美的城市营销宣传册上或者仅在城市博物馆上展示仍然是不够的。它们必须通过体现在面向未来的成功项目开发中使公众信服。经验表明没有什么能比开发成功更能让人印象深刻。

每个区域都是一个在其中每天都能学到新东西的复杂巨型学习天地。空间更新不是一种"项目"，而是一系列去适应社会经济变化的连续过程。在未来几十年中，规划师、建筑师和政治决策者同样会关注和处理中国城市地区的转型问题，对此，德国的鲁尔区是一个很好的观摩对象。

波兹坦，2016 年 2 月

目录

P3　　　　　中文版序1
P5　　　　　中文版序2
P11　　　　祝词1
P13　　　　祝词2
P15　　　　前言
P17　　　　介绍

P21　　第1章　非传统都市区
　　　　　　　鲁尔区的角色位置和空间维度
　　　　　　　（莫纳·El·卡菲夫，弗兰克·鲁斯特）
P22　　1.1　大都市区的国际对比
P23　　1.2　区域与边界
P24　　1.3　空间演进历程
P25　　1.4　地形地貌
P26　　1.5　河湖水系
P27　　1.6　绿色空间
P28　　1.7　道路网络
P34　　1.8　城市空间形态
P40　　1.9　大都市区对比的核心数据

P43　　第2章　内核、动脉与边缘
　　　　　　　鲁尔区的居民点结构和空间肌理
　　　　　　　（扬·波利夫卡，弗兰克·鲁斯特）
P44　　2.1　居民点空间组织
P54　　2.2　内部边缘
P60　　2.3　断点
P64　　2.4　建造类型
P72　　2.5　内核与动脉
P80　　2.6　子空间和网络组织

P85　　第3章　多中心的移动空间
　　　　　　　鲁尔区的机动性
　　　　　　　（迈克尔·维格纳）
P86　　3.1　机动性
P87　　3.2　鲁尔区的可达性
P96　　3.3　鲁尔区内部的可达性
P100　 3.4　网络化
P106　 3.5　交通对环境的影响
P108　 3.6　特写：多中心带来的可持续机动性

P113　 第4章　社会人文镶嵌体
　　　　　　　鲁尔区的社会空间结构和活力多样性
　　　　　　　（海克·汉赫尔斯特）
P114　 4.1　区域中的"世界"
P116　 4.2　小环境的隔绝
　　　　　　　（海克·汉赫尔斯特，托比亚斯·特尔波腾）
P118　 4.3　人口的活力
P120　 4.4　鲁尔区的教育机会
　　　　　　　（海克·汉赫尔斯特，托比亚斯·特尔波腾）
P122　 4.5　移民经济的发展脉络
　　　　　　　（海克·汉赫尔斯特，伊万·费歇尔·克拉珀）
P126　 4.6　社会异质性和移民阶层环境
P130　 4.7　移民的住宅物业持有状况

目录

P132   4.8   鲁尔区宗教的多元化
                  （海克·汉赫尔斯特，马尔库斯·赫尔罗）
P134   4.9   鲁尔区的"马赛克"格局

P137   第5章   景观机
                  鲁尔区的景观生产力
                  （西格伦·郎格纳）
P138   5.1   景观的成因
P144   5.2   景观分区
P150   5.3   大地发动机
P154   5.4   水利机
P160   5.5   鲁尔区景观王国

P163   第6章   结构转型的试验场
                  "老"工业基地和新的区域竞争力
                  （卢德纳·巴斯顿，亚瑟民·乌克图）
P164   6.1   "大工业基地"已成往事
P166   6.2   "老"工业基地
P168   6.3   产业变迁
P172   6.4   现代化与更新
P174   6.5   新的区域竞争力
P184   6.6   弹性的区域转型

P187   第7章   行动区和空间意象
                  鲁尔区区域治理行动的空间格局
                  （安根利卡·明特尔，阿西姆·普罗斯科）
P188   7.1   工业化以前的形势：当今区域管理架构的起源
P190   7.2   1920年以来的区域规划
P192   7.3   区域中的行动主体和它们的行动区
P200   7.4   空间意象
P210   7.5   区域被如此塑造

P213   如果……将会怎样？

P221   第8章   区域空间发展的特别潜质和未来之路：
                  鲁尔城市性
                  （克里斯塔·莱歇尔，克劳斯·R.昆兹曼，扬·波利夫卡，
                  弗兰克·鲁斯特，亚瑟民·乌克图，迈克尔·维格纳）
P222   8.1   鲁尔区空间发展未来之路
P224   8.2   鲁尔区可以成为一个吸引人的景观载体
P226   8.3   鲁尔区可以成为一个高效能源基地
P228   8.4   鲁尔区可以成为一个知识领地
P230   8.5   鲁尔区可以成为一个结构转型的创意试验场
P232   8.6   鲁尔区的空间发展原则
P234   8.7   通向鲁尔区未来之路——鲁尔城市性

P239   附录
P240   图像数据来源
P246   参考文献
P248   作者简介
P249   译者简介
P250   德语原版版本说明

祝词1

哈里·K·福格斯贝格（Harry K. Voigtsberger）
德国北莱茵–威斯特法伦州经济、能源、建筑、住房与交通部部长

德国鲁尔区是欧洲人口最为稠密的城市地区之一，经历了长期而特有的结构性变革过程。它摆脱以前相对单一结构的转型过程，是如此地迅速、深刻和全面。在今天，鲁尔区的发展模式可以说在很多方面都能值得整个欧洲去借鉴，其中不是只有旧工业基地复兴成功的典范——"IBA埃姆舍景观公园"（IBA Emscher Park）项目。

然而，鲁尔区在光环的背后仍然面临着在经济、人口和环境发展领域的严峻挑战。鲁尔区的城镇尤其需要采取比以往任何时候都要多的治理行动——加强彼此协作，去创造一个有吸引力的景观和生态可持续发展的空间环境。为此，这些城镇必须要明确任务分工并强化整合。鲁尔区城镇间的跨界合作明显改善了区域环境。例如"文化之都2010"（Kulturhauptstadt 2010）系列活动事件已经指明了区域合作治理可以在哪些方面取得成效的潜质。

在国家环境政策的背景下，鲁尔区将作为一个气候保护的样板区域开展诸如"创新城市"（InnovationCity）、"气候博览会"（KlimaExpo）之类的试点项目。对此，这本出版物可以是一个很好的宣传推动平台。多特蒙德大学（Technische Universität Dortmund）所编著的该书通过"图解鲁尔区"的形式对其进行了全面的解析，包括其在空间、城市建设肌理和社会人文等方面的结构和逻辑。书中配有说明的分析图生动描绘了鲁尔区的历史起源与当前的景观、经济以及社会发展态势。该书汇集了大量的现状数据资料和规划理念分析，为明晰鲁尔区进一步的空间规划和城市建设思路策略和过程奠定了基础。

在此，我衷心祝愿这本出版物能为鲁尔都市区未来规划行动的协作与整合创造成效。我个人对此十分支持。

杜塞尔多夫，2011 年 6 月

祝词2

约亨·施登普勒维斯基（Jochen Stemplewski）
德国"埃姆舍合作社"组织首席负责人，博士

在欧洲几乎很难再找到其他的河流能像鲁尔区的埃姆舍河那样经历了如此多变的历史。几乎也没有其他河流能像埃姆舍河一样如此强烈地影响着沿岸居民的生活。进入19世纪以来，蜿蜒流淌穿越今天鲁尔区核心地带的埃姆舍河及其支流依靠水系的力量在这片原本人迹罕至的沼泽林中滋养了农业和工业。随着工业化的进程，煤矿开采和钢铁业的发展决定了埃姆舍河的命运。人口的剧增导致了沿岸小村镇疯狂而无序地壮大成为工业城市。由于煤矿开采所引发的地面沉降而无法修建地下排水系统，那时的埃姆舍河彻底沦为了"脏水在此横流的地上排污渠"。在每次洪水泛滥时，受到污染的水流都会向沿岸的低洼地区传播诸如疟疾、伤寒、霍乱和痢疾等疾病。

为了维护正在磅礴兴起的产业和公民的身心利益，必须找到治理埃姆舍河的解决方案。过去失败的经验证明，这种解决方案不可能来自外界，还是需要依托地区内部的各个主体参与协作。对埃姆舍河治理来说，首次取得预期成功的标志是构建了一种新的组织方式：1899年多个工矿企业主体和城镇联合成立了"埃姆舍合作社"（Emschergenossenschaft）。作为德国第一个水资源管理联盟组织，"埃姆舍合作社"通过调整整个区域中由于采矿而扭曲的地质水文条件来改善埃姆舍河水域的卫生、防洪及地下水调节条件。不得不提的是在此之前的1892年，汉堡由于易北河饮用水源受到污染而爆发了霍乱，汉堡因此暂时关闭了港口，使得德国经济遭到重创，与此同时在鲁尔区也是由于上文提及的疾病传播而有25%的劳动人口遭受到传染而患病。在这一背景下，"埃姆舍合作社"的成立赢得了在工程技术措施和水资源管理领域上的认可。再后来基于（采矿形成的）废弃矿堆重塑等因素，埃姆舍河流域一带又再次改变了地形和文化景观风貌。可以说埃姆舍河走过的历程代表了在德国和欧洲关于历史文化景观的科学研究已经拓展到了工业文化景观领域。

自1992年以来，"埃姆舍合作社"面临着新的工作挑战。煤矿业的衰退和地面沉降的逐渐停止使得埃姆舍河及其支流变回清洁而流动的水、重塑生态多样性的河流景观成为可能。对此我们从1992年开始为埃姆舍河水系制定、执行了一系列延伸到2020年的修复更新计划。1980年代以来，作为前工业基地的鲁尔区的结构转型过程进展顺利，这一区域有能力去承载支持可持续发展的工程技术和革新项目以实现面向21世纪的跨越式转型。"埃姆舍合作社"为此作出了重大贡献，包括修建具有尖端技术的生物污水处理厂、开发利用水能和可再生能源以及付出种种对气候保护方面的作为。在这些努力下，埃姆舍河也从以前的设有防护围栏和众多"禁止"标志的"禁入区"变成了一个越来越有吸引力的休闲空间和一个完整的生态系统。鲁尔区也因此提升了本地居民的生活质量和经济竞争力。埃姆舍河将证明鲁尔区是否能成功转型跨越进一个后工业社会的明天。

这本出版物通过大胆创新且意味深长的分析图激发了我去重新认识鲁尔区的景观和居民点演变史。它们解析了埃姆舍河地带从原有的天然沼泽景观风貌向工业文化景观风貌的转变过程，开启了认识自然环境演变的新视角。处在不同场景下的区域经济、居民点空间、社会人文发展态势都指出了我们正是推动埃姆舍河进行革新的缔造者；我们正是埃姆舍河地带走上正确发展方向的引路人。作为埃姆舍河流域生态改造工程的一部分计划，我们衷心邀请区域中的居民来共同塑造河流沿岸美好的未来。

埃森，2011 年 6 月

前言

克里斯塔·莱歇尔（Christa Reicher）
德国多特蒙德大学空间规划学院城市设计与土地利用系系主任、教授

区域，这种地域结构本身并不特殊，实则是由众多既独立发展又有机联系的个体城镇所组成。随着全球城市化进程，越来越多的城镇整合形成了大都市区、城镇集群。这样的城市地区往往是大尺度、高人口密度，但有时却难以从中找到一个百万人口以上的大城市。作为德国大都市区"多中心结构"典范的鲁尔区便是其中一例。我们需要了解的是，有着多中心结构的鲁尔区如何能突破以往形成的印象定式和固有认知？有哪些不同的"图层"（即系统、要素）塑造了区域整体及其中次区域的各自特征？另外，从这些区域独特性中能够推演出何种对未来切实可行的发展路径指引？

开展这一饶有趣味的研究项目的想法大约是在三年前产生——受到其他研究的启发，例如"瑞士城市设计意象（Städtebauliche Portrait der Schweiz）"——从中诞生了以"分层化图解"的方式来解读鲁尔区的想法。之后，一个由城市规划师和建筑师组成的团队——包括弗兰克·鲁斯特（Frank Roost），亚瑟民·乌克图（Yasemin Utku）和迈克尔·维格纳（Michael Wegener），他们首先制定出研究理念和框架。进而，这一发起者团队针对具体的问题向其他不同专业学科背景（特别是地理学和景观建筑学）的同事学习探讨，获取技术支持。在一些原有资料的基础上，他们广泛地收集拓展新的分析数据和资料，用于创建本书中鲁尔区的各个"分层图"。另外，在多次专家、专题研讨会中，来自鲁尔区市镇的代表、北莱茵 - 威斯特法伦州政府部门，以及业内专家都贡献出了他们的知识和认识，有助于进一步明晰研究问题、推动中间成果的讨论。在此期间个别主题也进行了调整，同时也搜集到了针对研究方向的重要信息。

与建筑师托马斯·西维尔兹（Thomas Sieverts）的多次讨论令我受益匪浅：使我透过现象看到了本质，帮助我更好地诠释，特别是鼓励我在已有认识的基础上为新发现的事物命名。特别是例如在书中提出的建成环境与景观之间的"之间"（Dazwischen）概念所阐明的特征以及对"城市性"（Urbanität）内涵的理解都得益于这些富有启发意义的对话。另外，有关鲁尔区未来可行的发展模式、路径及其指导原则的阐释也显著得益于与克劳斯·R·昆兹曼（Klaus R. Kunzmann）教授的探讨。同样作为一个经验丰富、知识渊博的区域规划专家，他对鲁尔区敏锐的洞察力，以及对其他类似城市地区转型过程的国际经验认识，都对研究分析鲁尔区的发展路径有很大的启迪。

本书的研究是以"分层图"的形式来图解展现鲁尔区有哪些显著可见的特点和规律，而没有形成普世化。这是因为一个地方或区域的特性与其所在城市的认同感、识别性紧密相关：包括它们的结构、必须理解的发展规律，以及可以在居民和来访者脑中形成"认知地图"的难忘的意象空间。区域的这些既定条件对于所有致力于塑造区域未来的人都十分重要。因此，本书研究的一个核心意愿是作为公共出版物向广大公众告知对鲁尔区认知地图的调研和分析认识的信息。就这点而言，出版本书仅仅是一系列有关鲁尔区事宜探讨的文化活动事件中的一件。与此同时在"欧洲文化之都——鲁尔2010"系列活动之后的多次展览、演讲报告和研讨会也都围绕鲁尔区文化和社会多样性及其具体的特质进行了专题研讨，共同关注"鲁尔区何去何从"的议题。因此，还不能将本书的研究视为一个能够解决鲁尔区未来发展所有问题的终极成果。与之相反，它起到了触发进一步讨论的抛砖引玉作用，从而能够引发对鲁尔区更为广泛的关注和共同的规划设计过程。

鲁尔区已经在变化是一个毫无疑问的事实。制定未来的城市发展战略需要结合区域自身具体的特征，具有针对性。当然，基于鲁尔区自身的特点规律，制定区域内城市发展的愿景、战略和行动方针也不应该仅仅专注于体现现有特色（即"强化优势"），还更应该纳入对以后新的发展挑战和对以往研究没有涉及的问题的考虑。本书研究的重点之一也恰恰在于揭示这些方面。

本次研究项目从一开始就激发出极大的兴趣点，包括我们提出研究概念之初或者是探讨中期成果的阶段。当然研究期间面临的压力也可以预见，即个人的感知、理解认识或是从资料数据、规划方案甚至印象中得来的个体诠释是否与客观现实相符。有些人可能会惊讶，看到了其他人通过研究证实了他们的评估判断。

最后，由衷感谢多方支持本次研究项目，特别是我们的合作者——多特蒙德区域与城市发展研究中心（ILS-Institut für Landes-und Stadtentwicklungsforschung GmbH）。他们为本书的研究提供了大量的人力物力资源、数据资料，并积极组织和参与了一系列的讨论和专家研讨会。

多特蒙德，2011 年 6 月

鲁尔区在很多方面都可以称为一个与众不同的独特区域。与世界上其他很多大都市区——例如伦敦、巴黎、莫斯科、马德里、伊斯坦布尔以及特大城市——例如孟买、开罗、圣保罗、东京和上海等不同，鲁尔区是一个多中心的城市地区，并没有一个占据统领地位的区域中心。

与此同时，鲁尔区也有别于其他的多中心城市地区，例如荷兰的兰斯塔德地区（Randstad）、德国的莱茵-美因地区（RheinMain）抑或是意大利的威尼托地区（Veneto），在这些地区中首位城市作为区域中心的特征都十分明显。鲁尔区从欧洲最大的重工业地带之一向现代高新技术和服务业区域转型的发展历程令人震撼。鲁尔区不仅只是一个由大、中、小工业城市组成的地域，半个世纪以来，它一直在尝试如何去应对煤矿业衰退和经济结构转型。从这个意义上看，鲁尔区可谓是一种城市景观综合体，受到过去和一些现在仍然活跃在此的大型煤矿和钢铁企业的利益博弈的影响——它们立足于自身的发展诉求导致了这一区域形成多样化、差异化的景观场景。例如：鲁尔区的空间结构呈现出"破碎化"特征，充满了矛盾与冲突。区域内除了有矿区、焦化厂、炼钢厂以及众多工业企业外，还分布有产业工人住宅区（其中的很多到今天已被列为保护遗迹），以及众多有新移民迁入的混合片区和社区。在它们当中，有的片区中心已呈现衰败迹象，有的则仍是光鲜繁华的购物区。同时，利用工业废弃地所营造的创意社区和毗邻大学兴起的现代科技园区也成为鲁尔区新的希望源泉。此外，整体区域风貌和区域绿道被纵横交错，或满载负荷或很少使用的道路所穿越割裂……

人们已日益认识到大城市和小社区在功能内涵上其实是紧密相连的，且居民的日常生活和行为活动都发生一个区域化的空间内。尤其在欧洲，多中心被视为是一种理想的结构模式来承载当前和未来的城市化进程。然而，这种从理论和经验中得出的结论性认识可能会触发一些关于现实问题的思考：以鲁尔区为例，究竟有无可能在空间上驾驭一个如此巨大尺度，其中的次区域和子空间呈现衰退与增长并重的复杂景观综合体？如果可行，有哪些原则、策略和路径能够适用于区域尺度的空间发展和城市建设？如果没有强有力的区域管治机制，这些原则、策略能够实现吗？区域内53个保有各自利益的地方政权行政单位能够致力于区域整体现代化进程而共同协作，并满足不同产业发展和500万人口的各种需求吗？它们之间如何整合塑造区域整体，而不仅仅是简单的分区拼合？对此，鲁尔区也正好就是一个探索解决这些问题的恰当案例。

实际上在鲁尔区，探索并找到在整体区域尺度上切实可行的空间发展和城市设计视角与路径有着悠久的历史传统。1912年，由罗伯特·施密特（Robert Schmidt）发表的一份针对杜塞尔多夫行政区莱茵河东段的城市总体规划报告（Generalsiedlungsplan für den rechtsrheinischen Teil des Regierungsbezirks Düsseldorf）可以说是鲁尔区的规划先驱，其试图在埃森（Essen）和杜伊斯堡（Duisburg）之间的煤矿和钢铁业主导地区中建立联系，形成秩序（Schmidt 1912，

Reprint 2009）。1920年，这一规划思想被"鲁尔矿区住区联盟"（Siedlungsverband Ruhrkohlenbezirk，SVR）所采纳并进一步付诸实施。"鲁尔矿区住区联盟"同样成立于1920年，是第一个主要负责鲁尔区内整体绿色空间保护的区域规划机构。它经历了一段时期的停滞并于第二次世界大战后再次开始履行职责（SVR 1960）。

后来，由于"鲁尔矿区住区联盟"（SVR）在对区域发展决策权中职能权限的缩减，其无法再继续胜任组织区域规划这一角色。继而鲁尔区所在地域范围所分属的三个区域行政单元（Regierungsbezirke）[1]便自然将鲁尔区划分成了三大规划区（Planungsgebiete），它们各自遵循自己的空间规划法则。在过去的几十年中，试图促进鲁尔区内协调发展而整合成一个区域整体的周而复始的各种努力从未间断。但是，这些努力都以失败告终，这主要是因鲁尔区内各地方城镇的政治和经济利益竞争所致，它们很难为了区域整合的目标而牺牲自己的利益，并因此改变自己的城市和产业发展政策。此外，也曾出现过一些把鲁尔区放到更大尺度范围的大莱茵-鲁尔地区（Rhein-Ruhr-Region）框架下进行考虑的规划尝试，例如：2002年由荷兰MVRDV事务所所制定的"鲁尔城市理念"（Konzept Ruhr City）、2008年由"鲁尔都市区经济发展协会"（Wirtschaftsförderung metropoleruhr）出资并组织策划的"概念鲁尔"（Konzept Ruhr）项目系列，还有2010年由北莱茵-威斯特法伦州委托"施佩尔咨询公司"（SpeerConsult）编制的战略规划咨询等等，也都无果而终（AS&P，2010）。

注释

1 三个区域行政单元包括阿恩斯贝格行政区（Regierungsbezirke Arnsberg）、杜塞尔多夫行政区（Regierungsbezirke Düsseldorf）和明斯特行政区（Regierungsbezirke Münster）

需要指出的是，1989-1999年举办的"IBA埃姆舍公园国际建筑展"（Internationale Bauausstellung IBA Emscher Park）却形成了强劲的推动力，其目标为改善区域物质环境、承载新的区域发展要求，并通过一个个子项目的付诸实施而成为区域整合和协作治理的典范。此后在2010年鲁尔区的埃森也举办过大规模的系列庆典活动"欧洲文化之都——鲁尔2010"（Europäische Kulturhauptstadt RUHR.2010），但到目前为止其获得的成功效应十分有限。其他成功的区域规划项目更是屈指可数。例如在"鲁尔2010"活动举办期间由德国城市建设与区域规划研究院（Deutsche Akademie für Städtebau und Landesplanung）编制的"鲁尔宪章"（Charta RUHR）并没有制定出实质性的鲁尔区整体空间发展战略。直到现在，鲁尔区中还是只有那些设计富有创意的单项个体项目最能为人们所津津乐道。

今天，鲁尔区应该被整合为一个整体的"大都市区"已成为共识，关于区内地方市镇之间的协调发展议题已经形成了一个新的局面，同时为改善区内居民生活环境所面临的新挑战也已清晰可见。此时，人们再次面临同样的问题：是否能就适用于鲁尔区这个多中心复杂景观综合体的统一的空间发展和城市设计视角与路径达成共识？如果可以，是什么样的视角和路径能够引领鲁尔区在21世纪再展华彩篇章？

找到适宜的视角与路径的前提是需要理解鲁尔区和其独有的特质及其内在规律。挖掘这些特质和规律正是本书的意图，旨在通过建立经过严格筛选的"分层图"来揭示鲁尔区在聚落地理、经济、生态、社会、城市建设和建筑文化等各个方面的特征。这些"分层图"反映了在"鲁尔地区联盟"（Regionalverband Ruhr，RVR）的管辖范围内塑造当前区域特色的诸多过程。对感兴趣的公众而言，众多的"分层图"也将那些对鲁尔区发展有着重大意义的话题（例如人口变化、区域协作、区域发展路径与视角等）表现得更直观和通俗易懂。所有"分层图"的创建均得益于和规划师、建筑师、地理学家以及对鲁尔区熟悉的业内工作者们的交流过程。它们开辟了通向鲁尔区未来的新路径，识别出机遇和挑战，同时也展示了对未来区域空间发展和结构调整的战略愿景。

本书主要研究了鲁尔区的七大"图层"，分别以直观的"分层图"形式呈现：

第1章 非传统都市区

4000平方公里的鲁尔区——南北向位于鲁尔河（Ruhr）和利珀河（Lippe）之间，东至哈姆（Hamm）、西至坎普-林特福尔特（Kamp-Lintfort），其必须要正视的挑战就是弥合进而消除长期以来由煤矿和钢铁业发展所带来的创伤。从与世界上其他的特大城市和都市区的对比图中可以看出鲁尔区是多么的独特：在空间尺度上鲁尔区与其他大都市区相似，但相比之下鲁尔区小片式、多中心的结构肌理则更需要采取与众不同的空间组织方式和发展策略。

第2章 内核、动脉与边缘

鲁尔区现有的居民点结构和建成环境空间肌理是历史发展的结果。这一区域经历了超过100年的空间演进历程，已从以往的农业本底环境转变为工业景观环境特征。区域中稠密的道路网络连接着上百个大大小小的城镇中心，每个中心都有自己特有的识别性。使得鲁尔区有别于德国其他城市地区的空间要素还有其众多的内部城镇边界。这些分布在区域内部的边缘界面能将居民区和其他的异质功能显著区分，要么是因为它们在功能上用于工业或仓储、物流，或者其在形态上是制约发展的高压线，抑或是作为区域交通廊道的缓冲区。此外，还有一个显著特征是很多的内部边缘界面都毗邻着规划过程超过80年的区域绿带。

第3章 多中心的移动空间

高效有力的交通系统是决定鲁尔区内部城镇和区域整体竞争力以及其中居民生活质量的先决条件。本章的"分层图"展现了鲁尔区在德国和欧洲尺度上的中心区位优势和良好的可达性，还有鲁尔区与邻近地区以及区域内部各重要节点之间日常通勤行为的通达性。其次，这里也描绘出鲁尔区发达的多层次公交体系和其日益增强的区域机动性，但同时也包括了它们的负面效应，例如其对温室气体排放、噪音和空气污染的影响。另外，本章的"分层图"还阐明了多中心结构下的鲁尔区成为一个"一切近距离可达"的地域的发展潜力，并指出了如何通过整合居民点结构与交通系统规划来支撑长足而可持续发展的区域机动性。

第4章 社会人文镶嵌体

社会人文多样性在鲁尔区有着悠久的传统。曾几何时，鲁尔区煤矿和钢铁产业的发展对劳动力产生了大量需求，往往只能从他国招工。因此，长期以来鲁尔区中的外来移民占有较高的比例。此外，相对德国其他的城市地区而言，长期受大型原材料产业主宰的鲁尔区留下的另一个"遗产"则是较低的在业人口受教育程度。尽管如此，区域的结构调整过程并没有无视人口动态变化和经济发展的影响而停滞不前。人口老龄化和日渐增长的小环境、小范围社会及种族隔绝现象对鲁尔区来说同样是两大挑战。当然，源于区域内移民的居住生活所兴起的个体移民经济对鲁尔区的经济活力也带来了新的机会。本章的"分层图"反映了这些特点，还反映出区域中的宗教极化现象和呈"马赛克"格局特征的社会 – 空间异质性。

第5章　景观机

几个世纪以来，自然地理过程和人类经济行为的相互作用将鲁尔区造就成了一个非常复杂的"景观机"，这种相互作用还在继续影响着这一区域。鲁尔区这个"景观机"中充溢着物质流、能源循环流和各种新型人工景观，它们为认识区域自然过程和人类活动的互动关系开创了新视景。本章的"分层图"展示了鲁尔地形地貌条件对空间及景观的干预和它们对水系的影响等互动作用。同时，"分层图"也展现了对鲁尔区居民点的发展有着重要影响的给水和污水系统的运转方式。另外，"分层图"还描绘了在过去大规模发展工业过程中所形成的一些新的山丘河谷型景观风貌特色。

第6章　结构转型的试验场

德国已经很少再有像鲁尔区这样的区域——它在空间和产业上的结构转型效果是如此明显。鲁尔区由过去以煤矿和钢铁为主的单一产业结构转变为一种仍然基于原有工业遗产特色的、极为多元化的产业体系，覆盖商业金融、贸易、物流和其他服务业等。这一新的经济体系以大量的中、小型工企业为主要载体，它们已经突破了过去数十年依赖于传统煤矿和钢铁业的局面，各自开辟了未来经济活动的新领域。本章的"分层图"意在展现鲁尔区的产业行业变化、现代化进程的建设以及面向未来的新区域竞争力。

第7章　行动区和空间意象

鲁尔区很难被当作是一个可以承载整体而统一的区域治理行动的空间载体，因为其中的大、中、小城镇之间存在巨大的利益差异和博弈关系。整个鲁尔区就像一片"马赛克"，其中交织着各个属地不同的"行动区"，它们是不同的主体、利益集团行使自己权责和采取行动的空间领域（也可能是一个规划或特定发展项目运作的范围）。它们大多只着眼于自身利益，各自为政，而不愿被一个自上而下的区域机构来管治和操控自己的行为。在这种局面下，鲁尔区内部的各个次区域、子空间的空间意象形态万千；但是，外界对鲁尔区的整体认知仍然存在一定偏见——总是难以跳出以前那段工业发展史所带来的根深蒂固的"阴影"。

"如果……将会怎样？"

这个问题是本书的一个插曲，可能的答案将通过对一些特定地点的现状和发展愿景之间对比示意插图的形式展现，例如：转变为林荫大道的鲁尔高速公路A40；波鸿鲁尔大学（Ruhr-Universität Bochum）里设施齐全的公共休闲游憩场所；埃姆舍河地带所塑造的滨水景观。

第8章　鲁尔城市性

前文阐释了鲁尔区的七大"图层"和各自面临的机遇及挑战，最后一章则提出了对未来发展的探索与展望。在这里基于鲁尔区多中心结构下的独特空间特质（即"鲁尔城市性"），探讨鲁尔区未来切实可行的发展方向和路径，即一个吸引人的景观载体、一个高效能源基地、一个知识领地和一个结构转型的创意试验场。阐述这些发展方向和路径之后本章又总结出引导鲁尔区空间发展的各项原则。它们为探索以下问题提供了指引——如何塑造一个高度多元化、异质性的城市地区？在其空间规划和决策过程中应该树立哪些目标？如何在日常实践中将这些目标落实？本书最后的"分层图"则意在激发和鼓励对鲁尔区未来之路更多的讨论。

第1章

非传统都市区
鲁尔区的角色位置和空间维度

莫纳·El·卡菲夫（Mona El Khafif），弗兰克·鲁斯特（Frank Roost）

　　本章将欧洲最大城镇密集区之一的鲁尔区与世界其他国家的都市区或者巨型城市地带进行在空间维度上的对比。因为鲁尔区其实是由众多的中、小尺度城镇构成，也就是说它并不属于传统意义上的都市区，因此这种并置式的横向对比实际上非常困难。但通过与其他都市区对比所发现的相似性和显著差异化为找到鲁尔区的独特区域特性提供了线索，这是首先需要理解的，以便进一步挖掘这些区域特性，抓住它们带来的机遇。

大都市区的国际对比

鲁尔区是一个很难把握的城市-区域。在这种庞大尺度上，它的内部空间结构与世界上其他的都市区具有一定的可比性（尽管很少）。不同于其他巨型城市地带，鲁尔区由众多的中、小尺度城镇构成，而没有一个突出而强势的区域中心。以下的"分层图"试图通过其与全球其他大都市区的对比来展现鲁尔区与众不同的多中心结构特征。通过对比而看到的明显的相似性和差异性为发现鲁尔区的问题和机遇提供了线索，它们反映出作为欧洲中部最大城镇密集区的鲁尔区的独特性。

这种横向比较在方法论上实际非常困难，也可能只能展现出如图所示的简单程度，而不能反映出对其综合系统和全面性的对比。当然，这一点也与对比地区的选择有关。对这类都市区而言，引入这种并置式对比可谓是一种大胆的方法，但是却很适用，因为这类地区面临的问题和机遇通常相似：一方面，在既定层面的空间维度对比中能清晰地看到它们的发展意愿有多强，什么时候衍生出区域发展动力或者具备了大都市区特征——在尺度大致相当的区域对比中，这些有吸引力的大都市区完全不属于同一类；另一方面，对比结果还表明，鲁尔区绝不是有别于那些尺度和形态大致等同的传统大都市区，呈现完全不同的空间形态的唯一区域。相反，对比恰恰反映出都市区这类地域空间载体在空间结构、城镇空间形态和密度方面存在着丰富的多样性。就这点而言，也可以说鲁尔区是大都市区多种可能的空间形态中的一种，而这种形态也和其他形态一样具有自身的优缺点。因此，我们需要理解它的特殊结构，并进一步挖掘利用其创造的机会。

核心-边缘

这里把鲁尔区和其他的城市地区放在一起进行同尺度比较，包括伦敦、伊斯坦布尔、巴塞罗那、柏林和洛杉矶，是由于它们在空间尺度和（或）人口规模上具有一定可比性。但是，这种对比并不是建立在完全政治意义上的行政区划边界上，因为这些地区行政管理架构有很大的差异。右侧的分析图勾勒出都市区的实际建成区和所选定的区域管理单位边界。蓝色线代表区域管理单位的外边界，选择划定的依据是州/省、区域或者市镇体系的范围，最终取决于哪种管理单位的划分更可能覆盖到都市区中更多的地域。红色线则表示各个核心地带的范围，由核心城镇、中心城区或核心片区所构成。具体来说：

就鲁尔区而言，蓝色线范围代表现在"鲁尔地区联盟"（RVR）所管辖的范围，红色线则代表其中分布的各城镇的边界。

在伦敦的图中，红色线范围仅覆盖现在伦敦市（City of London）的城市中心，差不多等同于中世纪时整个伦敦的范围。而蓝色线范围则覆盖"大伦敦"都市区（Greater London）中的密集建成区，共跨越33个独立的地方行政单位（伦敦市与其他32个伦敦自治市）。

再来看柏林，蓝色线范围内是从1920年起合并形成的、统一管理的"大柏林地区"（曾在一段时间内分为东部和西部）。红色线表示最为中心的历史核心区范围，主要是老的米特区（Stadtteil Mitte），其以前属于东柏林，十几年前与从前属于西柏林的威丁（Wedding）和蒂尔加滕（Tiergarten）进行片区合并而组成了新的米特区。

而对于伊斯坦布尔而言，很难界定其严格意义上的区域边界。图中蓝色线表示的是伊斯坦布尔省的行政管辖范围，包括完整的大都市区和部分周边人迹稀少的腹地。红色线表示的则是历史上的中心区，即老城区——法提赫区（Fatih）。

还有巴塞罗那，图中红色线同样只代表其都市区中的一部分核心区，主要是巴塞罗那市。蓝色线范围则囊括了与巴塞罗那市有着紧密联系和互动的周边市镇，整体为巴塞罗那大都市区。

最后是洛杉矶都市区——它拥有世界上面积最大、持续高强度土地利用的建成区。红色线所表示的核心区范围仅覆盖洛杉矶市自身的一部分和沿轨道交通向南部港口地区延伸的扩散区域。蓝色线代表一部分洛杉矶县（County of Los Angeles）的管辖范围，其在整体上还包括洛杉矶市北部的市镇。

通过上述这些都市区的对比，可以看出代表世界上最典型的区域规划机构之一的"鲁尔地区联盟"（RVR）所管辖下的地域空间是多么辽阔。与此同时，鲁尔的多中心结构特征非常明显，没有强势、占主导地位的单一区域中心统领，这点与其他都市区形成了鲜明对比。此外，鲁尔区中核心城镇外围向郊区扩散的"核心-边缘"效应不是十分明显，即城乡关系相对均衡。但在这种格局下，鲁尔区内部各城镇之间的边界关系恰恰是区域规划整合的重点任务。

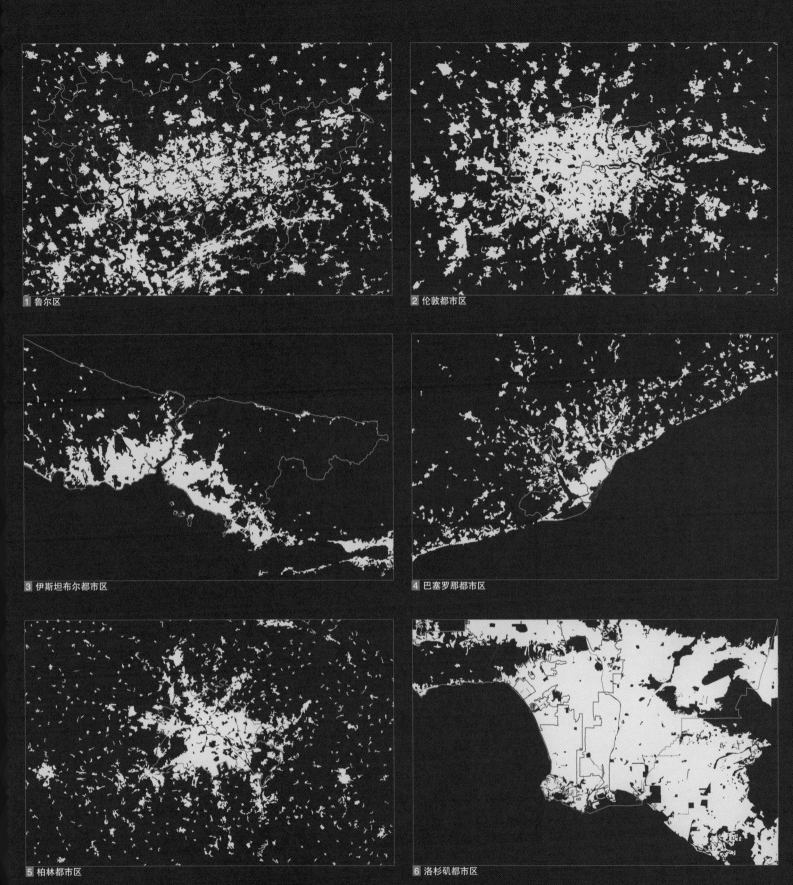

1 鲁尔区

2 伦敦都市区

3 伊斯坦布尔都市区

4 巴塞罗那都市区

5 柏林都市区

6 洛杉矶都市区

核心地带
—— 最大的区域管理边界

约130公里

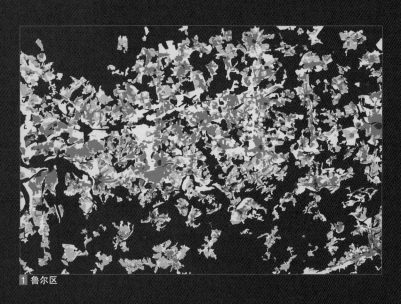

1 鲁尔区

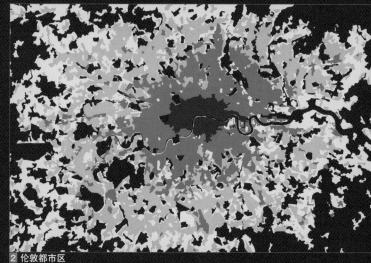

2 伦敦都市区

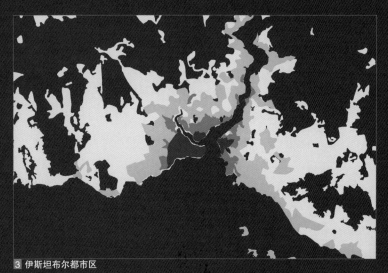

3 伊斯坦布尔都市区

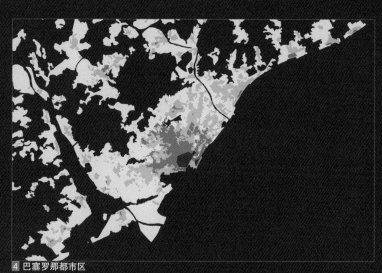

4 巴塞罗那都市区

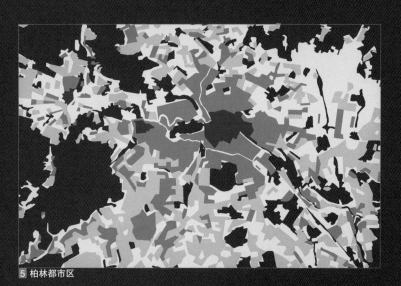

5 柏林都市区

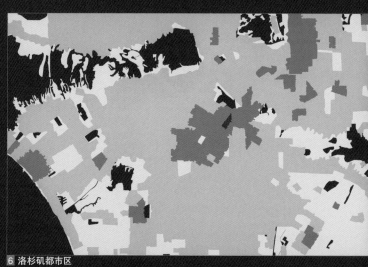

6 洛杉矶都市区

1820年左右
20世纪初
20世纪中叶
2010年左右

约50公里

1 鲁尔区

2 伦敦都市区

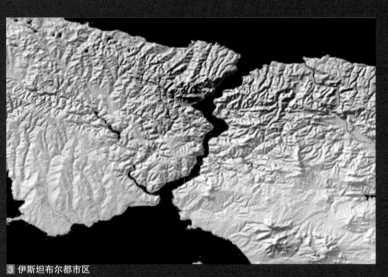

3 伊斯坦布尔都市区

4 巴塞罗那都市区

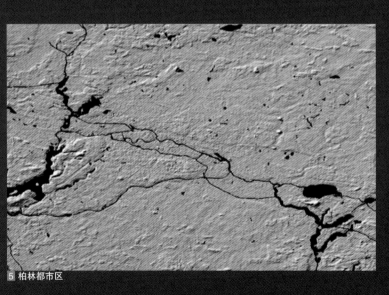

5 柏林都市区

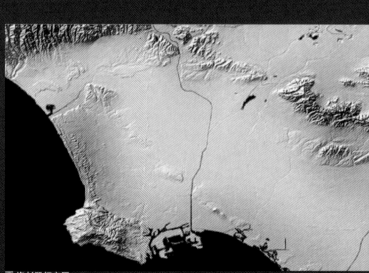

6 洛杉矶都市区

» 注释：本页的分析图对地形高程运用了阴影和夸张的效果处理（斜视图，不按比例）

1.5　河湖水系

1 鲁尔区

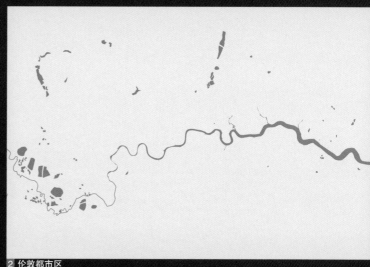

2 伦敦都市区

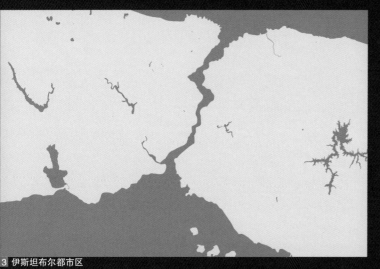

3 伊斯坦布尔都市区

4 巴塞罗那都市区

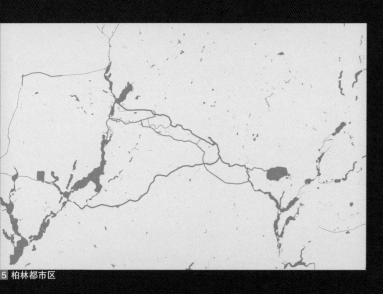

5 柏林都市区

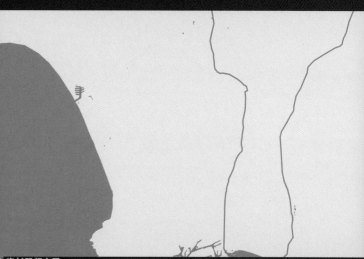

6 洛杉矶都市区

区域中的海洋、湖泊与河道

约70公里

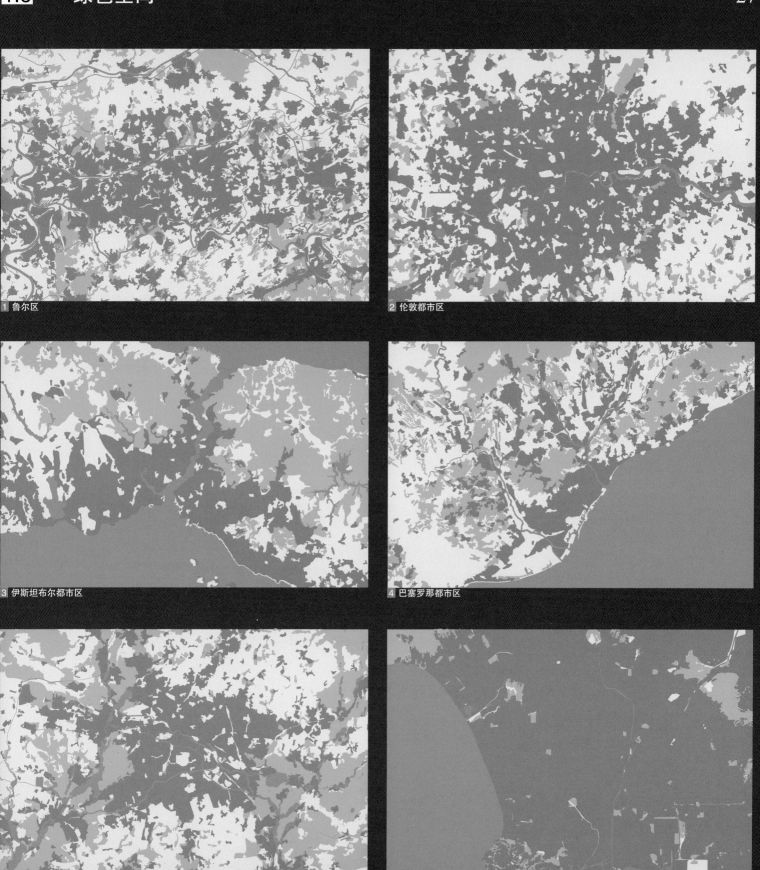

1 鲁尔区

2 伦敦都市区

3 伊斯坦布尔都市区

4 巴塞罗那都市区

5 柏林都市区

6 洛杉矶都市区

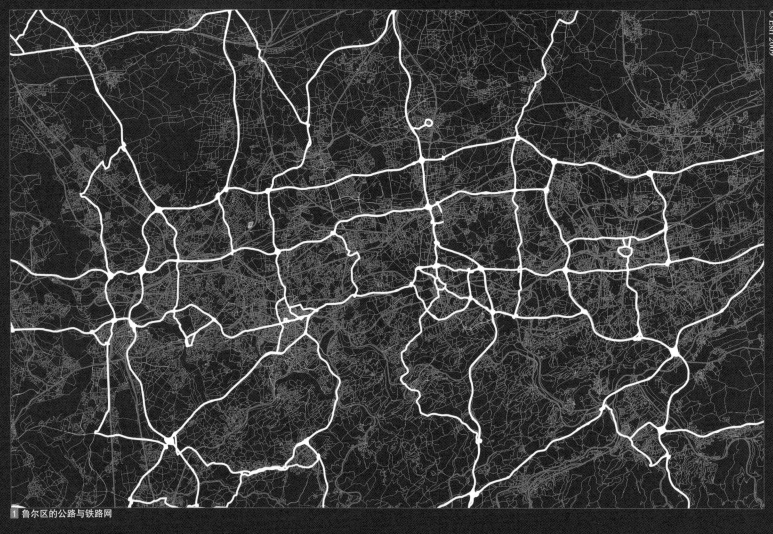

© Esri 2009

1 鲁尔区的公路与铁路网

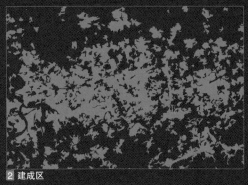

2 建成区

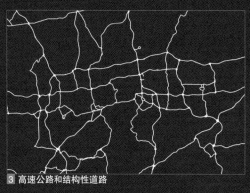

3 高速公路和结构性道路

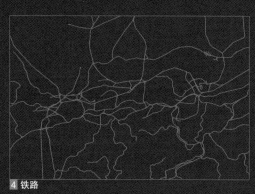

4 铁路

》鲁尔区的多中心结构特征也反映在其道路网络的设置上：与其他传统大都市区不同，鲁尔区的路网形态不是"环形+放射"状，而是呈高度的网络化。此外，它的铁路线也并不以一个单点为中心向外发散或者向内汇聚，而仍然是纵横交错的网络状。这主要是由于鲁尔区的铁路建于19世纪，当时为了联系广泛分布的矿区、工业点而将其设置为网络状。由于密集的铁路网络，鲁尔区中的很多城镇和片区都有较高的可达性。但同时，它也有缺点——高频率的铁路出行方式在某种程度上反而阻碍了今天很多地方性次级道路的发展。

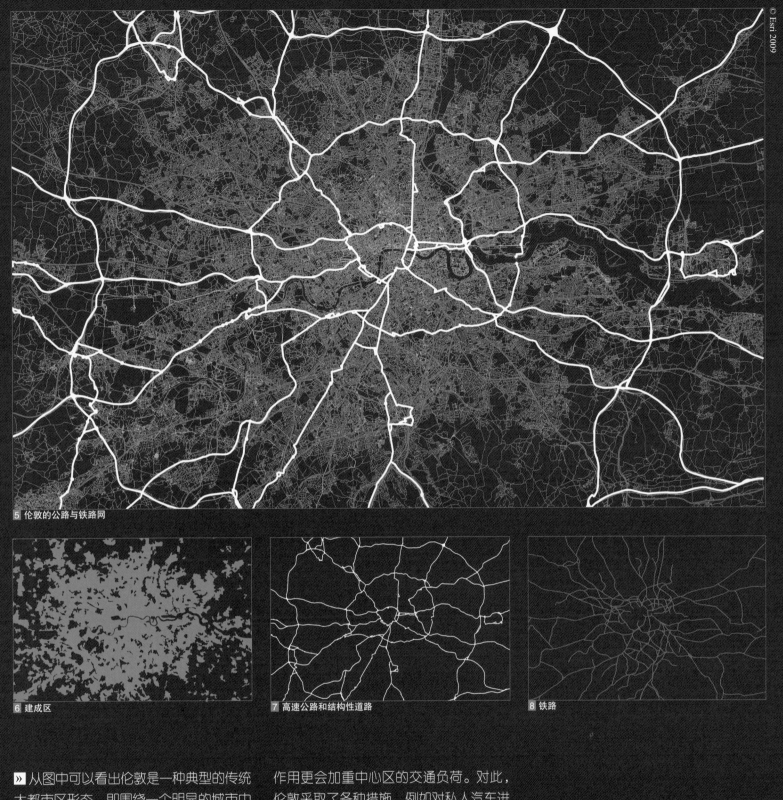

© Esri 2009

5 伦敦的公路与铁路网

6 建成区

7 高速公路和结构性道路

8 铁路

» 从图中可以看出伦敦是一种典型的传统大都市区形态，即围绕一个明显的城市中心形成"环形+放射"状的路网格局。在这种格局下，各种核心功能在单一中心空间的高度集聚以及道路网对此的强化引导作用更会加重中心区的交通负荷。对此，伦敦采取了各种措施，例如对私人汽车进入市中心征收"交通拥堵费"（congestion charge），试图减少私家车辆在中心区的使用，等等。

© Esri 2009

9 伊斯坦布尔的公路与铁路网

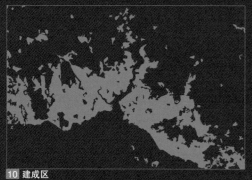

10 建成区

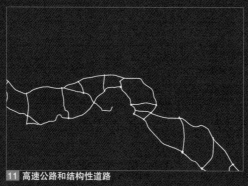

11 高速公路和结构性道路

12 铁路

» 伊斯坦布尔都市区具有非常紧凑的城市空间形态，在很大程度上减少了人们的时空通勤距离。由于紧凑和高密度，这里人们对于道路的使用强度总体上比大多数中欧大城市要高得多。然而，其铁路网却相对发展缓慢，唯一的铁路干线是在奥斯曼帝国时期（1453-1922年）修建的。伊斯坦布尔的公交体系主要由公共汽车、有轨电车、地铁和长途巴士（可到达土耳其大部分地区）构成。个体通勤交通则主要依赖仍在不断完善中的城市高速公路网，其中跨越博斯普鲁斯海峡的路径是个重点工程。

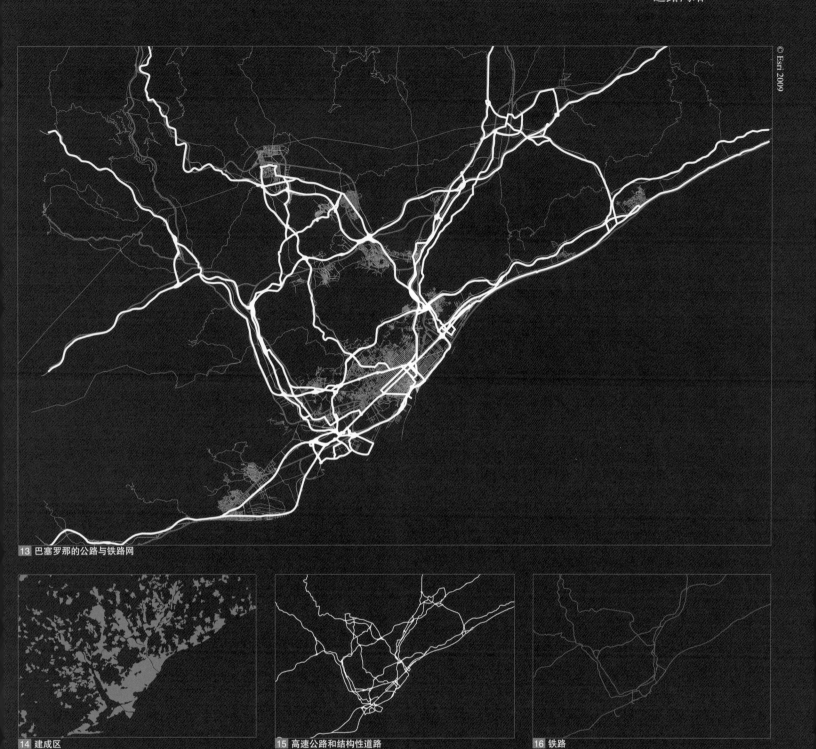

13 巴塞罗那的公路与铁路网

14 建成区

15 高速公路和结构性道路

16 铁路

» 巴塞罗那也是一个典型的紧凑城市。在其高密度的城市中心区，首先形成鲜明对比意象的是历史老城区里狭窄而不规则的街巷体系。另外，建设于19世纪、位于老城区外围、属于现今的中心区的"扩展区"（Ensanche）也具有很高的辨识度—严整规则的道路路网，尺度几乎相同、直角相交的街坊拥有等同的建筑秩序，以及由跨越整个地区的几何斜线路相交而成的两处主要交叉口。20世纪的快速城镇化进一步推动了巴塞罗那高密度、高强度的土地利用和城市建设行为，其间开展了大量旧区改建和郊区建设活动，也促成了整个地区不规则的路网形态。巴塞罗那的公交系统非常发达，由地铁、轻轨、区域快轨和巴士线路网构成。

区域的远见——图解鲁尔区空间发展

17 柏林的公路与铁路网

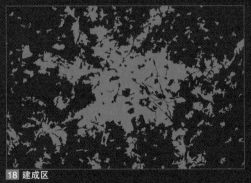

18 建成区

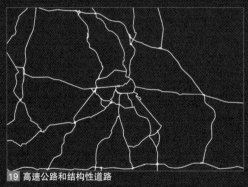

19 高速公路和结构性道路

20 铁路

» 柏林和很多传统大都市区一样是"环形
+放射"式的路网格局。由于历史上曾经
的分裂局面（东、西柏林），一些城市环
路仅仅被规划或者实施成"半环"，就像
图中所示的西部高速半环一样。柏林的外
高速环在1990年两德统一以后得到了很大

发展，特别是延伸了南部区段，现在成为
连接东、西欧的重要通道。柏林的另一个
很有识别性的要素则是城市内环路，其在
原西柏林的部分与外高速环平行。而柏林
的铁路轨道系统在二战以后形成了分裂局
面，建设也一直被忽略，直到两德统一后

才重现生机。图中所示的铁路外环线是在
民主德国时期为避免人们进入西柏林而修
建的过境线，当然它在今天不再扮演这一
角色。

21 洛杉矶的公路与铁路网

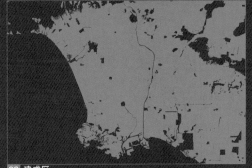

22 建成区

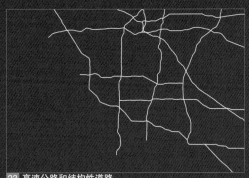

23 高速公路和结构性道路

24 铁路

» 洛杉矶是世界上最为发达的城市之一。它和鲁尔区有一点相似性，即也不是呈现由同心圆环形和放射路为主导的传统都市区空间结构特征。与此相反，洛杉矶是一个呈格网状道路形态、多中心的大都市区。但洛杉矶和鲁尔区有所区别的是，它的各个居民点之间没有形成诸如绿色开放空间之类的空间间隔，而替代以地块单位作为开发单元（主要是直接入户的独栋住宅），并形成连续的街坊。洛杉矶目前最主要的交通方式是私人小汽车，大多数以前修建的轨道线在如今都用于货运。

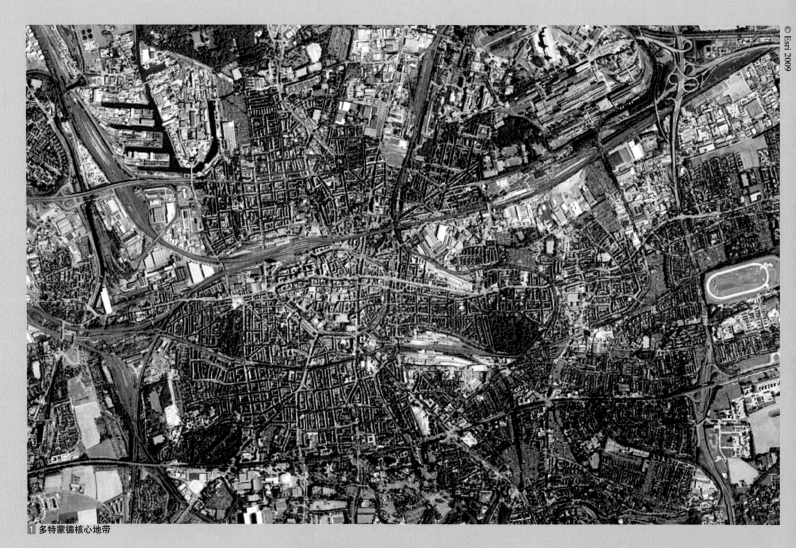

1 多特蒙德核心地带

» 小尺度的建筑群与大量开放空间相互穿插是鲁尔区城市的空间形态特征。当然在某些地方，如图中所示的多特蒙德市中心，也存在着相对密集、符合人们推崇的"紧凑欧洲城市"理念的街区肌理。

注释

1 繁荣时期（Gründerzeit）：德国历史上一个特别的时代，在建筑史上通常指1850-1914年，其间以建设4-6层的建筑形成围合街坊为主。

a 市中心

b "繁荣时期"[1]修建的街区

c 片区中心

d 市郊居民点

2 伦敦核心地带

>> 伦敦的城市中心非常紧凑和高密度，其郊区的密度则相对较低，且那里的景观化程度很高。大量低密度的郊区典型联排住宅平衡了总体密度，因此整个区域的密度始终保持中等。

a 历史老城区

b 伦敦西区

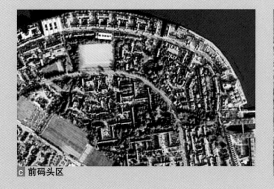

c 前码头区

d 市郊联排住宅区

3 伊斯坦布尔核心地带

》伊斯坦布尔是欧洲人口数量最多和人口密度最高的大都市区。在其中心区有很多建于20世纪的建筑，它们除了赋予城市历史内涵外，也保持了紧凑的空间形态。但是在伊斯坦布尔的市郊，城市肌理存在很大差异——从村庄到出租房公寓，再到非正式的临时居民点，空间形态迥然有别。

a 历史老城中心

b 临近中心区的居住区

c 非正式居民点

d 郊区村落

4 巴塞罗那核心地带

» 19世纪以来，巴塞罗那老城区外围形成的"扩展区"的形态特征非常明显——规则而严整的方格网街坊。同时，位于市郊的城市边缘空间从传统的农业用地演变形成了一些小斑块状、不规则道路网组成的蔓延地带。因此，那里的集中居民点有一种小城镇的感觉。总的来说，巴塞罗那无论是在市郊还是在远郊，对绿色空间的保护意识都很明显。

a 历史老城中心

b 扩展区

c 高密度居住区

d 市郊蔓延地带

5 柏林核心地带

» 在19世纪以来发展速度始终高于德国平均水平这点上，柏林与鲁尔区相似。柏林在二战后的分裂期城市发展速度相对迟缓，略逊于以前，因此城中很多位于老城中心外围建于威廉二世时期（1888—1918）的老建筑仍然占据较大比例。和鲁尔区有所不同的是，柏林在"繁荣时期"修建的街区主要呈规则街坊状，相对多层高密度，更为紧凑。

a 历史老城区

b 临近中心区的预制板房区

c "繁荣时期"修建的街区

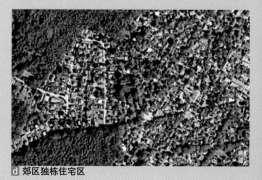

d 郊区独栋住宅区

6 洛杉矶核心地带

» 洛杉矶在20世纪时便率先发展成为一个世界知名的大都市，这主要得益于内部高密度的开发。除了摩天大楼林立的高密度中心区外，洛杉矶城市空间的另一个形态特征是以聚集独栋住宅为主的街区肌理。内城中的许多街道都有着很强的商业气息，通常街道两侧为低层建筑，底层临街用于商业零售，而上层则作为住宅。

a 市中心

b 临近中心区的居住区

c 市郊

d 港前混合区

核心地带	鲁尔区	伦敦	伊斯坦布尔	巴塞罗那	柏林	洛杉矶
常住人口（人）	2,832,688	2,143,600	6,411,227	1,621,537	1,296,381	3,831,868
面积（km）	1,193.51	196.53	426.73	102.2	126.51	1,290.6
人口密度（人/km）	2,373	10,907	15,024	15,866	10,247	2,620

区域	鲁尔区	伦敦	伊斯坦布尔	巴塞罗那[*1]	柏林	洛杉矶[*2]
常住人口（人）	5,172,475	7,753,600	12,915,158	3,218,071	3,446,573	12,874,797
国民生产总值（十万欧元）	143.69	340.88	52.32	57.24	90.13	527.34
外国人（人）	550,640	2,342,639	54,644（2000）	517,258	473,209	3,226,376
18岁以下青少年（人）	848,864	1,618,582（2001）	3,263,828（2000）	547,072	495,088	3,256,354
失业率（%）	10.9	9.0	9.9	16.9	14.1	12.1
博物馆（个）	179	72	46	52	157	295
宾馆酒店（个）	674	956	341	697	721	697
年均游客（人）	3,031,068	14,211,000	6,453,582	6,476,033	8,263,171	25,700,000

注解：以上都市区的核心数据对比结果再次证明了鲁尔区在国际背景下的地位与角色。由于每个都市区的实际行政区划边界范围都大相径庭，因此在对比中采用其中高密度的城市建成区（即"核心地带"）和与其有着紧密联系的外围地区（即"区域"）作为对比平台。

图中所用的数据采集于2006—2011年期间（除非特别说明）。
*1 除了常住人口、外国人、青少年和失业率指标，巴塞罗那的数据主要是指巴塞罗那市。
*2 此处的酒店宾馆数指的是洛杉矶市、橙县海滩（Orange County Beach）和阿纳海姆（Anaheim）的数量；年均游客数仅指洛杉矶市的数量。

» 核心地带

常住人口（核心地带）

面积

人口密度

» 区域

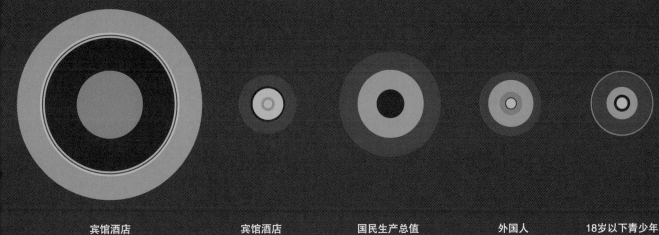

| 宾馆酒店 | 宾馆酒店 | 国民生产总值 | 外国人 | 18岁以下青少年 | 失业率 |

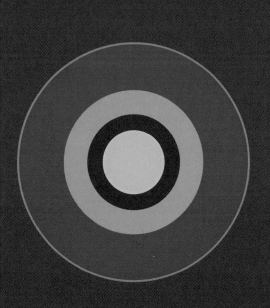

常住人口（区域）

年均游客数

第2章

内核、动脉与边缘
鲁尔区的居民点结构和空间肌理

扬·波利夫卡 (Jan Polívka) , 弗兰克·鲁斯特 (Frank Roost)

尽管鲁尔区缺乏一些传统大都市区所具有的高密度（鲁尔区实则是一个中、小城镇组成的城镇密集群），但这并不意味着它只是一个同质化的"居民点拼贴体"。恰恰相反，鲁尔区内的次区域、子空间板块呈现出高度的异质性——形态多样、尺度不同、密度不一。它们以复杂的方式相互交织，各自的中心和各自之间的连接地带都展现出独特的空间特质。这些特质和作为鲁尔区骨干的网络化空间结构以及其中各有千秋的城市特色结合在一起，展现出区域巨大的空间发展潜力。

居民点结构和空间肌理

如前文所述，鲁尔区是全球最大的欧洲中部都市区，其由众多的中小城镇构成而不受强势的单一中心城市支配。在今天看来，鲁尔区仍然必须面对社会经济结构转型背景下的挑战，例如很多新兴的、有发展前景的知识密集型产业迄今还未能在这一区域创造足够的就业岗位，以弥补过去曾经辉煌的煤矿和钢铁产业萧条后带来的社会经济损失。

当然，鲁尔区具有很大的潜力去应对这些挑战。它除了拥有足够大的空间尺度和相应的人力、智力资本外，其内部的居民点结构和城市建成环境空间肌理同样是罕有的资源要素，有助于使区域适应21世纪新的发展要求。

本章中的各"分层图"试图理清鲁尔区中具有特色的居民点结构和空间肌理，意在诠释这种结构能为作为新型网络化都市区的鲁尔区带来哪些未来发展机会。以下的"分层图"根据内容主题的不同而分为三个不同的尺度。

首先需要说明的是，本书所指的鲁尔区其实是更大尺度上的城市连绵区"大莱茵-鲁尔地区"（Metropolregion Rhein-Ruhr）中的次区域。大莱茵-鲁尔地区覆盖了北莱茵—威斯特法伦州（Nordrhein-Westfalens，以下正文中简称北威州）的大部分领土，中心城市有杜塞尔多夫（Düsseldorf）、科隆（Köln）和波恩（Bonn）。州首府城市杜塞尔多夫和鲁尔区在空间上临近，在功能上（尤其是就业市场）也有部分紧密互动。本书研究目的之一也是要重新审视鲁尔区的区域特性——它在过去是全德煤矿和钢铁业的龙头，直到今天仍在经受结构转型的考验。由于很难再想到其他合适的定义来界定这一区域，因而在以下的分析中均以"鲁尔地区联盟"（RVR）的管辖范围为基准作为地域参照物。

如无其他说明，本章中大部分的"分层图"都是建立在"鲁尔地区联盟"（RVR）整体边界范围的尺度上。如果对局部地区有细化分析，请注意位于图下方的小示意图，它们仍以"鲁尔地区联盟"（RVR）的整体范围作为外部边界参照，选择进行分析的局部尺度则以灰色方块表示。下图示意了三个尺度的关系。

本章主要关注鲁尔区的空间发展和城镇建设肌理结构，其中以高密度建设的核心地带为主要分析对象。其实对于整个区域而言，很难形成一种统一的规划语境，因为"鲁尔地区联盟"（RVR）所涵盖的范围在北部也覆盖了莱茵河下游平原和利珀河地带（Lippezone）的很多以农业特征为主的人烟稀少地域。由于尺度所限，本章的分析图将不再展现对上述这些地区的局部细化分析，而主要截选区域中的高密度核心地带进行局部分析，包括赫尔维格地带（Hellweg）和其北部相邻的地域。赫尔维格地带中的城镇——从西部的杜伊斯堡（Duisburg）、米尔海姆（Mülheim）到中部的埃森（Essen）、波鸿（Bochum）再到东部的多特蒙德，在中世纪便是这条极具影响力的跨区域贸易线（赫尔维格线）中的节点小城镇，在今天也是鲁尔区中的主要城市。赫尔维格这一局部区段可谓同时覆盖了鲁尔区中最稠密的人口、最有影响的历史场所和工业遗迹。

此外，本章还试图对一些更加微观尺度的局部尺度进行更细致地剖析，因此选择了盖尔森基兴-海尔纳地区（Gelsenkirchen-Herne）作为研究对象。这一地区位于鲁尔区核心地带的几何中心，且也属于埃姆舍河地带（Emscherzone）的一部分——该地带是鲁尔区在19世纪晚期时的城市化高峰地，也是最适合展现区域城市建设特色的地方。

1 这里用灰色图块示意了书中分析图所在的宏观–中观–微观三个尺度：整体区域（左）、中北部核心城镇区段（中）和局部地区（右）

 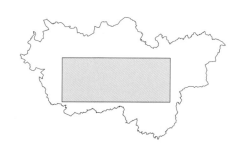 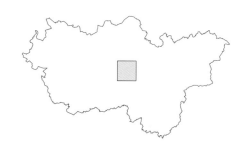

居民点体系中的开放空间是一种特别的区域发展潜力要素

居民点结构和开放空间之间的互动对区域发展有着重要的意义，在鲁尔区尤其独具特色：绿色空间几乎无处不在（有的源于自然，有的带着强烈的人工痕迹），它们作为主要景观元素呈斑块化地穿插于居民点中。这种穿插关系使得鲁尔区几乎每个居住点的居民都能在短时间内到达并沉浸在绿色海洋中。

这种近距离可达的绿色空间在鲁尔区的城市中所占比例比在德国其他城市要高。以同样有大约58万人口的杜塞尔多夫和多特蒙德对比举例：如右图所示，鲁尔区城市（多特蒙德）的空间肌理并不像州首府杜塞尔多夫那样是以一大片密实的城市肌体为主，而是由很多小片的居民点组团组成，它们之间以开敞空间形成间隔。

上述这个特质几乎出现在鲁尔区所有的城镇中，这点不同于德国其他拥有类似人口的城市。虽然德国所有的都市区差不多都存在向郊区蔓延的城市扩张现象，但是由于区域规划和景观规划的努力，建成区向外的无序蚕食已在很大程度上被控制住，边缘仍然清晰可辨。而在鲁尔区，由于其保持了19世纪城镇化以来形成的特有空间形态，绝大部分城镇似乎从来就不是以"密集城市肌体带有受到控制的可辨边界"为特征。

从另一个角度看，鲁尔区的大部分城镇并没有处在一个典型的空旷自然地域或农业本底环境中，而是在总体上形成了一个衔接紧密的城镇密集区环境（一个城市很快过渡到另外一个）。因此，对这些城镇内部开放空间的控制就格外有意义。

☑ 杜塞尔多夫和大多数德国大城市一样，有着一大片相对密集的城市肌体

☑ 多特蒙德和大多数鲁尔区城市一样，由小片的居民点组团构成，它们之间以开放空间形成间隔

杜伊斯堡　　　　　　　　　　　米尔海姆　　　　　　　　　　　　埃森

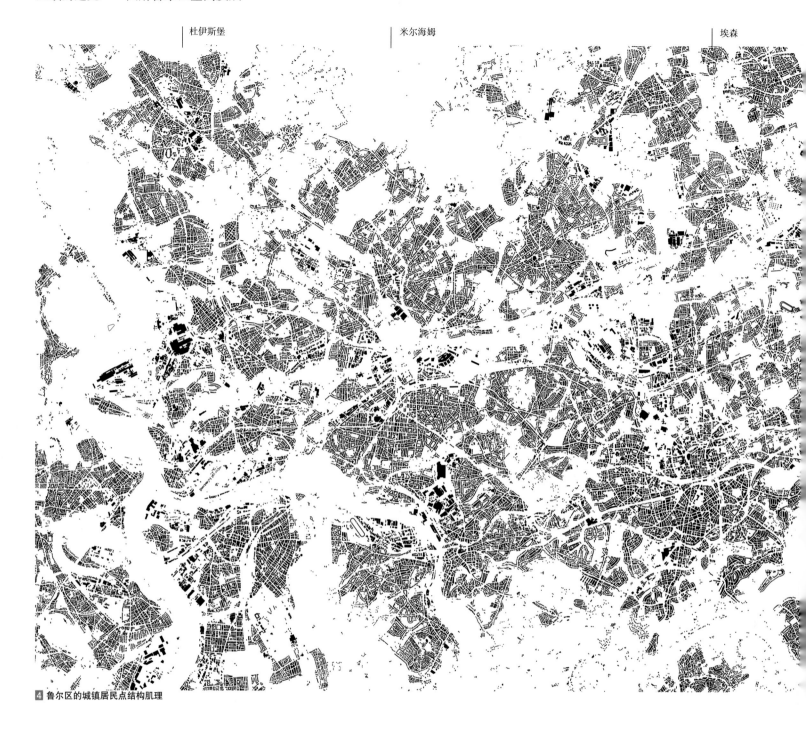

4 鲁尔区的城镇居民点结构肌理

片区、组团和社区邻里是区域的基本生长单元

从鲁尔区建成环境的结构肌理分析图中可以看出，相比于一个单核集聚的单中心城市地区，没有比在鲁尔区的结构中界定出清晰的区域中心更难的事了。毫无疑问，鲁尔区的确没有明显的区域中心，因为它就是由众多中小城镇组成的区域整体。需要注意的是，即便是杜伊斯堡、波

鸿或多特蒙德这些较大城市的中心区也不是以绝对高密度地带的姿态脱颖而出，它们只不过是比其他众多更小的城市片区尺度更大的片区而已。

鲁尔区这种由大量小片状、相对独立的组团作为生长单元的结构特征的形成主要源自19世纪工业化时广为流行的分散发展模式——每一个矿区居民点都有自己的空间生长逻辑。总的来说，当时煤矿的开

采主要选址在离其他矿井资源有一定距离（保持自己独立性）、旷田易于开采、附近有铁路线连接的地方。而具备这些特征的矿区区位大多都远离已有村镇，因此这些矿区最终零星遍布于整个区域，和现状城镇也鲜有联系。随后，居住点便围绕矿区就近发展。很多这样的由矿区结合周边居民点形成的结构单元在20世纪时便广泛融入了更大的城镇发展。因此，发展至今，

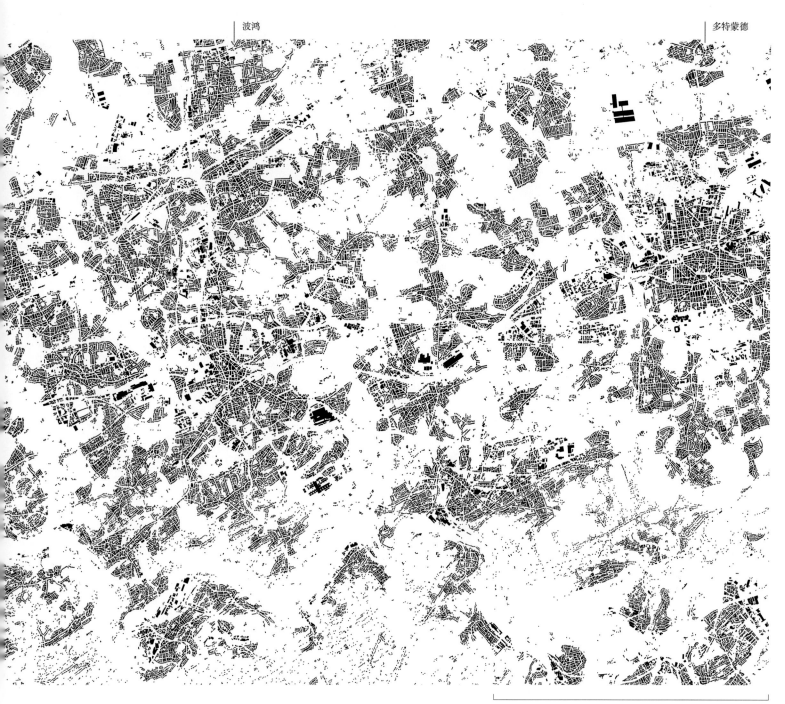

波鸿　　　　　　　　　　　　　　　多特蒙德

约10公里

相对其他德国城市和地区而言，在鲁尔区即便是大城市也没有形成一大片高密度、密实的"摊大饼"状的空间肌理，而是维持原有空间生长轨迹下的多组团型——由众多中等和更小尺度的片区、组团、社区邻里所组成。

　　鲁尔区就这样自发地演变成富有层次感的多中心结构：整个区域由几个中心城市形成主要支撑，它们又分别由很多空间上尺度不一的片区、组团、社区邻里组成，并拥有各自的中心。与此同时，几乎每一个城市片区、组团和社区邻里也都有自己鲜明的特点，它们作为最重要的生长单元构筑了鲁尔区的整体居民点结构体系。

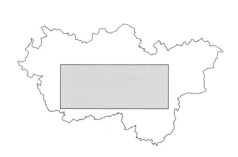

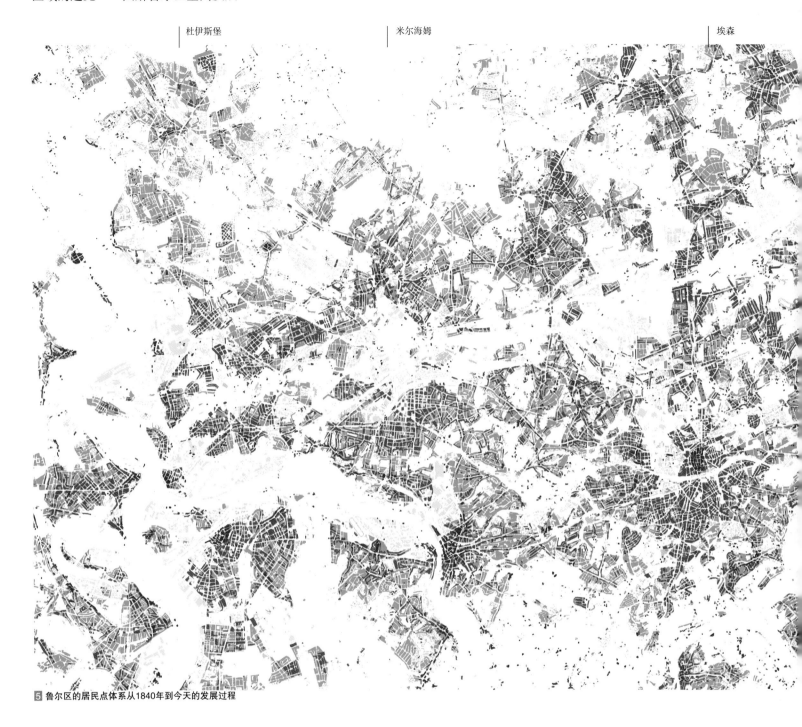

杜伊斯堡   米尔海姆   埃森

5 鲁尔区的居民点体系从1840年到今天的发展过程

网状结构居民点体系的形成

鲁尔区特别在19世纪经历了极速发展阶段，由之前的以农业型小城镇为主的地区一举发展成为当时欧洲人口最多的城镇群。煤层埋深相对更浅、更易于开采的鲁尔区南部地区首先经历了空间快速增长。随后煤矿开采业的蓬勃兴旺进一步滋养了南部那些中世纪以来就沿着传统赫尔维格贸易线分布的小城镇的发展——包括杜伊斯堡、埃森、波鸿和多特蒙德。这些小城

镇刚开始也是主要集中在老城发展，但很快就跳出了老城边界。尽管这些历史延续下来的古老城镇在20世纪由于战争和重建而经历了很大变化，但其道路网形态延续到今天仍然十分清晰，例如利用老城墙改建的环城路和向外围的放射路等等。

此外，19世纪末期出现的煤矿开采向鲁尔区北部迁移的风潮也给原本是沼泽遍布、人迹罕至的北部埃姆舍河地带带来了新的产业发展机遇，使其在更短的时间内

获得了更大的发展。一些之前的北部地区农业型乡镇，例如博特罗普（Bottrop）、盖尔森基兴（Gelsenkirchen）、海尔纳（Herne）等，得益于煤矿开采向北迁移的浪潮而在短短几十年中便发展成为人口超过5万的城镇。

与此同时，这一时期内许多村庄和新发展起来的城镇中也兴起了大量的小型工矿居民点。这些由采矿业引导的聚居点广泛地遍布在整个区域中，它们进一步吸纳

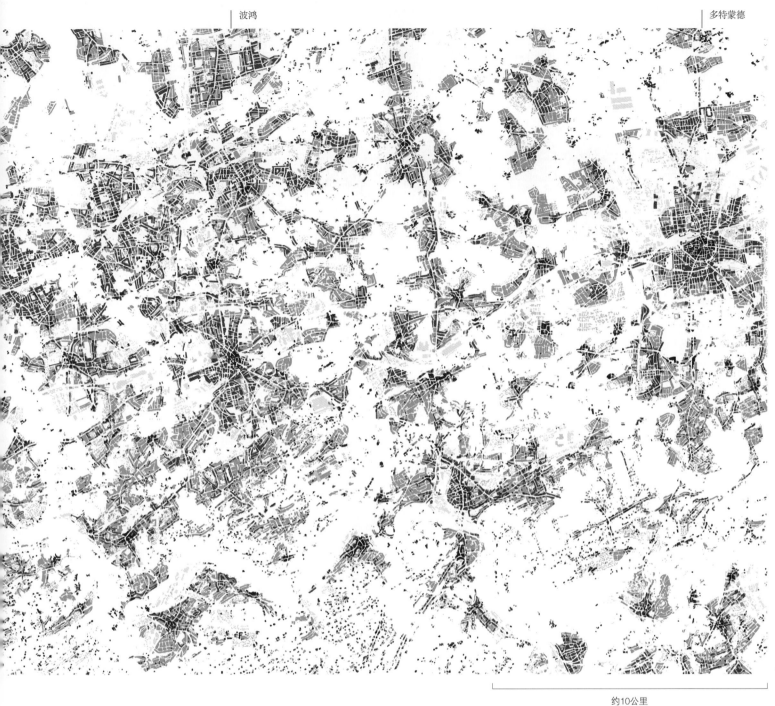

波鸿

多特蒙德

约10公里

周边城镇化人口从而演化成一个个的"晶体点"。在其形成的过程中，这些"晶体点"之间沿着赫尔维格贸易线还同时兴起了很多私人投资的小型企业、居住和商业建筑。这样一来，在赫尔维格地带中的很多原本连接城镇和周边农村的乡村小道和土路便逐渐发展成为重要的联系通道，并由此带动沿线两侧地区形成连续、密度相对较高的建成环境。到了最后，众多中小城镇的核心区、数不清的居民点单元和它

们之间犹如"动脉"的种种连接路径便组成了一个紧密协作的体系，成为承载区域城镇化进程的重要结构性载体，直至演化到今天形成了鲁尔区独具特色的网络节点结构特征。

- ■ 1840
- ■ 1930
- ■ 1970
- ▦ 2010

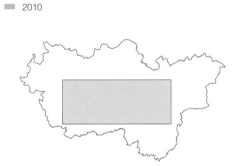

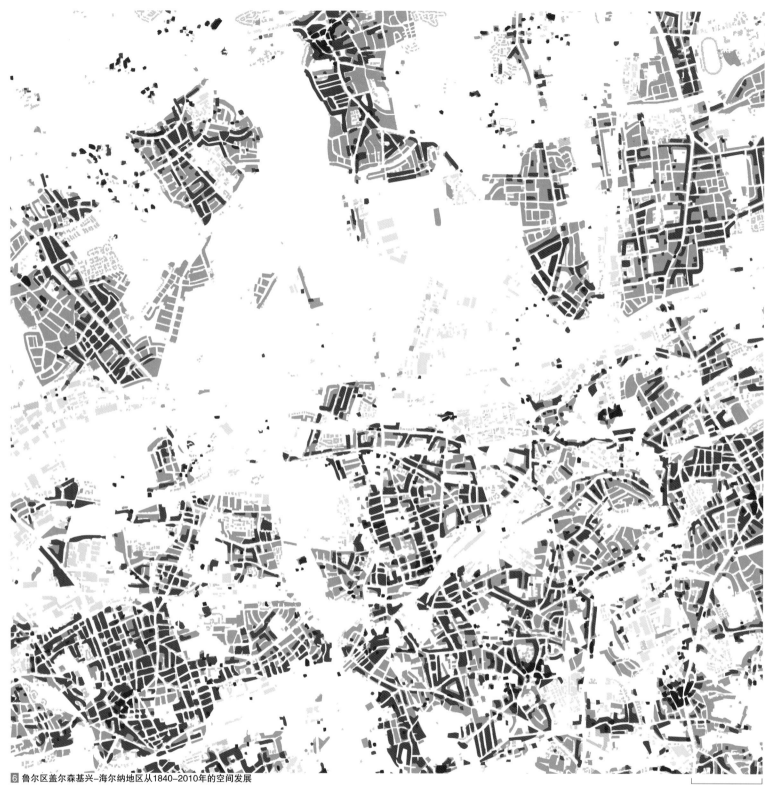

6 鲁尔区盖尔森基兴–海尔纳地区从1840–2010年的空间发展

约1公里

» 盖尔森基兴和海尔纳都是位于鲁尔区埃姆舍地带中的城镇，其在19世纪从农业地区经历工业化而发展起来，在此之前并没有强烈的工业化痕迹。这两个城镇在城镇化过程中结构肌理的形成逻辑十分清晰：广泛分布的工业厂区结合周边的工人住区作为增长点，在它们之间沿着老路兴建起居住和商业办公建筑。此外，在临近火车站的地段则建设比相对松散的工矿居密度更高的街区。

7 盖尔森基兴–海尔纳地区：工矿业导向的居民点结构肌理

约1公里

■ 现今的建筑肌理
■ 研究选取的工矿居住区
■ 工企业用地
✪ 矿区
🏭 20世纪兴起的大型企业

>> 鲁尔区的居民点几乎都是从一个采矿点或工业区发展起来的，最早通常形成的是几何状的不规则空间肌理。后来在这些居民点周边又进一步出现了由私人投资者兴建的公寓、商店和饭店等服务设施。这些功能区中的道路也很少能以直角相交，因为它们尊重并延续了工业化以前的老路的不规则形态。而方格网的道路形态只有在一些较大城镇临近市中心的街区才会出现。可以这样说，作为德国19世纪典型规划建设风格的"方格网"只在鲁尔区的部分地区得到了运用。

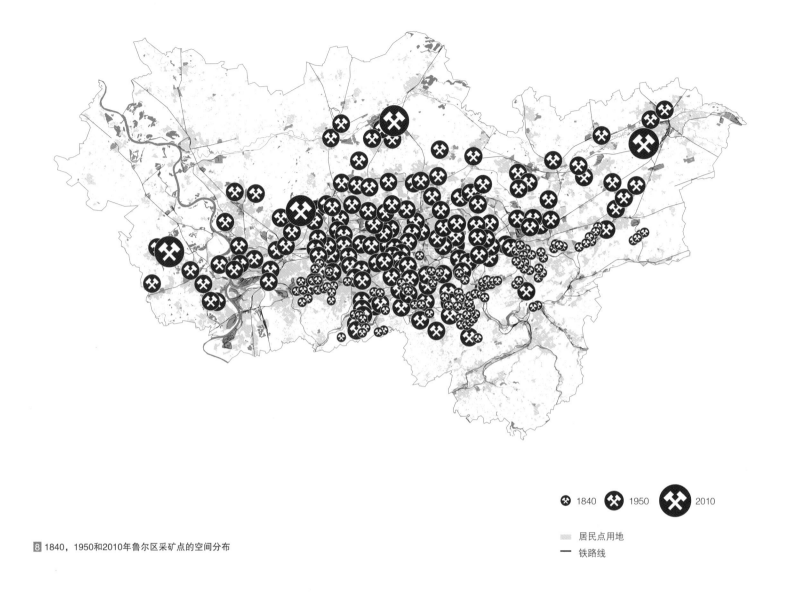

8 1840，1950和2010年鲁尔区采矿点的空间分布

⊗ 1840　✪ 1950　✪ 2010

░░ 居民点用地
— 铁路线

传统工矿业的空间演进

在工业化初期阶段鲁尔区南部的鲁尔河（Ruhr）发挥了重大作用，它作为运输通道将开采出的煤矿快速直接地运送至周边地区。但是，那里的很多矿区都是急斜煤层，而且埋深比鲁尔区北部的煤矿更深，愈发需要使用新的工程技术才能满足开采要求。因此，19世纪鲁尔区的煤矿开采风潮由率先兴起的赫尔维格地带兴起向北推进到埃姆舍河地带。北部地区随之在20世纪兴起了很多新的大型矿区，最大埋深达到1500米，它们沿着一条从莱茵河西侧的坎普-林特福特（Kamp-Lintfort）到鲁尔区东部边界哈姆（Hamm）的产业带分布。而南部地区原有的一些陈旧和较小的矿区则逐渐废弃。之后，由于煤矿埋深较深和因此所需的复杂开采技术带来的高成本，"鲁尔煤"在国际市场中的竞争力逐渐降低。另外，作为传统化石能源的煤矿在能源资源领域中的地位也日益降低。因此，现在的鲁尔区只有北部的几处最大、最先进的矿区还在继续作业——但数年之后将它们关闭的事宜也已提上了政治议程。

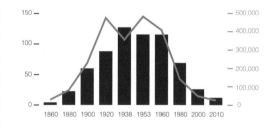

鲁尔区的煤矿业发展
■ 产量（百万吨）
— 工人数量（人）

图例：
■ 服务中心
▨ 居民点用地
▨ 工业用地
— 高速公路

⑨ 当代鲁尔区就业区位的空间分布：工企业、城市功能场所和重要的跨区域服务中心

新兴服务业和就业区位的空间分散布局

鲁尔区煤矿重工业向北部的转移浪潮带来了区域就业区位的重构过程。鲁尔区中部和北部新开辟的运河沿岸成为很多新兴就业场所选址的偏好之地。在濒临莱茵河、有着良好对外运输条件的西部地区，如滨河城市杜伊斯堡，其区位优势以及仍有引进煤炭和矿石的需求使得延续到今天的传统就业岗位（钢铁生产）仍然在此集中。鲁尔区其他的原有工矿业大多数现在已经关闭了，这些废弃工企业原址中的大部分已经植入了新的职能，还有一些小企业也已经转型至其他新兴行业。由此，鲁尔区形成了在大尺度上分散布局的新产业空间格局。

鲁尔区的高速公路体系完全支撑了上述这一空间重构过程，因为它并不是围绕单一中心的"环形+放射"形态，而是从一开始就形成了网络结构，从而能够服务于广泛分布的各个功能区。

另外，鲁尔区主要的服务业也没有集中在某个单一固定空间内，同样还是分散在各个城镇中心和片区中心。总的来说，鲁尔区的服务业和就业区位在整体上都呈现出大尺度的空间分散布局特征。

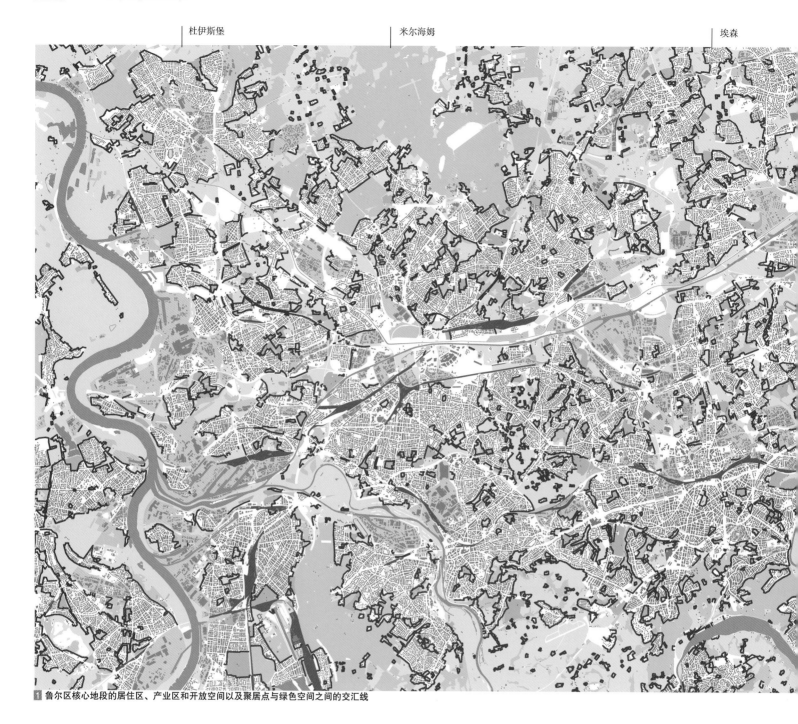

1 鲁尔区核心地段的居住区、产业区和开放空间以及聚居点与绿色空间之间的交汇线

内部边缘

尽管鲁尔区被视为欧洲中部地区的一个大型、连绵的聚居点混合体，其中各城镇之间的界线似乎在空间上很难被识别，但这并不意味着鲁尔区缺乏绿色开放空间。事实上，鲁尔区大多数的片区、居民点组团、社区邻里之间都留有一定面积的草场、树林、田野或花园，它们赋予居民离家近的休闲游憩场所，同时也塑造了鲁尔区的整体绿色景观风貌。此外，鲁尔区中也有区域级的绿带绿道贯穿分布，使得整个区域有着较高的绿色空间覆盖率。

鲁尔区中像这种紧邻绿色空间的区位分布要比德国其他城市和地区要多得多。在城镇内部的那些由各居民点片区、组团向邻近绿地过渡的界面被称之为"内部边缘"（Inner Rand）。上图中展示了大量的此类"内部边缘"，它们被定义为居住地与绿色开放空间之间的交汇线。它们的存在衬托出居民点和用于休闲游憩的开放空间（如公园、花园、墓地、运动场、树林抑或是农业用地等）之间无处不是紧密相连。

波鸿

多特蒙德

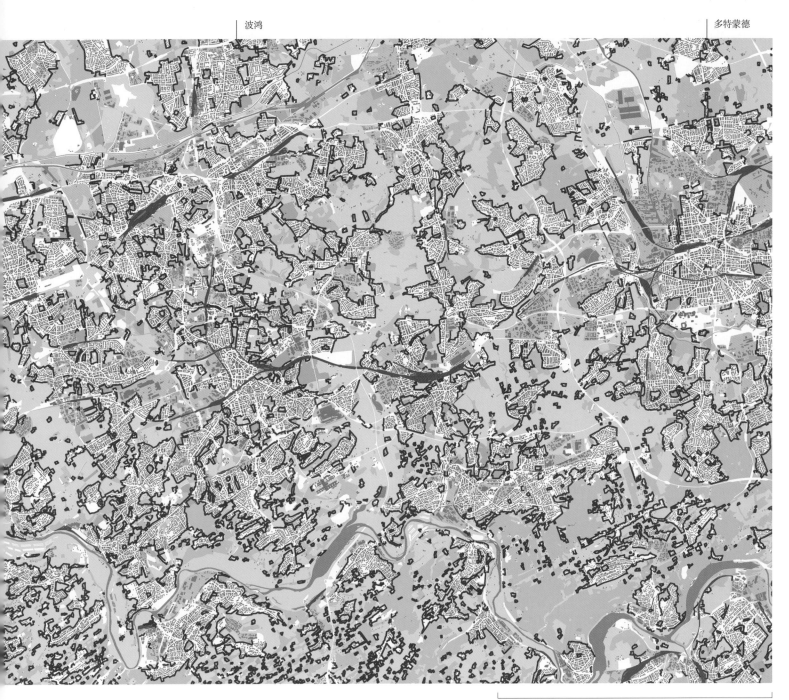

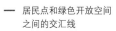

约10公里

居民点用地
工业用地
绿地
绿地

居民点和绿色开放空间
之间的交汇线

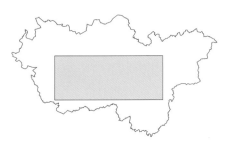

盖尔森基兴–海尔纳地区中的"内部边缘"

鲁尔区城镇的特点是：它们不是处在一个自然或农业腹地的环境本底，而是处在一个城镇很快过渡到另外一个城镇的连续而整体的密集环境中。右侧的分析图描绘了这种场景——相邻城镇盖尔森基兴和海尔纳之间的过渡状况。和鲁尔区大部分地方一样，这里是一个典型的城镇交接地带：在紧凑的建成区和自然环境之间有着清晰、高辨识度的"内部边缘"，形成城市建成环境与自然的界线，但城与城之间的界线却难以分清。

在片区尺度上，从建成区向它们之间及其内部的绿色空间过渡的"内部边缘"形态更为曲折多样。这种小片式聚居点与开放空间的相互咬合所塑造的丰富多样化边界界面特别使得很多地方具有了更多接触自然的机会。这些"内部边缘"在德国一般的大城市多半只有在靠近外围郊区的区位才会存在，但在鲁尔区中却几乎遍地都是，由此形成了鲁尔区的地区特色。靠近城市中心区的片区中的"内部边缘"通常只占建成区面积的一小部分，它们更多的是分布在更小尺度的、空间上分散的居民点组团中。

近年来鲁尔区一直努力在"去工业化"的结构变革过程中通过改变土地利用来继续发扬上述这种"内部边缘"的空间特质。一方面，区域结构性重组获得了很多以前工矿业废弃后留下的用地资源及棕地改造的机会，当然同时也可能会遇到一些社会经济问题，例如失业和其他新的挑战。另一方面，出于消除以前重的工业带来的消极影响和提升人居环境质量的需要，又需要挖掘更多新的开放空间潜力。这样一来，土地再利用和挖掘开放空间就找到了结合点。

在1990年代"IBA埃姆舍公园国际建筑展"期间，开放空间的塑造潜力得到了极大地发挥，另外很多原本的旧工业用地都通过项目实施产生了新的用途。例如，仅鲁尔区中部核心地带的北侧——从北杜伊斯堡沿着埃姆舍河到贝尔格卡门（Bergkamen）一带，就有超过90个个体项目得以实施。这些实施的项目中包括在原工业用地上重建的后工业景观公园、居住区更新以及其他一些改变原工业用地为非工业用途的特别举措。

这些特别举措主要指不仅保留了场地原有的"工业化特征和内涵"，更通过人工手段创造了自然的设计策略。例如，许多遗留的废弃矿堆都通过种植植被而被设计成具有景观价值的休闲观光场所，还有对以前的生产区覆以绿化、修复河道、利用废弃铁路线设计成自行车和步行道等措施均得以实施。此后，鲁尔区便逐渐形成了一个以后工业景观为特色的景观风貌新局面。对页的分析图中以白色表示原有棕地。请注意，中间的白色是以前的厄瓦尔德矿区（Zeche Ewald），现在它已经通过覆土复绿而变成了新的景观公园。鲁尔区内还有很多这样的废弃矿堆都经过重新设计而形成了在建筑学和艺术领域上具有里程碑意义的"景观地标"，成为识别鲁尔区区域景观特色的新标志。

此外，还有很多优秀的老工业建筑被保留了下来，作为"工业文化遗产"融入到了新的土地使用功能中。这种更新方式不仅为居民和游客提供了各种各样的游览场所，也提升了他们对鲁尔区整体的认知感，更能在时代变迁中始终维持区域的可识别性。

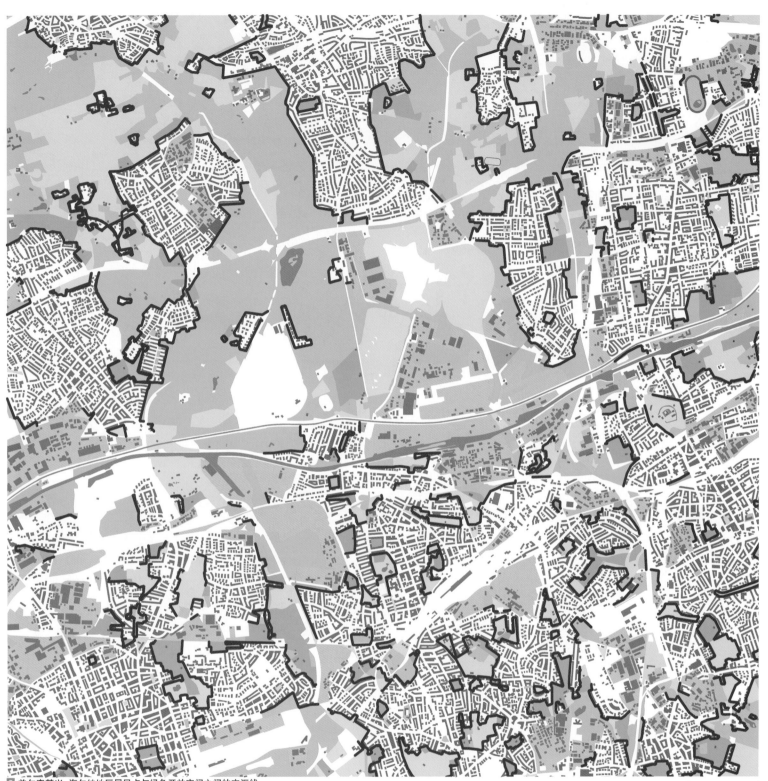

2 盖尔森基兴–海尔纳地区居民点与绿色开放空间之间的交汇线

约1公里

| 杜伊斯堡 | 米尔海姆 | 埃森 |

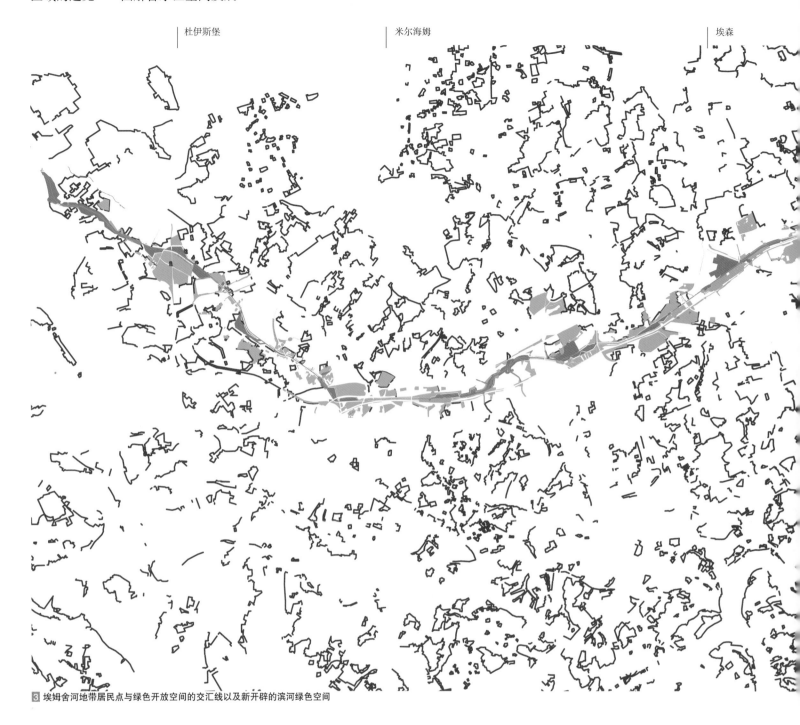

③ 埃姆舍河地带居民点与绿色开放空间的交汇线以及新开辟的滨河绿色空间

"内部边缘"的增补

以"IBA埃姆舍景观公园"活动为标志开始的区域蜕变之路是一个系统而持续渐进的过程。其所涉及的地域从20世纪中叶以来世界上最大的重工业基地摇身变为华丽的区域景观公园，为当今的棕地和闲置用地再开发树立了典范。

在此活动过程中，埃姆舍河以及之前被人工渠化、河床已经变形的很多支流都重新恢复了自然形态。埃姆舍河和其支流曾经一度饱受煤矿重工业的摧残而沦落为一条人工排污渠。现在，河流沿岸的煤矿和重工业基本不复存在了，另外以前修建的地上露天排污管也已改为地下排污系统，这样一来就促使了埃姆舍河水系能够重返自然。

经过恢复的埃姆舍河水系连接沿线分散的开放空间以及现状的区域绿道而形成整体的开放空间系统，最终构筑了一个超过450平方公里的大型区域生态景观公园。其中打造的核心项目名为"埃姆舍新河谷"（Neues Emschertal），意在重点塑造依托河流的东西向绿色发展轴，其也将成为埃姆舍公园的核心区。那里目前有一条建于1960年代、平行于埃姆舍河的联邦高速公路A42从中穿越，因此人们也正在为这条高速公路的设计改造而付出创意和努力——它应该作为一条"公园快速路"融入为区域公园的一部分而不是那么生硬地穿越。

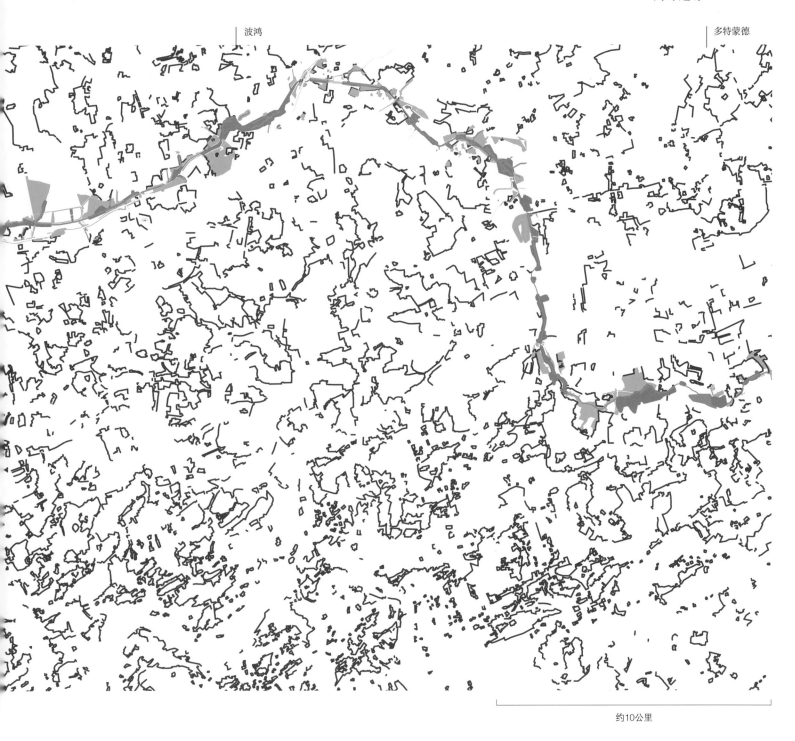

波鸿

多特蒙德

约10公里

　　上述所有的这些措施都共同致力于创造一种新的环境品质，这对埃姆舍地带来说尤为重要，因为那里的工业密度曾经是如此地高，开放空间曾经如此地匮乏。上面的分析图再次描绘了埃姆舍河地带中近似抽象的"内部边缘"界面，以深绿色线表示居民点和开放空间之间的融合线。此外，图中还选择性地表达了一些后来在"埃姆舍新河谷"项目中拟新建的主要绿色开放空间。非常明显，这个以前拥有较

高工业密度而缺乏清晰"内部边缘"的埃姆舍河地带通过区域公园战略的优化提升后也具备了鲁尔区一贯典型而特有的环境品质特征。

■ 新开辟的绿色空间
■ 在埃姆舍河改造期间重新设计或新建的绿色空间
■ 埃姆舍河
— 居民点与绿色开放空间之间的交汇线

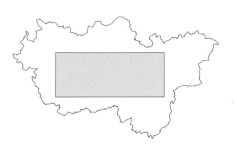

2.3   断点

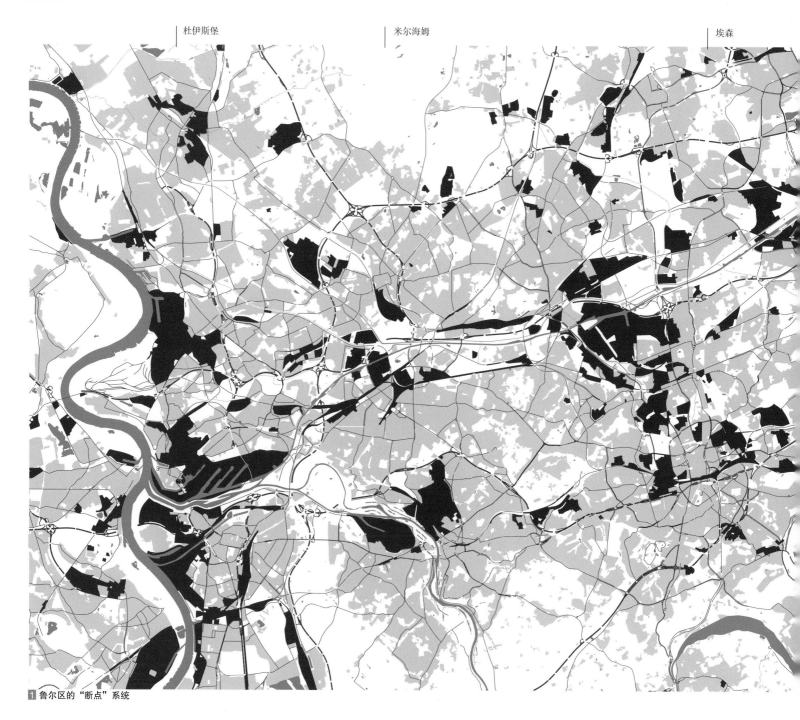

| 杜伊斯堡 | 米尔海姆 | 埃森 |

1 鲁尔区的"断点"系统

» 整个鲁尔区贯穿有一张由交通、工业和服务设施组成的节点网络系统，自成独立体系，形成区域居民点和景观系统中的"断点"（Zäsuren）。这些"断点"最早是在19世纪采矿业急速增长时为了满足货运需求而大规模扩张铁路线而产生。直到今天，鲁尔区中遍布的很多支线铁路和一些遗留的大工业用地仍然对居民点用地有着强烈的割裂作用。之后在20世纪后半叶又增加了一些新的"断点"要素：主要是由高速公路和城市货运通道组成的密集网络，当然在私家车比比皆是的时代它们也同样承载着上下班通勤和闲暇时出行的交通需求。

随着后来鲁尔区煤矿业的衰退，很多货运铁路和停产的生产车间被赋予了新的用途，一些此前形成的"断点"也随之转变为绿色空间、游憩场地、自行车道或者居住区。尽管如此，一些遗留下来的工业设施还有很少使用的货运铁路仍然形成了一种城市景观特有要素，塑造了一个贯穿区域整体的"断点"体系（至少是在视觉上）。当然从另一个角度看，"断点"体系也是一张互通的基础设施网络，它保障人流和物流在城市、区域和跨区域尺度上的便利流动性，这对于维持区域各功能版块的运转是十分必要的。

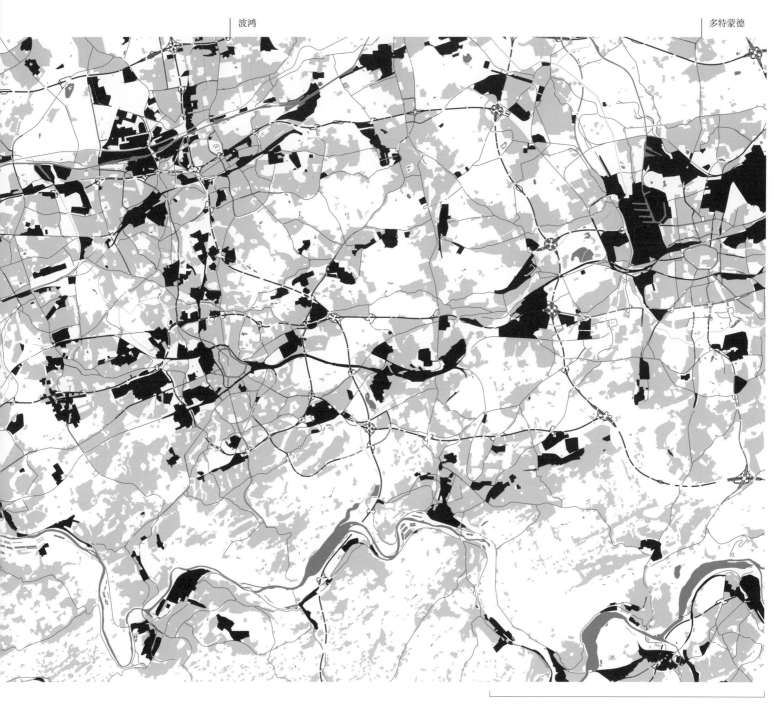

波鸿

多特蒙德

约10公里

1 由工业和基础设施网络组成的"断点"系统是一个独立体系,主要由难以进入、无法穿越的大尺度结构性要素(如铁路、高速公路、大工业区)构成,当然其中也包括了许多繁忙的城市道路。通常"断点"与其毗邻的用地仅有部分功能能够联动。

居民点用地
断点
水域

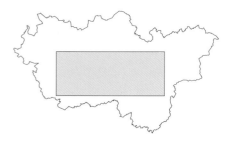

Herten
Hillerheide
Resse
Grullbad
Hochlarmark
Eichkamp
Resser Mark
Erle
Baukau
Crange
Unser Fritz
海尔纳
Schalke Nord
Bismarck
Wanne
Holsterhausen
Schalke
Eickel
Bulmke-Hüllen
Röhlinghausen
Riemke
盖尔森基兴
Altstadt
Neustadt
Hofstede

2 空间特征：盖尔森基兴–海尔纳地区居民点体系中的结构要素

约1公里

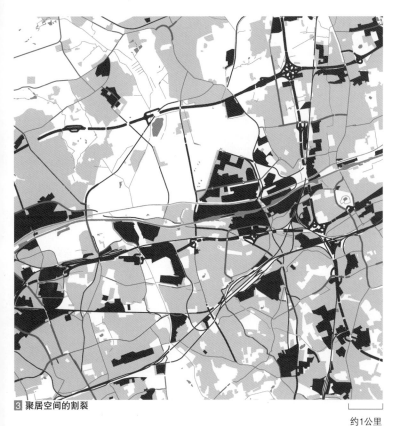

3 聚居空间的割裂

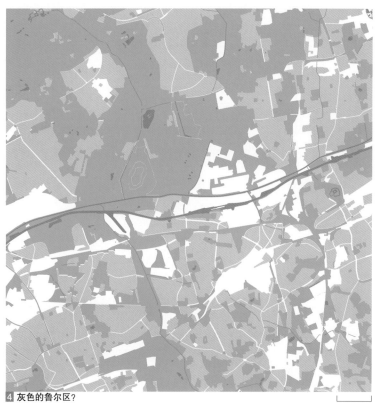

4 灰色的鲁尔区？

约1公里

约1公里

空间特征：居民点体系中的结构要素

与欧洲很多传统的都市区空间形态相比，鲁尔区仅有少部分地域是大片而密集的建成区，而整体上形成了一种复杂、均衡的多中心结构和相对低密度的形态特征。以下详尽阐释了由历史上采矿潮向北部迁移所导致的埃姆舍河北部和南部的巨大差异：工业化鼎盛时期在埃姆舍河南部形成了一种以众多中小型工企业以及相关设施用地为主导的、分散发展的工业生产性景观，其中零星遍布的聚居点与比重较低的小尺度绿地交织在一起，总体呈现出"破碎化"的特征（这一片居民点用地的南边界是鲁尔河谷浅丘山陵）；而在埃姆舍河以北地区，采矿和相关产业发展相对较晚，考虑到产业起步时能够与南部已有的基础设施网络产生连接，因而在选址上将大型工企业和相关设施主要集中在几处区位布置。埃姆舍河以北的居民点相比南部而言尺度更小、更紧凑，且较少受到"断点"系统的割裂，同时绿色空间的组织也更为集中有序。总的来说，过去十数年中开展的作为结构调整措施之一的棕地改造使得区域绿色空间显著增加，建成环境也得到重塑优化。

2 空间特征：盖尔森基兴-海尔纳地区居民点体系中的结构要素——鲁尔区的居民点空间不是呈单一不变或连续级配的特征，而是随着所在地区的人口密度不同而变化丰富。如果人们穿越这个区域，就会产生一种反复转换的感知和印象，即经常置身于边界，时而进入或离开一个地方。当然，空间上的方位识别点几乎随处可见，包括大型工业设施遗迹和连接它们的基础设施，还有利用废弃矿堆重新设计的景观标志，甚至是那些在视觉景观上的"断点"要素。

3 聚居空间的割裂：由铁路、高速路和大工业区等构成的"断点"系统将整体居民点结构肌理分割成了若干子空间，有建成区、绿色空间或者是两者都有的混合区。图中以红色表达了这些"断点"，受到其割裂的很多地方仅能通过少量的通道（如桥梁、隧道）联系。图中的深灰色则表示一些地方性干路作为重要的连接通道将被分割的地方连接到地区主交通网络。这些连接路大多是延续历史路径，并适当拓宽，它们也同样服务于片区和邻里中心。

4 灰色的鲁尔区？：图中反映了绿色空间与建成区的比例关系，从图面看来，鲁尔区毫无疑问已经成为"绿色鲁尔区"了。通过改造棕地和废弃矿堆而拓展的绿色景观极为清晰和突出——越来越多的绿色渗透进了建成区。当然，在很多地方仍然存在阻碍直接进入临近绿色空间的"断点"要素，在图中用白色表达。

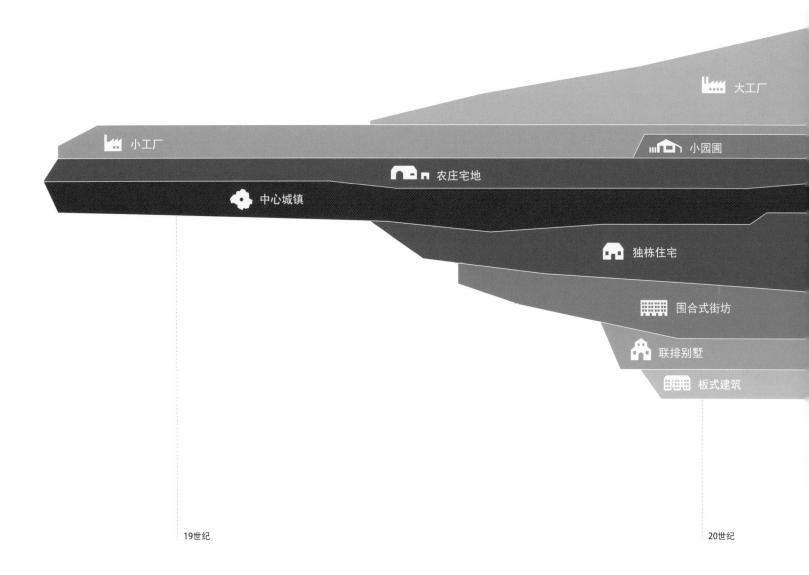

大工厂

小工厂

小园圃

农庄宅地

中心城镇

独栋住宅

围合式街坊

联排别墅

板式建筑

19世纪

20世纪

大建设时代

　　除了居民点结构肌理以外，鲁尔区的（建筑）建造类型同样充满多样性和活力。1830年时，鲁尔区几乎还处在自然本底环境中。那时在广袤的自然基底中零星分布着小城镇和尤其在南明斯特地区和鲁尔河谷一带非常典型的农舍和村庄宅地。此后在19世纪后半叶，随着采矿和工业的飞速发展以及人口暴增，鲁尔区迎来了开发建设的高峰期。这种高峰开发建设以不同的速度和强度一直持续到1960年代。可以这样说，自从工业化和其推动的城镇化以来，鲁尔区中总是不断涌现出新的开发建造类型。

　　在19世纪居民点拓展的高峰期，鲁尔区的建造类型主要是以紧凑化和工业导向为特征，当然在后期时也出现了大量郊区化建筑类型。发展到今天，随着鲁尔区内开发建设强度的不断下降，各种建造类型也日渐趋于平衡。当然，其类别也更加多样化，特别是增加了一些新的建造类型——它们主要源于棕地改造的转型。这种基于前工业景观转型后形成的再开发类型——无论是开放空间、森林，还是公园中新建的居住和办公建筑等，都有助于使鲁尔区变得更为绿色。在未来，随着区域人口数量的减少和空间迁徙，类似的通过对闲置土地再利用和郊区再开发而形成的多样后续开发模式还会继续增加。

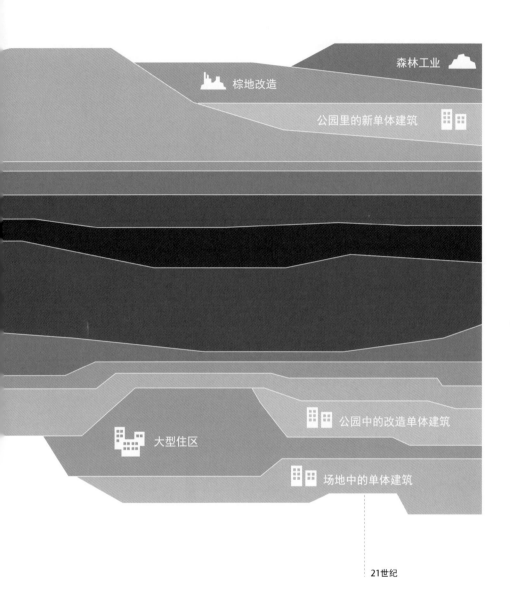

21世纪

1 多样的开发建造类型：图中展示了过去二百年以来鲁尔区的各种开发建造类型的发展过程。可以从中看出，就数量而言，尽管居民点空间发展的高峰期已过，但不同类别的居民点建筑建造样式却越来越丰富。此外，这些不同建造类型之间的比例关系也更加趋于平衡。在当代鲁尔区结构转型中出现的一个新生事物叫作"后续开发类型"（Nachfolgetypen），这是一种不会引发建设用地额外新增，却会增加地区绿色空间的针对存量用地的再开发模式。

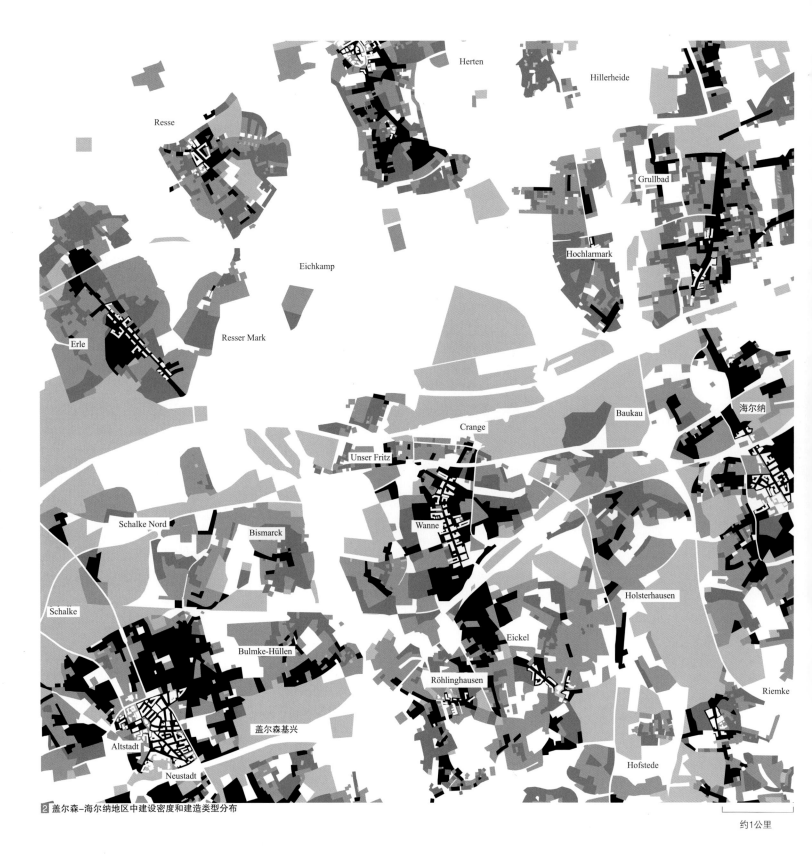

Herten

Hillerheide

Resse

Grullbad

Hochlarmark

Eichkamp

Resser Mark

Erle

Baukau

海尔纳

Crange

Unser Fritz

Schalke Nord

Wanne

Bismarck

Holsterhausen

Schalke

Eickel

Bulmke-Hüllen

Röhlinghausen

Riemke

盖尔森基兴

Altstadt

Hofstede

Neustadt

2 盖尔森–海尔纳地区中建设密度和建造类型分布

约1公里

　　盖尔森基兴-海尔纳地区中开发建设的基本结构（就建设密度而言）：从上图中可以看到除了中间紧凑密集的核心区外，还有很多有着不同密度序列、呈现出一种"马赛克"肌理特征的地带。同时，在核心区之外也存在着个别高密度建设的地区，当然与核心区比起来它们就显得无足轻重了。此外，在边缘地带还分布有一些建设密度相对稀疏的地区，呈现半郊区、半工业化特征，它们的建设密度几乎相同。它们在上图中以浅灰色的大型色块所示。

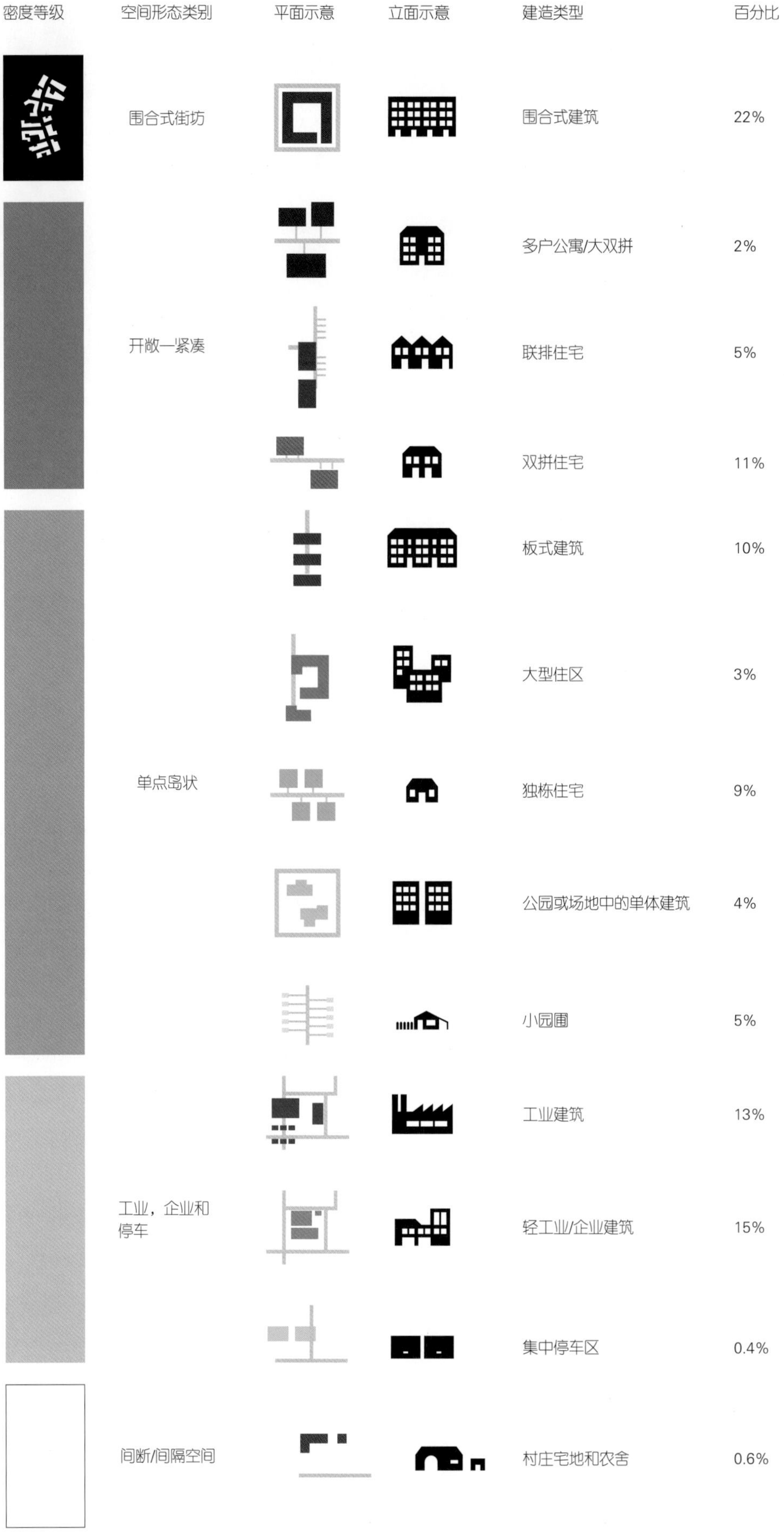

密度等级	空间形态类别	平面示意	立面示意	建造类型	百分比
	围合式街坊			围合式建筑	22%
				多户公寓/大双拼	2%
	开敞—紧凑			联排住宅	5%
				双拼住宅	11%
				板式建筑	10%
	单点岛状			大型住区	3%
				独栋住宅	9%
				公园或场地中的单体建筑	4%
				小园圃	5%
	工业，企业和停车			工业建筑	13%
				轻工业/企业建筑	15%
				集中停车区	0.4%
	间断/间隔空间			村庄宅地和农舍	0.6%

开发建设的基本结构：城市建设密度和建造样式的分区分类

在图列举了所截取的混合开发的建设区中所分布的鲁尔区典型的"建造类型"情况，剖析其中所有片区和用地组团的形态肌理，并按建筑类型和建设密度进行分区分类。从图上粗略一看，似乎鲁尔区的空间肌理都是无穷无尽的景观与建筑的咬合。只有仔细审视建筑类型和它们按密度划分的空间分布，一些个别的异质点、类型学上高度混杂的地区和密度稀疏的边缘地区才会崭露头角。此外，图中还详尽展示了不同建造类型的空间序列。为了清楚反映这一点，本节对研究地区（盖尔森基兴-海尔纳地区）中鲁尔区典型的"建造类型"进行了具体分类，并划入五种建设密度分区中。当然，建设密度的高低并不仅仅取决于建造类型本身，因为在鲁尔区这是可以变化的，决定密度的因素还有在每一条街道上建筑的开放度和围合度，即空间组合关系。这一点尤其可以从各密度分区中所涉及的建筑与空间的形态关系上看出区别。例如按图中所示，从空间形态关系上看有40%的建造类型都可被视为紧凑型，但它们中实际上只有一小部分属于内城中真正有着高立面围合界面的紧凑式单体建筑。也就是说，无论是图中以深黑色表达的高密度区域还是以灰色表达的中等密度区域，它们在真实场景中都是置身在一种密度混杂并交替变化的多样化格局中。尤其是后者同样反映出今天的鲁尔区正处于一个再致密化、更新改造和城市功能性调整的连续过程中，它们在建成环境上形成了真正的"建筑类型学迷宫"。

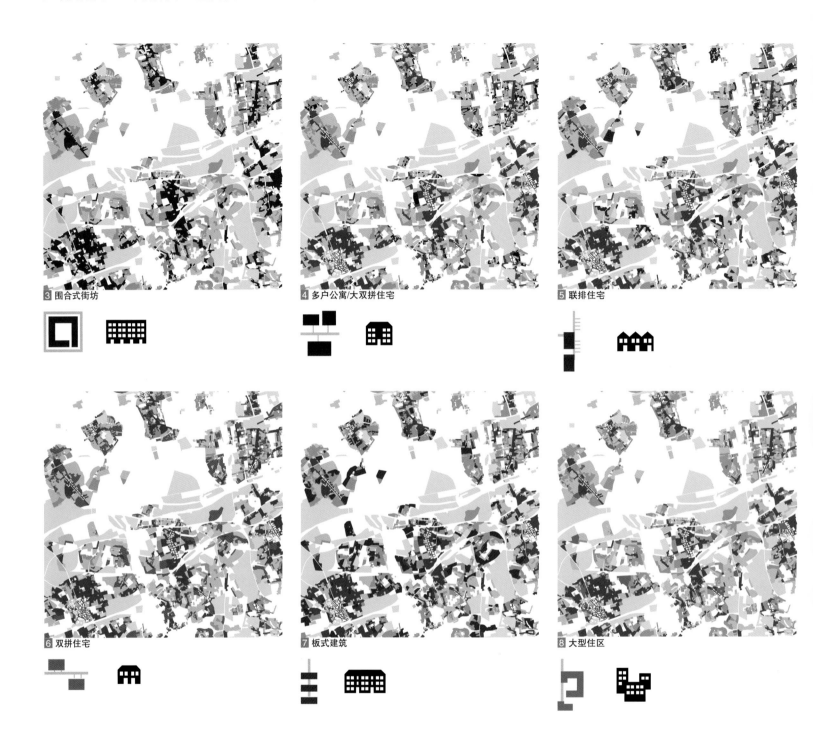

3 围合式街坊

4 多户公寓/大双拼住宅

5 联排住宅

6 双拼住宅

7 板式建筑

8 大型住区

各种建造类型的空间分布

各种建造类型在空间上的分布和密度序列形成了理解鲁尔区居民点结构和肌理的起源、功能逻辑以及存在问题的基础。鲁尔区的居民点结构由各个独立的、富有变化的高密度核心区、内城片区、外城组团和郊区边缘地带构成，由于空间距离很

近，它们彼此之间的过渡也很快。其中，建造类型之一的"紧凑围合式街坊"空间单元占据主导地位，约占建设用地的五分之一，是鲁尔区所有建设开发行为映射在空间和功能上的骨干。通常围合式街坊周边的临近空间主要是以典型双拼住宅和行列式板式建筑组成的混合区，而在城郊边

缘则主要以独栋住宅为主，这是因为二战后这里尤其受到了郊区化的影响。另外，尽管鲁尔区已经经历了渐进的结构转型过程，当前仍有约三分之一的建设用地作工业和企业之用途。

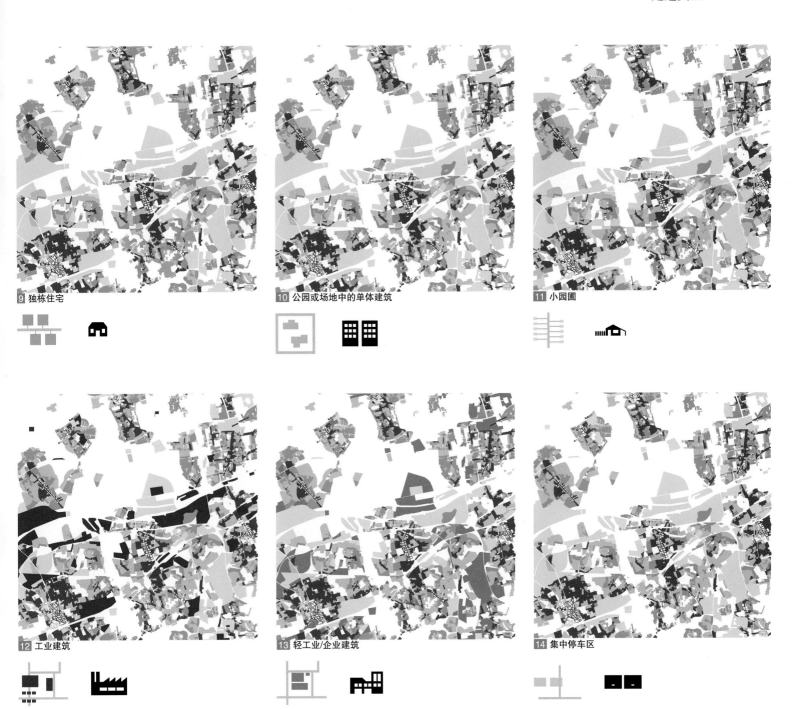

9　独栋住宅

10　公园或场地中的单体建筑

11　小园圃

12　工业建筑

13　轻工业/企业建筑

14　集中停车区

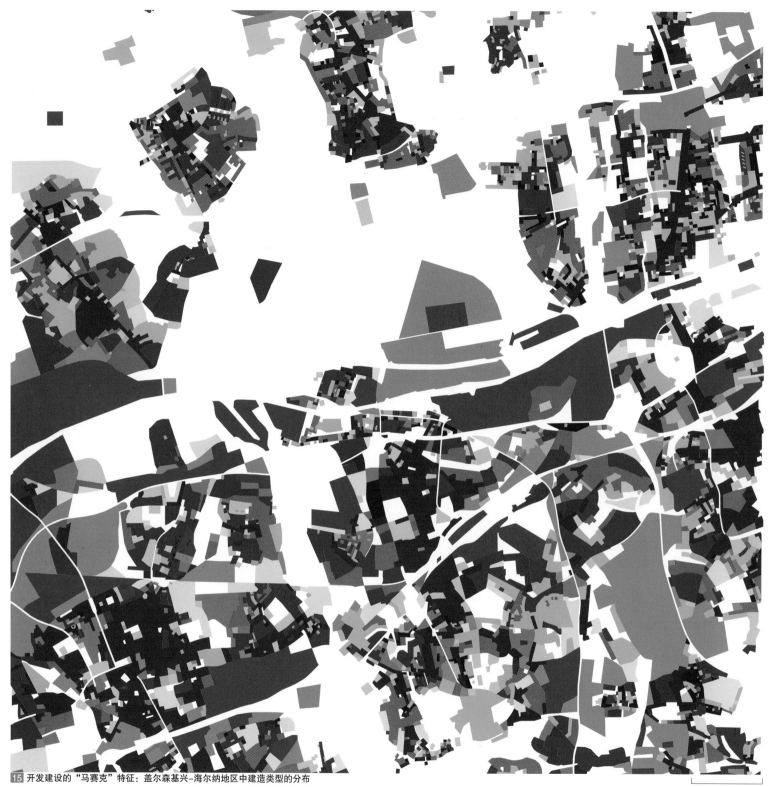

15 开发建设的"马赛克"特征：盖尔森基兴–海尔纳地区中建造类型的分布

约1公里

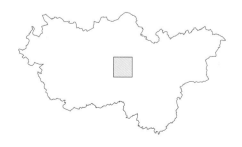

16 紧凑的开发建设

17 松散的开发建设

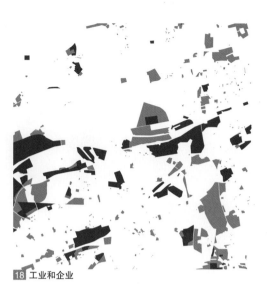

18 工业和企业

» 从左图可以看出，在研究地区除了显而易见的核心区特征外，其建成区各个组团内部还呈现出一种类型学上交织混合的小斑块"马赛克镶嵌"式的肌理，其中几乎所有的建造类型都存在。而在它们的边缘则通常是大片蔓延的相对低密度的建设。而个别情况下，在核心区以外也可以找到高密度的建设。另外，还可以看出，相对于埃姆舍河（图中中间位置）北部而言，其南部起源于工业化时代的工业和相关企业扩张现象以及它们和城市的紧密关系更为明显而言。

■ 围合式街坊
■ 多户公寓/大双拼住宅
■ 联排住宅
▨ 双拼住宅
■ 板式建筑
■ 大型住区
■ 独栋住宅
■ 公园或场地中的单体建筑
□ 小园圃
■ 工业建筑
■ 轻工业/企业建筑
■ 集中停车区

» 从各种建造类型的空间分布可以清晰识别出这一地区开发建设的基本格局。紧凑、高密度的开发建设主要在研究地区的北部以独立组团核心区的形式出现，它们的空间区位与以前的村舍地域结构基本一致。在核心区的外围也存在一些局部零星的高密度建设。更有特色的是在各个组团内部的叠加部分，它们是建成环境中具有类型学意义的混合地带，没有明显的空间特征。这类混合地带中几乎囊括了从紧凑城市型到松散郊区型、来自不同年代的所有建造类型，共同交织成小斑块状的"马赛克镶嵌"式肌理。同时，在组团空间的边缘主要是以呈郊区特征为主的建造类型，通常是大规模蔓延的低密度开发。当然在各组团的内部也混杂有一些小尺度的

相对松散的低密度建设，在类型上它们可能是紧凑混合街区中的独栋住宅、联排住宅、双拼住宅或者大型住区。

此外，还可以从图中看出相比北部地区而言，在埃姆舍河南部延续自工业鼎盛时期的产业和企业用地外延现象还有它们与城市组团的融合关系更为明显。许多工业用地都临近一条仍在使用的人工渠道莱茵-海尔纳运河（Rhein-Herne-Kanal）布置。

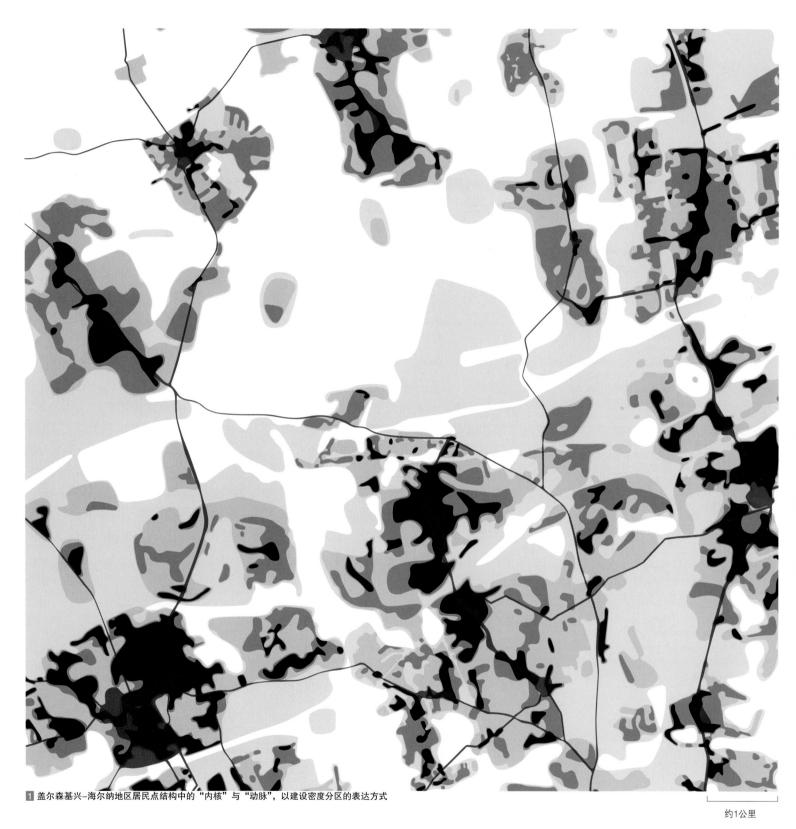

1 盖尔森基兴–海尔纳地区居民点结构中的"内核"与"动脉"，以建设密度分区的表达方式

约1公里

■ "内核"与"动脉"
■ 建设密度分区

上方的分析图中以紫色表示的"内核"和"动脉"体系构筑了鲁尔区居民点结构的基本框架。它们由工业化之前的主要历史性路径与居民点中心生长演变而来，其中的很多在今天仍然承担着核心功能，并呈现出相对高建设密度的特征。总体上"内核"与"动脉"系统是一个网状、不同尺度的点线结构，它影响着居民点结构中的子空间——几乎所有的居民点组团都与这些"内核"与"动脉"要素存在空间和功能上的联系。此外，还可以看到图中一些少量的在紫色线覆盖影响以外、但同样也是高密度建设的地方（以黑色表达），它们主要代表地区性次一级的中心。

2 盖尔森基兴–海尔纳地区居民点结构中的"内核"与"动脉"体系，以图底关系的表达方式

约1公里

■ "内核"与"动脉"
■ 建筑肌理

　　鲁尔区居民点结构中的"内核"与"动脉"体系作为一个长期稳定的系统从历史上一直延续了下来，由很多要素演变叠加而成，包括用于工业生产和运输的高等级基础设施（铁路、高速路）、向后工业社转型过程中城市结构形成的"碎片"等等，并且长期受到社会-空间的极化影响。尽管在演变过程中有细微的变化，"内核"与"动脉"体系的网络结构特征却始终保持清晰。当然，一些过于微观的居民点在今天即使无法依靠这个系统也能正常地运转。"内核"与"动脉"体系曾经有很强的地方服务性，但在今天却常常受到一些外围的大型购物中心和零售市场的竞争冲击。它作为一种持久结构性资源要素应该被保护并加强利用，以应对当前面临的如人口变化、城市衰退和社会空间断裂等挑战。

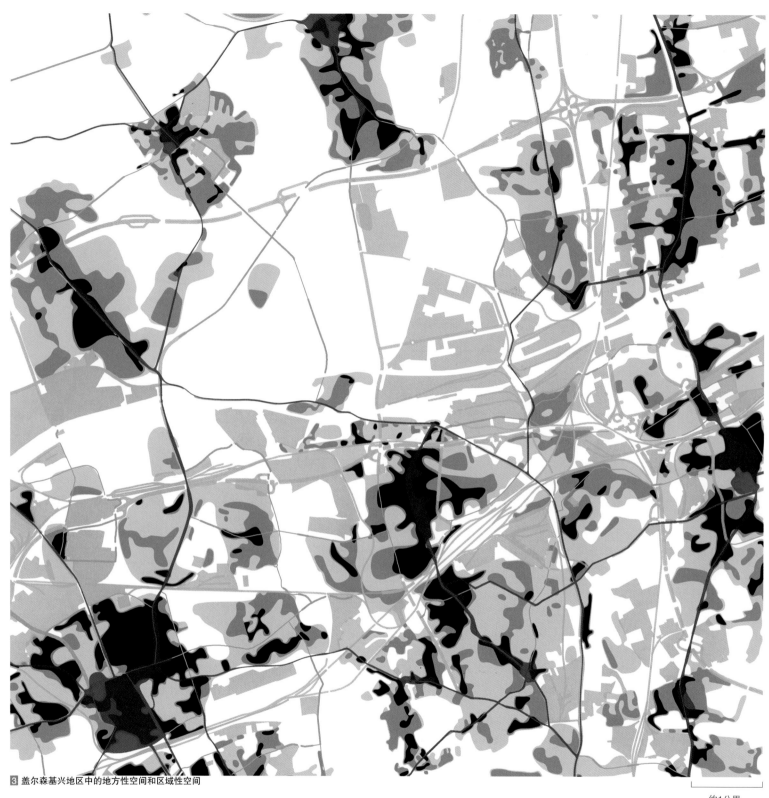

3 盖尔森基兴地区中的地方性空间和区域性空间

约1公里

■ 地方性空间（内核与动脉）

■ 高等级的区域性空间（工业区、区域性基础设施）

■ 建设密度分区

　　建设密度越稀疏的地方，本地生活越依托私家花园来承载。而在建设密度越高的地方，地方生活则更容易受到建筑之间的城市空间影响。一般来说，独立居民点单元中紧凑中心的网络组织对本地服务、社会生活和地方认同感有着特别重要的作用。但是大交通的影响经常会制约这一功能，因此首先需要对高等级的区域交通进行减负。相反地，由高速公路、铁路和棕地组成的面域和线性空间体系也形成了一种功能性边界、隔断和竞争效应：它们作为一种全局区域性空间，无论是噪音、物质空间割裂、可视性障碍或是服务功能的阻碍，都显著影响了周边居民点单元的地方生活质量。这种区域性空间的发展态势会逐渐削弱地方性空间的功能意义。如果地方性空间日益衰落的话，在理论上将促使鲁尔区沦落成一个充斥着孤立郊区居民点的产物。

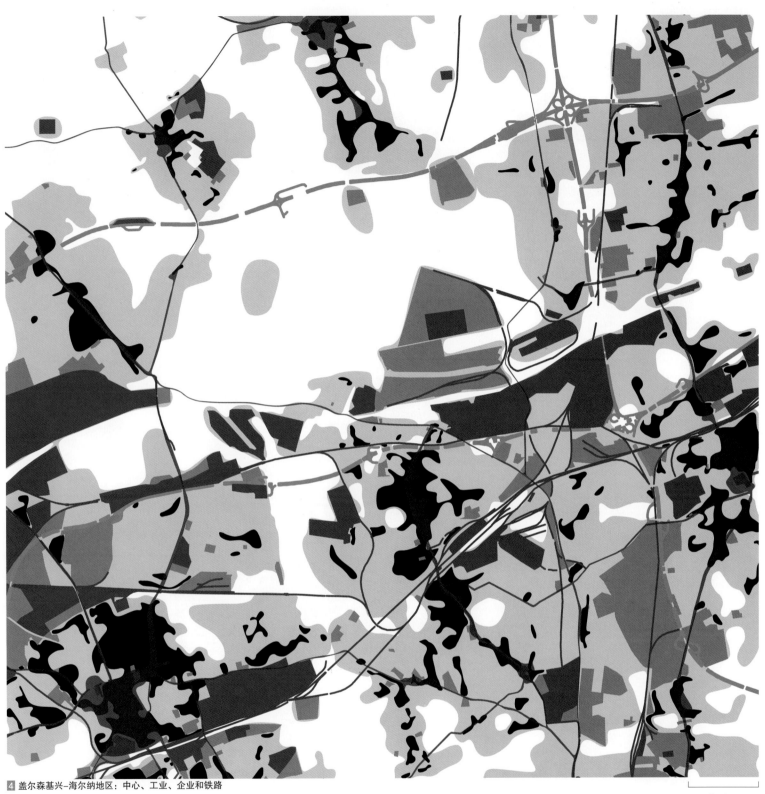

4 盖尔森基兴-海尔纳地区：中心、工业、企业和铁路

约1公里

- ■ "内核"与"动脉"
- ■ 工业用地
- ■ 轻工业和企业用地
- ■ 核心建设区
- ■ 居民点用地
- — 铁路线

　　上图所示的研究地区中有三分之一的建成区为工业和相关企业用地。城市铁路和工业铁路作为一种高等级通勤和运输系统，直到20世纪上半叶都一直扮演着重要角色。然而，相比于后来广泛发展的机动车道路交通网络来说，它们的重要性逐渐降低，以至于部分铁路线逐渐关闭。从图中可以不是总能实现工业铁路线向城市铁路线的转变的原因——因为工业铁路线往往是跟随工业物流线而修建，而并不处在居民点组团的中心位置。在这种情况下，如何能使面状的居民点用地和其中心之间产生更好的交通联系，是未来规划的核心议题。

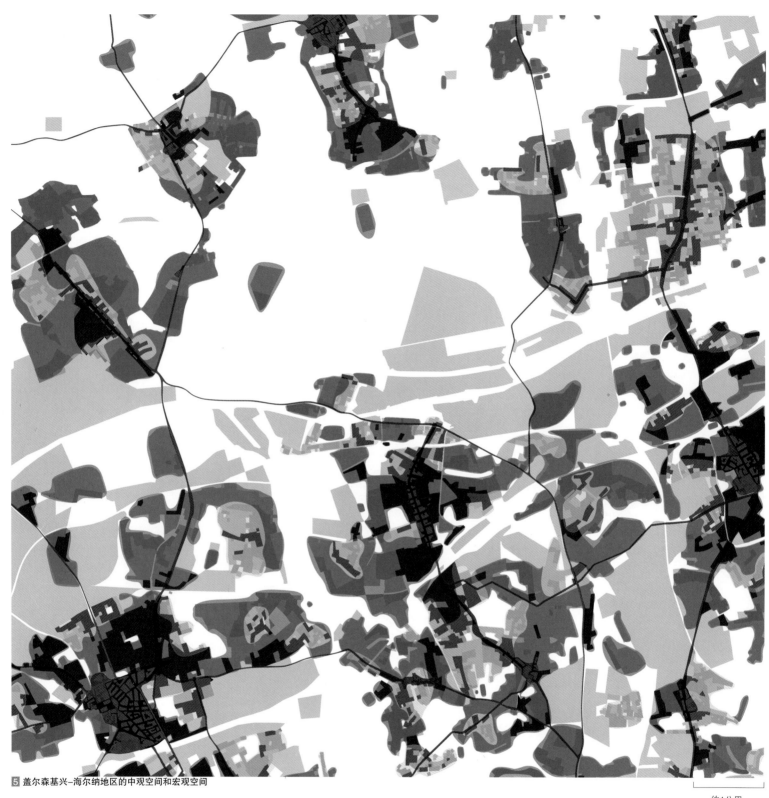

5 盖尔森基兴–海尔纳地区的中观空间和宏观空间

约1公里

相对于"内核"和"动脉"体系的中心区位感和"纯粹性"而言，还有一部分居民点空间呈现出一种由极为多样的建设密度和建造类型交织而成的混合斑块特征，被称作"中观空间"（Mesoraum）。这种"中观空间"（图中黄色所示）原本在历史上呈松散的半农业地区特征，在经历了一百多年的演化后至今逐渐越来越密。如图所示，在研究地区的南部，分布着很多集聚

了城市化形成的围绕"内核"和"动脉"分布的紧凑街区，成为与"中观空间"之间的过渡。只有在边缘地区和北部的"中观空间"才几乎直接与"内核"和"动脉"相连。此外，还有一些呈郊区特征的开发建设生长在居民点组团的周边作为延伸。在建筑类型学上它们与紧凑街区结合在一起形成一种呈单一结构特征的"宏观空间"（Makroräume），在图中以蓝色表示。

- ■ "内核"与"动脉"
- ■ 宏观空间
- ■ 中观空间
- ■ 其他建成区

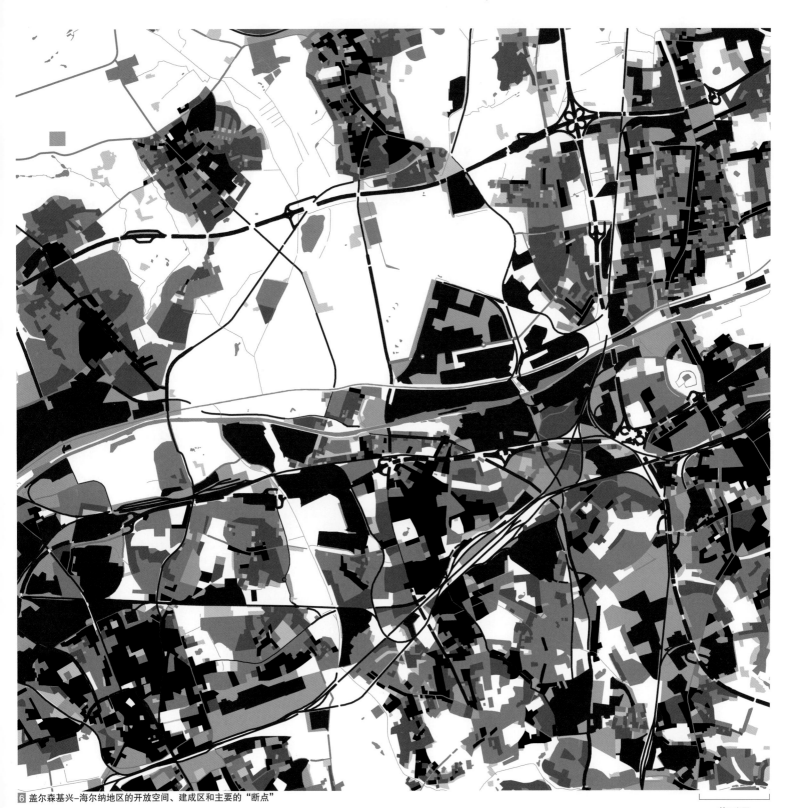

6 盖尔森基兴–海尔纳地区的开放空间、建成区和主要的"断点"

约1公里

主要的"断点"
绿色开放空间
建设密度分区

通过空间要素的叠加可以清晰地看出鲁尔区居民点格局和空间肌理错综复杂的特性。上图展示了鲁尔区中由绿色开放空间、建成区和"断点"组成的典型的整体结构肌理场景，可以很清楚地看到这些要素在空间上是如何相互交织的。在整个鲁尔区的居民点体系中，不同用途的要素之间最少和最困难的交界互动点往往出现在居民点空间和作为分割线的"断点"（高等级基础设施、大工业和企业）之间。由于这样的分割，一些居民点用地反而形成了一种单独的"城市-景观性空间"（Stadt-Landschafts-Räume）。它们基于自身所在区位、建设特征以及与绿色空间的临近关系而产生了各自不同的品质和吸引力。由于分割而形成的区位差异性使得这些空间需要在结构把握、功能使用和社会属性维护等不同维度上采取因地制宜的规划行动。

» 遍布穿越整个区域的"内核"与"动脉"作为结构性要素体系支撑了鲁尔区独特的肌理结构。19–20世纪早期，城镇空间便围绕这一结构性要素体系开始快速而密集地生长，主要是沿着传统的地方街道还有大型工矿点之间的联系通道发展。这些联系通道频繁地被"使用"也催生了有轨电车轨道的发展，由此人们利用这些轨道可以穿越整个区域。

如前文对盖尔森基兴-海尔纳地区的分析所述，我们可以根据建造类型的区别和建设密度的分布找到"动脉"所在。位于左边的分析图再次清楚地展示了这个重要准则——在研究地区中识别出"动脉"体系：从北部雷克林豪森的霍赫拉马克片区（Recklinghausen-Hochlarmark）连接中部海尔纳的城市中心，再到南部波鸿的Riemke片区。

■ "内核"与"动脉"
■ 建设密度分区/建筑肌理

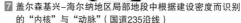
7 盖尔森基兴–海尔纳地区局部地段中根据建设密度而识别的"内核"与"动脉"（国道235沿线）

8 盖尔森基兴–海尔纳地区局部地段中根据建筑肌理（图底关系）而识别的"内核"与"动脉"（国道235沿线）

前文所述的在个体城镇和片区中明显存在的种种结构肌理特征同样适用于更大的空间尺度环境，因为有很多这样的"动脉"要素都遵循着同样的原则以东西向或南北向贯穿整个鲁尔区。其中还有一个典型例子是如右图中所示的"动脉"——其大约30公里长，以国道235为载体从南部的维腾（Witten）穿过中部波鸿的郎恩德利尔片区（Langendreer）、多特蒙德的吕根片区（Lütgendortmund）和卡斯特罗普-劳克塞尔（Castrop-Rauxel），一直延伸到北部的达特尔恩（Datteln）。

诸如此类的穿越城市片区的"动脉"系统往往是延续传统、担负跨地区联系的主要交通通道，有着特殊的历史意义。因此，它们不仅带动了高密度的开发建设，其沿线更呈现出高于平均水平的空间利用强度和满足地方就近服务的功能特性。但是，这类"动脉"要素作为联系和服务主要日常生活场所的功能价值意义却愈发受到一些分布在更加外围的大型零售中心和折扣店的竞争冲击。因此，重新认识到这些传统"动脉"要素的结构性体系意义及其促进分散式就近服务居民点的功能意义对鲁尔区未来的空间发展至关重要。

■ 1820年
■ 20世纪初期
■ 20世纪中期
▨ 2010年

▨ 居民点
■ 断点
■ "内核"与"动脉"
■ 选取的服务中心
— 居民点和绿色开放空间之间的
　交汇线（内部边缘）

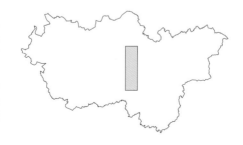

9 在鲁尔区的核心地带从1830年起沿着"动脉"（国道235）的空间生长过程

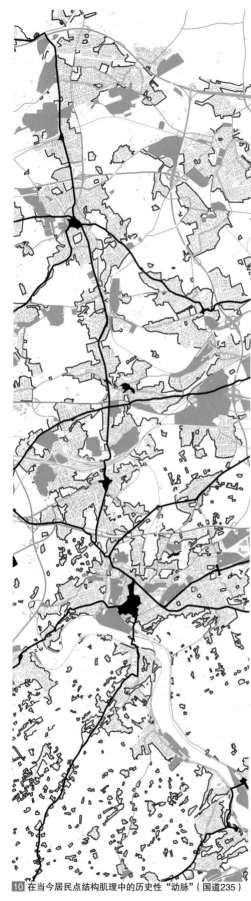

10 在当今居民点结构肌理中的历史性"动脉"（国道235）

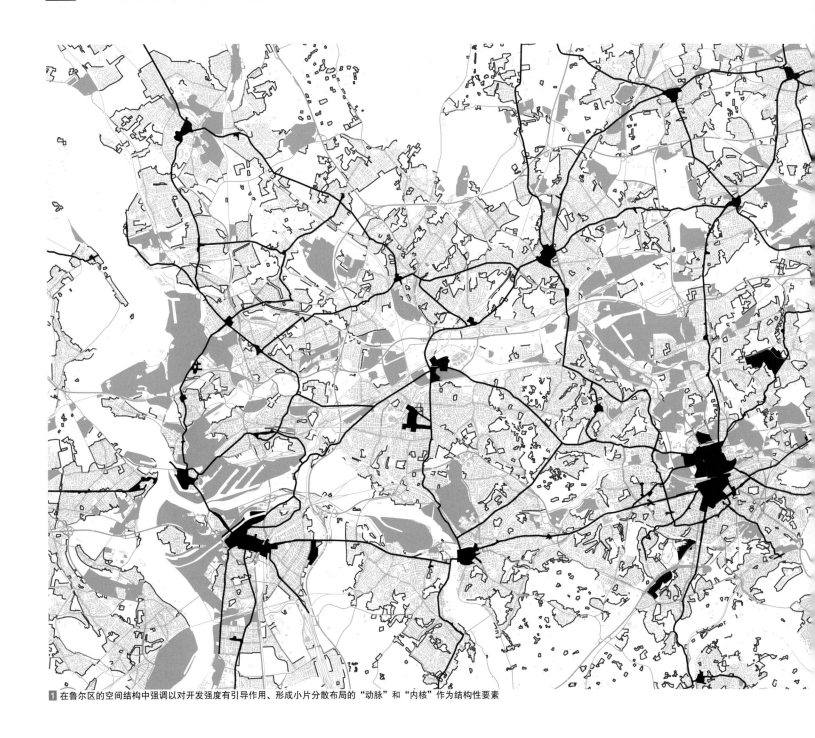

1 在鲁尔区的空间结构中强调以对开发强度有引导作用、形成小片分散布局的"动脉"和"内核"作为结构性要素

» 由于曾经作为增长点的工矿区长期广泛分散发展，鲁尔区中的城镇（赫尔维格地带中的城镇除外）传统同心圆式的空间增长态势非常微弱，同时在大多数的乡镇，紧凑街区式的肌理也比较罕见。总的来说，鲁尔区的居民点结构具有独特性，其演化过程主要受到历史上三个互动动因的影响：受地形影响形成的原始居民点和它们之间的联系通道；工矿区位的广泛分布和之后的"由南向北"采矿迁移潮；再

后来采矿业和相关基础设施的衰退。最终的结果是鲁尔区形成了一个复杂的多中心空间结构——尽管受到一些"断点"的切割，但整体上是一张由紧凑"动脉"和"内核"作为结构要素组织的网络。这种结构所具备的优势和挑战将在下文阐述。

更加绿色的"内部边界"

居民点肌理结构的渗透性以及它们与几乎无处不在的各种绿色空间的亲密接触

都有助于塑造区域的高品质生活。前文所述的"内部边缘界面"作为鲁尔区的特有要素，如何能够更适宜地进行利用、拓展和更好地网络化融入地方人居环境和区域整体空间发展中，应成为深入探讨的课题。

约10公里

子空间的导向

由于区位、空间边界和建设特征（建造类型、开发密度）上的差异，鲁尔区中的各个子空间日益朝向不同的方向发展。例如："繁荣时期"时修建的临近中心区的高密度街区基于其区位和形态特性通常用作一些有特权人士居住的"飞地"，有时也作为外来族群的聚居地；一些在建筑类型学上看起来风格统一的"宏观空间"（见2.5），如带有郊区特征的独栋住宅，通常是作为中产阶级的居住地；还有另外一些处于中心区之外、建设结构相对单一、人口较少混居的地区现在已经开始萎缩和受到老龄化的影响。总而言之，对于未来规划而言，如何处理那些"断点"和建筑类型结构单一的空间无疑是一大挑战。

居民点
断点
"内核"与"动脉"
选取的服务中心
居民点与绿色开放空间之间的交汇线

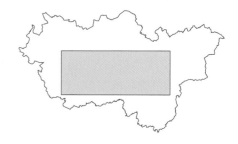

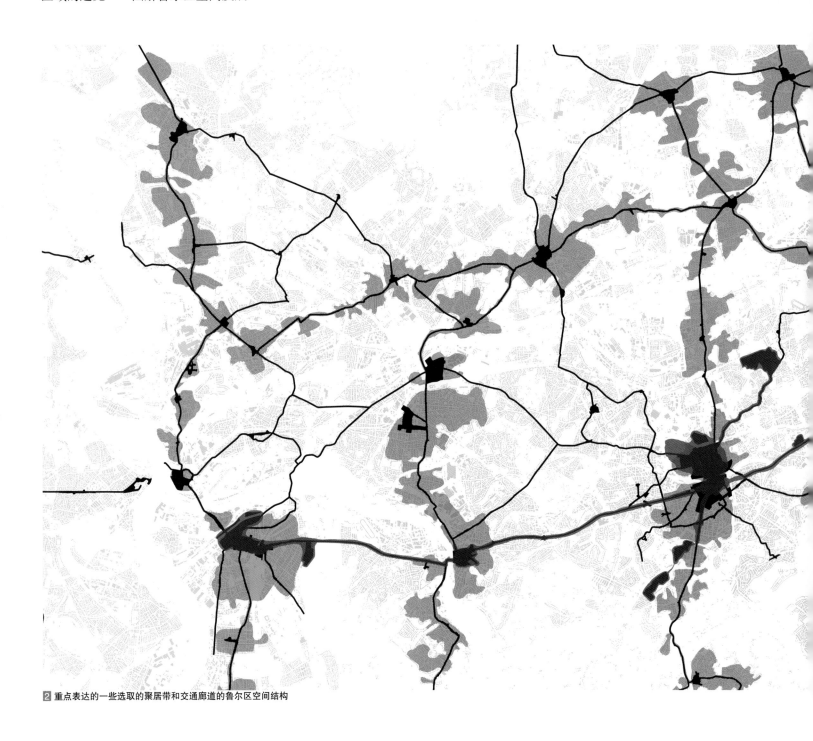

2 重点表达的一些选取的聚居带和交通廊道的鲁尔区空间结构

» 整个鲁尔区的基本骨架由密集分布的"动脉"网络所构筑，其串联了赫尔维格地带中的较大城市中心、小城镇中心和众多片区中心。上图中展现了一些主要的"动脉"和沿着它们生长出来的聚居带。

此外，还有一条在赫尔维格地带中沿着鲁尔快速路（高速公路A40）"动脉"形成的串联主要城市中心的"链条"，成为对区域发展至关重要的廊道。许多大型服

务中心和一些重要的区域辐射点，如大学、科技园或文化设施等都分布在这条廊道附近。这条发展廊道集中了整个鲁尔区发展显著的亮点，它既具有大都市区特征，结构又相对松散。在空间上它并没有形成连绵带，各功能点之间仍保留有大型开放空间或普通居住区形成的间隔。因此就这点而言，这条赫尔维格A40廊道地带并不是传统意义上的城市连绵带，而是呈

松散结构连接了区域中重要的子空间和功能结点，它和几乎不太密集的南北向聚居带还有其他"动脉"和"内核"整体构筑了区域的网络节点格局。

就加强鲁尔区的竞争力而言，一方面必须改善诸如服务、知识和文化等功能性场所和城市空间的整合关系，当然也包括它们自身的品质；另一方面，这些优势区位也必须被理解成是更大框架下区域整体

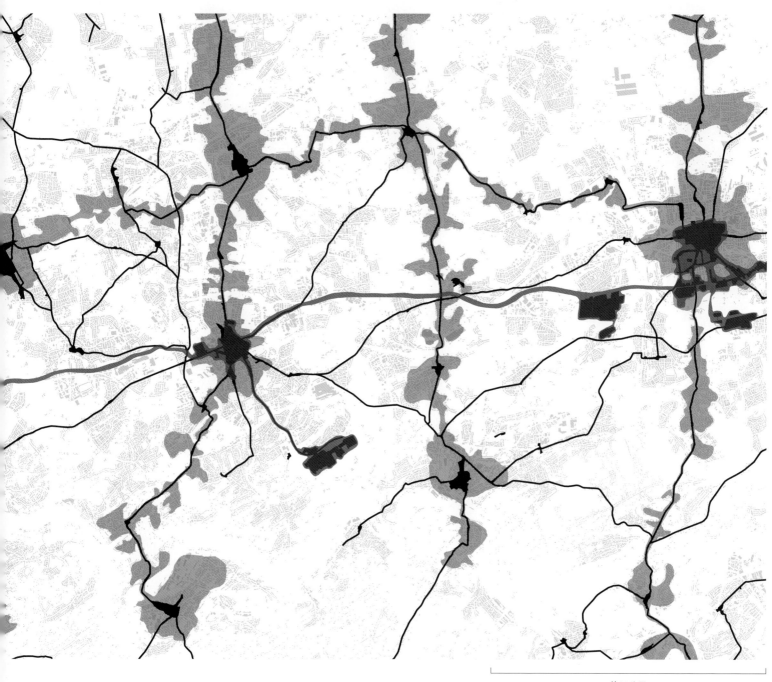

约10公里

复杂网络的有机组成部分，否则它们将失去作用和意义。

多中心、地方与区域

　　鲁尔区的"多中心性"不仅反映出区域中城镇中心的数量比例关系特征，还强调了各个地方性空间和它们之间间隔的存在感。一些在紧凑中心区外围和离城市核心结构体系有较远距离的、呈郊区特征的空间，可以由它们附近的"内核"与"动脉"要素提供服务支撑。这类空间的处理可以进一步与应对老龄化以及城市衰退问题产生关联共鸣，一并考虑，但前提是必须通过适宜的城市规划和设计手段加强局部地区中承载地方性意义的"内核"与"动脉"的功能作用。

- 居民点
- 选取的聚居带
- "内核"与"动脉"
- 选取的服务中心
- 具有大都市区特征的松散发展廊道

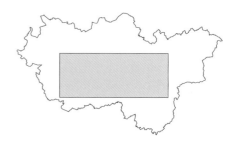

第3章

多中心的移动空间
鲁尔区的机动性

迈克尔·维格纳（Michael Wegener）

本章阐释了鲁尔区在欧洲和德国的中心区位优势和便利可达性，以及鲁尔区内部在区域尺度和地区尺度上重要日常出行目的地的可达性。这里展现了鲁尔区不同层次的发达交通系统和日益增强的区域机动性，当然也有随之带来的交通负面影响，诸如温室气体排放、交通噪音和空气污染的增加。进而为如何能通过规划手段来整合空间结构和交通体系以支撑长足、可持续发展的机动性提供了指引。在这点上，鲁尔区现有的多中心结构起到了关键作用。

» 术语"机动性"反映了人们可移动和出行的意愿、能力以及移动行为本身。其含义涉及多方面领域,包括心理认知、社会、职业和空间领域的机动性。空间机动性包括了持续性位移(工作地点变化、居住地迁徙)和临时性位移(随道路移动)。持续性位移意味着人类行为的空间质点变化。总的来说,如今物质空间上的机动性正在日益被信息通信领域的联系所替代。

空间机动性最初寓意着解放、摆脱束缚和增加生存的可能性。人们从农村到城市的迁徙意味着摆脱饥饿和奴役(正如一句德国谚语所述:"城市空气使人自由"),带来了摆脱封建专制走向美国式自由的移民过程。人文主义先贤如荷兰的伊拉斯谟(Erasmus)或莫扎特(Mozart)倡导的人本主义精神奠定了欧洲文化同一性的基础。要知道在200年前,空间机动性还只是一种贵族和富裕阶层的特权行为。

汽车和之后的航空业的发展极大地缩短了时空距离。速度和移动都属于现代化的标志,正如有学者所说的"现代化的历史可解读成它的加速度进程"(Steiner 1991:3)。而这个"加速度进程"目前还没有结束的迹象。鉴于心理、社会和生态上的要求,在今天有必要唤起人们对空间机动性中负面作用的关注:

高效的交通系统是城市竞争力的先决条件,但同样也加剧了一些外围地区的发展劣势。例如由于交通条件的改善,农村地区脱离了原有的"孤立"状态,但这样也反而促使了边缘地带的过度开发和城镇蔓延。另外,"移民"的概念不再指落后和出于政治迫害的解放,而成了富裕国家的防范现象。还有,女性可以摆脱家庭束缚、开车上班,但她们活动范围的扩大也意味着在男权社会下会有更多负担和妥协。总的来说,空间机动性支撑了大跨度

的交往和社会关系网络的形成,但也给近距离的联系带来冲击;空间机动性促进了职业和社会领域的机动性,但有时也会导致合作关系甚至是家庭的分离。当然所有人都具备小汽车机动性是不现实的,大部分人事实上并没有车。从社会机动性的角度来看,外围参与者融入本地城市文化能够降低地区生活条件的不平等,但同时也意味着降低了"距离存在的价值"从而导致地方认同感和独特性的逐渐丧失。还有年轻人、艺术家、科学家和运动员之间的国际交流促进了对他国文化的了解、包容和兴趣,但也因此带来了过度的旅游和对自然肆无忌惮的破坏。

或许城市机动性的增加所产生的最严重的后果是对生态环境的影响。伴随机动性增加的是更长距离的就业、休闲与购物出行和在高峰时段愈发频繁的交通拥堵以及愈发难以忍受的负担,例如交通噪音、空气污染及交通事故。能源资源耗尽和温室气体排放增加导致的气候变化威胁已使人们日益认识到能源消费的社会和环境成本实际上几乎超出了现有的能源价格,另外发达国家的能源消费水平对发展中国家来说意味着不公平。

1990年时德国联邦议会"保护地球大气的预防措施"调查委员会(Enquête-Kommission "Vorsorge zum Schutz der Erdatmosphäre" des Deutschen Bundestags)已经呼吁工业化国家到2050年减碳80%,以支持发展中国家的经济发展。2007年8月默克尔(Merkel)总理制定了到2020年德国减碳40%的目标。此外早在2002年的政府工作报告《德国的未来》(Perspektiven für Deutschland)中就已经提出了支持可持续发展的战略举措,提出将德国每天的新增土地开发量从129公顷减少到2020年的30公顷。

毫无疑问,交通领域必须以实际行动去支撑上述的减碳目标。目前在工业化国家中客货运交通占有约四分之一的温室气体排放量,且越来越多地占据了自然空间并产生空气污染物和噪音,从而降低了生活质量。减少交通领域的负面影响不仅仅是靠通过诸如提升能源效率、替换燃料或采用新的交管系统这些技术革新手段来解决,而更加应该树立减少或避免不必要交通流的目标,通过合理的空间组织引导人的出行行为来化解过多的交通量。

基于上述目的,本章意在阐释鲁尔区在德国和欧洲尺度的区位优势和可达性,区内主要日常出行目的地的可达性和相应的交通支撑体系,以及通过规划整合空间结构和交通系统来支持可持续发展机动性的可行性。鲁尔区现有的多中心空间结构对此起到了关键作用。

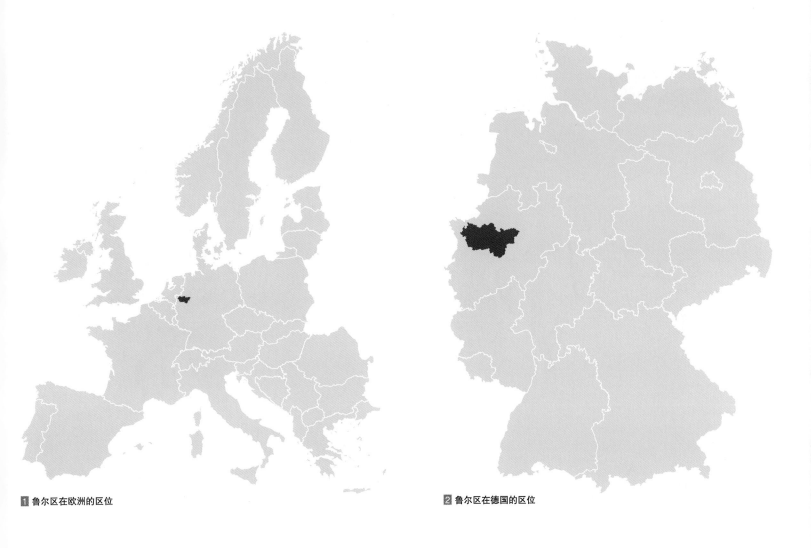

1 鲁尔区在欧洲的区位

2 鲁尔区在德国的区位

》鲁尔区位于欧洲西部的中心，处于欧洲交通网络的核心区位。2004年欧盟的东扩也并没有影响鲁尔区在欧洲交通网络中的中心地位。

现在的鲁尔区在中世纪时就已经处于西欧和东欧之间最重要的贸易线赫尔维格地带。今天鲁尔区里的大城市像珍珠一样串联在这条主要的东西向通道中。

本节主要阐释鲁尔区的可达性从工业化初期到未来预期的发展过程，并对此采用了不同的分析手段加以说明：

》"时间分析图"中的比例尺是指出行时间而不是距离；

》"等时线分析图"表示从一个点到可能目的地的出行时间；

》"可达性分析图"中纳入了出行目的地的重要程度和相应所需出行时间的权重因子。

》"三维分析图"中的起伏面在横向上表示空间方位，纵向上表示强度。

以上所有分析的结果都表明：鲁尔区的可达性在近几十年以来得到了显著改善，其是在欧洲和德国尺度上可达性最高的城市地区之一，而且在未来还会继续得到优化提升。

鲁尔区的可达性优势在很大程度上是由于它融入了欧洲铁路网——这是一个在未来起决定性作用的优势竞争力，因为到那时汽车和飞机的重要性会因为越来越高的燃油能源价格而被削弱。

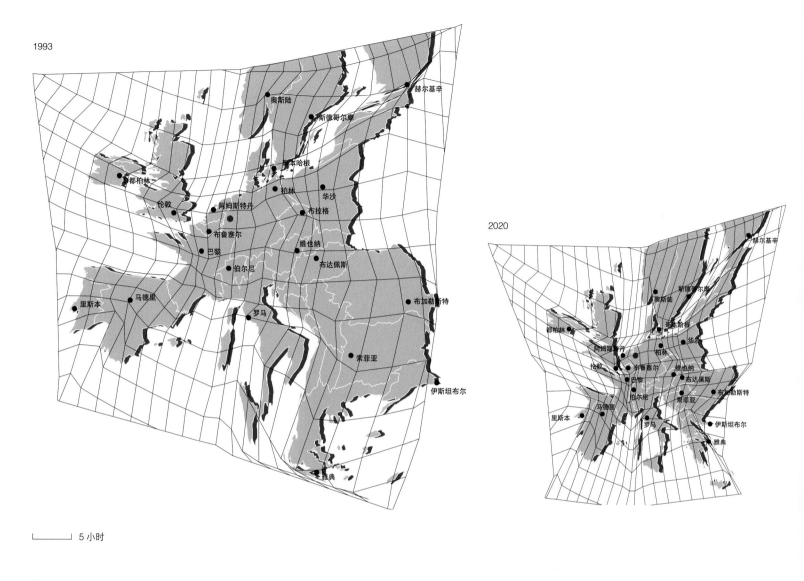

1993

2020

|⎵——⎵| 5 小时

③ 时间分析图：1993年和2020年在欧洲铁路网下的出行时间对比（Spiekermann/Wegener 1994）

● 鲁尔区

» 现代化交通发展缩短了时空距离，如"时间分析图"中所示的以时间单位为测量工具的"空间收缩"现象。

这里的"时间分析图"表达了空间和时间的相互作用关系。在此类图上两个点之间的图面距离并不表示空间距离，而是与它们之间的通行时间成正比。因此，这种表现手法使得分析图与常规地图相比看起来有些扭曲。

上方的两张图反映了在铁路乘客视角下"收缩"的欧洲大陆（Spiekermann/Wegener 1994）。1990年代（左图）法国、德国和西班牙形成了首张高铁联网。由此东欧国家，特别是东南欧感觉似乎变大了，因为那里的铁路还相对不发达，出行速度更慢。图中红色的点表示鲁尔区。右图显示了欧洲在同一时间比例尺下2020年时的场景（可以清晰地看出通行时间上的对比），当然这是以假定所有的欧盟基础设施拟建项目、扩张计划都能按期执行的情况为前提的。

在这里有必要再次重申鲁尔区在欧洲铁路网中的区位优势是非常明显的。一些东欧国家的首都如华沙、布达佩斯、布加勒斯特、索菲亚等城市从鲁尔区乘几个小时的火车就能到达，这一趋势将对欧洲内部的航空业带来很大冲击。

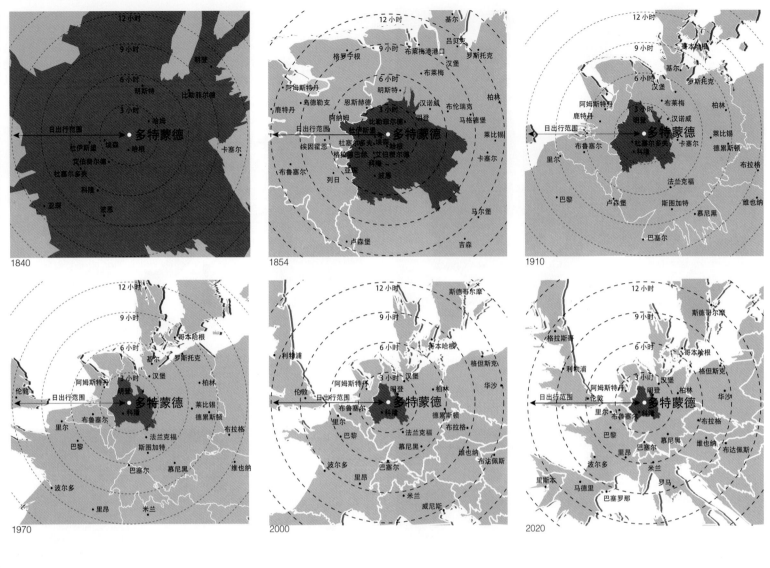

4 1840-2020年以多特蒙德为起点利用铁路方式的出行时间和范围（Spiekermann 2000）　　■ 北莱茵-威斯特法伦州的范围

» 本页上方的六张"时间分析图"是以一个中心点（多特蒙德）为基准来展现与前文类似的"加速"效果，反映了利用铁路出行时间变短后的空间收缩场景。所有的图都基于同一时间比例尺而绘制：同心圆表示以多特蒙德为中心，半径为出行时间3-12小时所覆盖的地域。第一张图是基于在铁路使用之前的马车出行方式，后面的图则表示在相应的年份利用铁路出行分别在3、6、9和12小时所能到达的目的地

（Spiekermann 2000）。红色区域表示现在的北威州范围。

　　从上面六张图的对比可以看出，马车时代以来公共客运交通（铁路）的发展是惊人的：普鲁士时代从多特蒙德乘坐马车一天内仅能到达当时的位于莱茵省（Rheinland）和威斯特法伦省（Westfalen）边界的亚琛（Achen）和明登（Minden），而在今天同样的时间内人们可以到达欧洲的边界。

1910

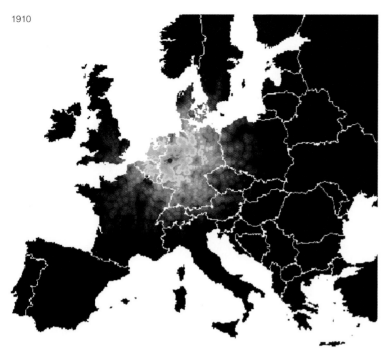

1970

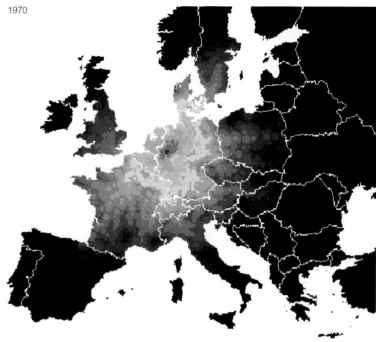

2000

2020

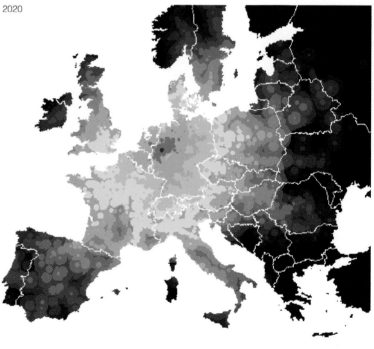

5 1910-2020年从鲁尔区到欧洲以铁路出行方式的出行时间（Spiekermann 2000）

0   4h   8h   12h   16h   20h

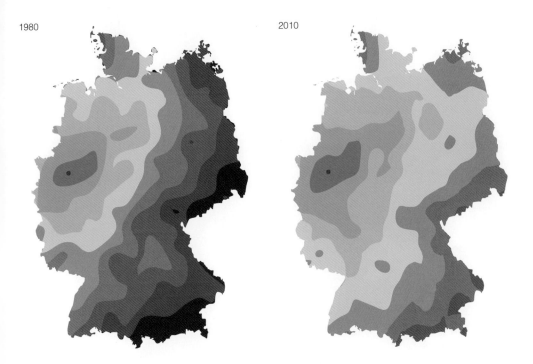

1980　　　　　　　　　2010

6 1980年和2010年从多特蒙德到德国境内以铁路出行方式的出行时间

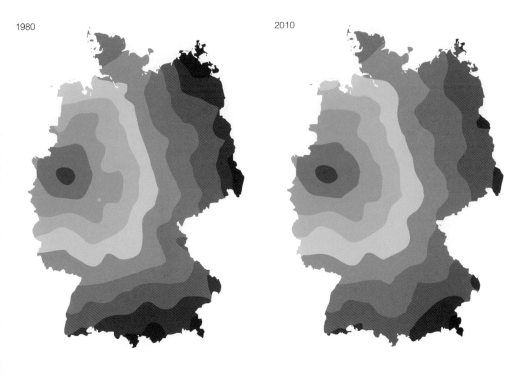

1980　　　　　　　　　2010

7 1980年和2010年从多特蒙德到德国境内以汽车出行方式的出行时间

0　2h　4h　6h　8h　10h

» "等时线分析图"表达的是从一个始发点算起，在相同出行时间内所能涉及的地域。左页的分析图首先描绘了分别在1910年、1970年和2000年从鲁尔区利用铁路出行在6小时（绿色系）、12小时（黄色系）和24小时（红色系）内分别能到达的地方。最后一张图则表示了以2020年欧洲高速铁路网能够完全建成为前提的出行情况预测。从这些图中可以看出在既定时间内利用铁路出行所能可达的范围越来越广，且在未来还会继续扩大。

» 本页的四张分析图表示以多特蒙德为起点，分别在1980和2010年时利用铁路（上图）和汽车（下图）出行在德国境内的出行时间变化。出行时间的计量是基于"门对门"的行程：到火车站的路程纳入了铁路出行时间内，汽车出行时间也纳入了到一个在起点和终点地区的中间地点的路程所花时间。从中可以看出，汽车在短程出行上更具优势，而长距离出行显然还是铁路更快。此外，还可以看出自1980年以来的30年在高铁技术的发展下铁路出行变得更快了，而尽管2010年德国拓展了高速公路网，但汽车出行发展到现在却没有比1980年快多少。

8 鲁尔区在欧洲的铁路可达性：以高铁的出行方式（Spiekermann 2001）

» 表达一个区域的区位优势的另一种方式是评估从它到其他区域的可达性指标。

在方法论上有很多可以衡量的可达性指标，例如从出发地到选定目的地的平均出行时间或者在既定时间内可以到达多少个目的地，等等。这里对于可达性指标的综合计量考虑了到达目的地的重要程度影响，结合了出行时间减函数进行权重，也就是说更偏远和不易到达的地方（所需出行时间长）则在指标中赋予权重值较低

（Wegener u. a. 2001）。

本页的"可达性三维图"表达了欧洲在千年之交时的铁路可达性（Schürmann u. a. 2001）。下一页的六张三维分析图表示1980—2030年之间的多方式联运可达性的发展。多方式指公路、轨道和航空三种交通模式，并根据它们的吸引力在运算中分别赋予了权重。

这种表达方式能将欧洲各地在近几十年以来交通飞速发展的过程表现得特别清楚。同时，还可以从中看出鲁尔区的总体可达性指标总是处在西、北欧一带的可达性三维等高面的顶峰。也就是说，鲁尔区不仅自身在欧洲具有中心区位优势，且和欧洲其他地区的铁路、公路和航空网络都有着便利的连接。

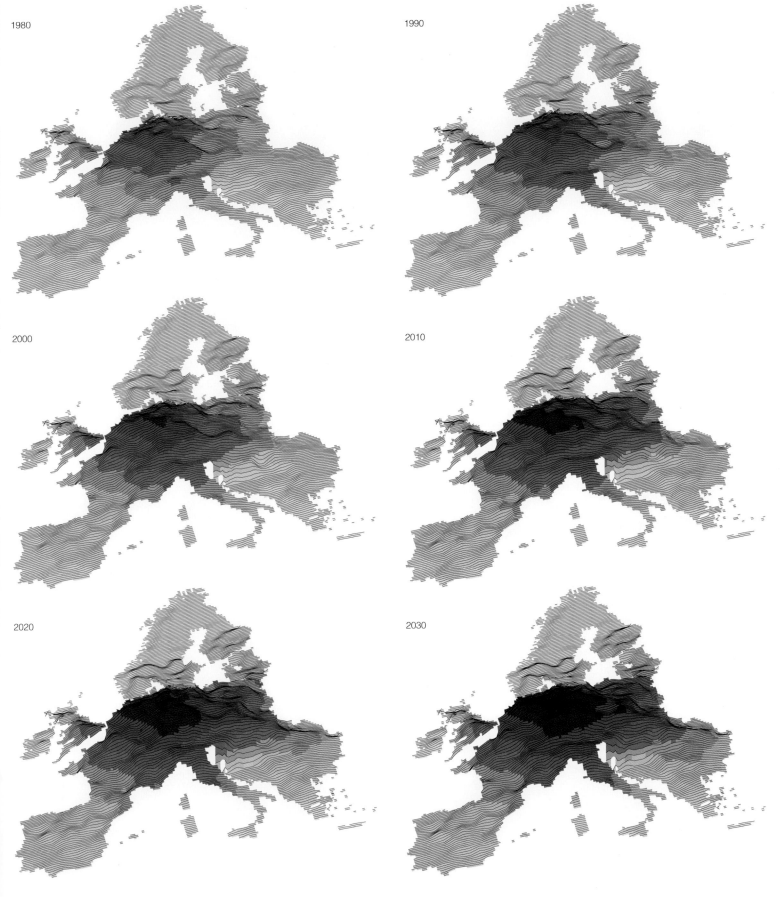

9 1980–2030年鲁尔区在欧洲的多方式联运可达性

1980

2010

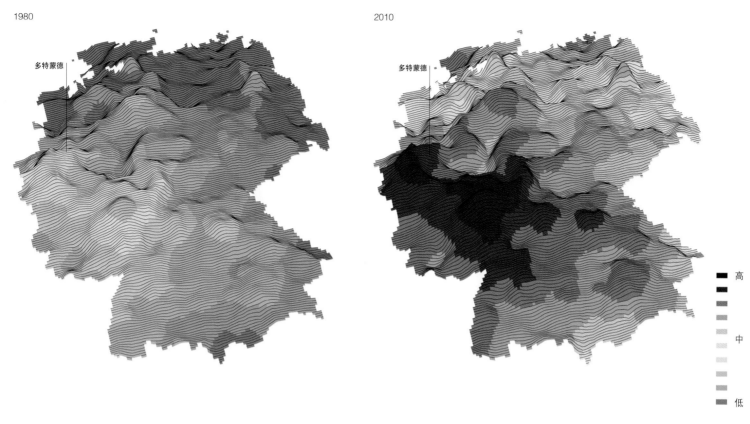

高

中

低

10 1980年和2010年德国客运交通的可达性：以铁路、公路和航空出行的方式

1980

2010

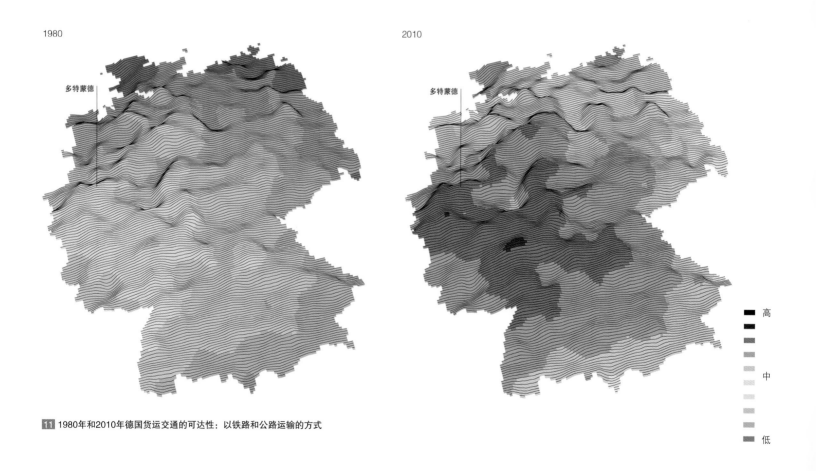

高

中

低

11 1980年和2010年德国货运交通的可达性：以铁路和公路运输的方式

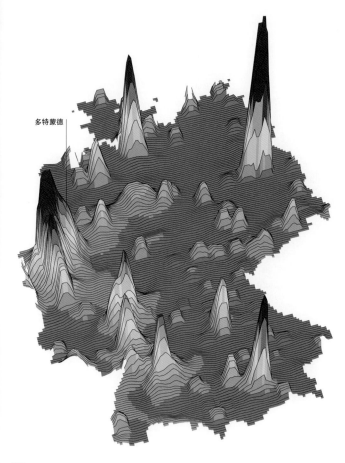

多特蒙德

■	1800-2000
■	1600-1800
■	1400-1600
▨	1200-1400
▨	1000-1200
▨	800-1000
▨	600-800
▨	400-600
▨	200-400
▨	0-200

12 2010年德国的人口密度分布（人/平方公里）

多特蒙德

■	45-50
■	40-45
■	35-40
▨	30-35
▨	25-30
▨	20-25
▨	15-20
▨	10-15
▨	5-10
▨	0-5

13 2010年德国人均国内生产总值的分布（一千欧元）

» 再来看鲁尔区在德国尺度上（包括了跨境交通）的可达性，如左页的分析图所示，其南北和东西向起伏面都非常突出，在欧洲尺度上（见前页的图）同样如此（Wegener 2008）。特别可以看出在科隆-杜塞尔多夫地区和莱茵-美因地区之间的莱茵河谷地带的起伏面与鲁尔区相比是凹陷下去的。此外还可以看出，位于德国东部的首都柏林在欧洲的铁路和公路可达性相对不利，尽管其靠近东欧的大城市，但中心区位优势不太明显。

» 另外本页的两张三维分析图出乎意料地反映出可达性并不是决定地区经济活力的唯一重要因素。

首先看人口密度和可达性的关系。柏林虽然是德国最大的城市，却并不具备中心区位优势，可达性相对薄弱。莱茵-美因地区的法兰克福虽然人口密度一般，但由于其拥有莱茵美因机场，则因此拥有德国最高的多方式联运可达性。而德国最大的都市区大莱茵-鲁尔地区，在可达性方面处于临近区域莱茵-美因地区的"阴影"笼罩下，仅能得益于其中的杜塞尔多夫机场。

其次，如果用经济力量的空间分布（人均国内生产总值）结合可达性分布作比较的话，上述这一结论仍然适用。大多数时候能在莱茵-美因地区和大莱茵-鲁尔地区看出可达性与经济力量的正比关系。而德国其他的经济中心却不一定，尤其是慕尼黑、汉堡和斯图加特，虽然可达性一般但经济发达。当然，前东德地区的人均国内生产总值较低不仅仅是由于那里的可达性低，还存在其他政治社会等原因。

上述的分析结论对鲁尔区意味着：虽然鲁尔区拥有欧洲中心区位优势，并与欧洲交通网络有着良好的联系，但这并不足以成为决定经济成功的保障。

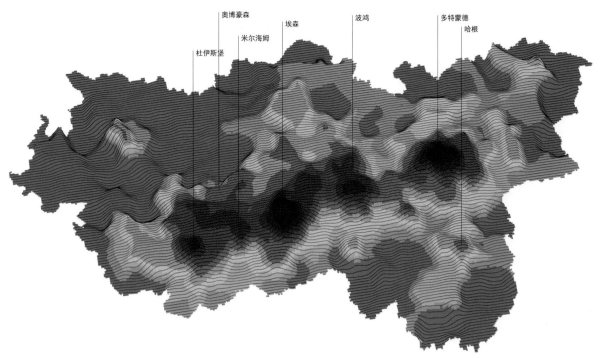

1 鲁尔区内的就业场所可达性

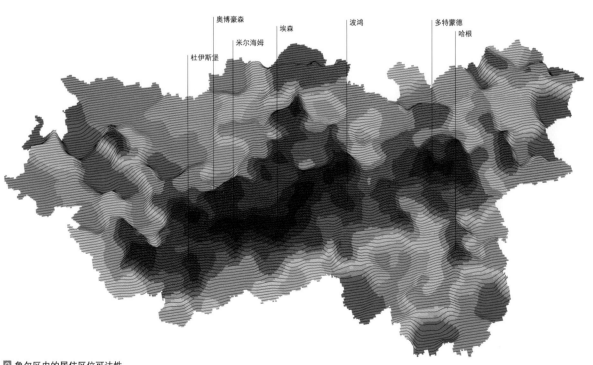

2 鲁尔区内的居住区位可达性

» 鲁尔区内部的可达性具有明显的差异化特征（Wegener 2001; lautso u. a 2004）。在就业场所的可达性上，鲁尔区中部紧凑发展的赫尔维格地带要比呈现部分农业地区特征、相对松散的北部和南部地区强。可以说鲁尔区的工作场所还是主要集中在区内的中心城市，如杜伊斯堡、米尔海姆、埃森、波鸿和多特蒙德。而居住区位的可达性则根据郊区化态势而相对均匀地分布在区域中。

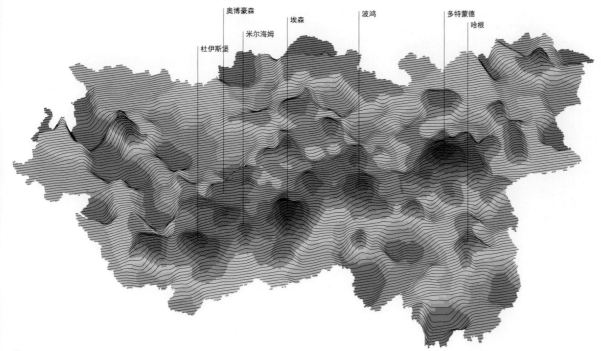

3 鲁尔区内的零售业可达性

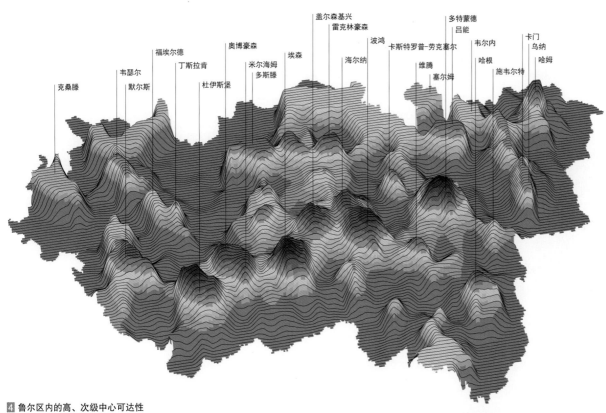

4 鲁尔区内的高、次级中心可达性

» 本页的两张分析图表示了鲁尔区内部的零售业和高、次级中心地体系的可达性。这里再次体现出鲁尔区的多中心空间和交通结构优势，不像柏林、汉堡或者是慕尼黑都市区那样由一个高级单中心所主宰，而是将中心地和可达性（即便是相对等级较低的）均衡分布于整个区域——这一多中心结构是奠定可持续机动性的潜力，需要在未来得到保持和拓展提升。

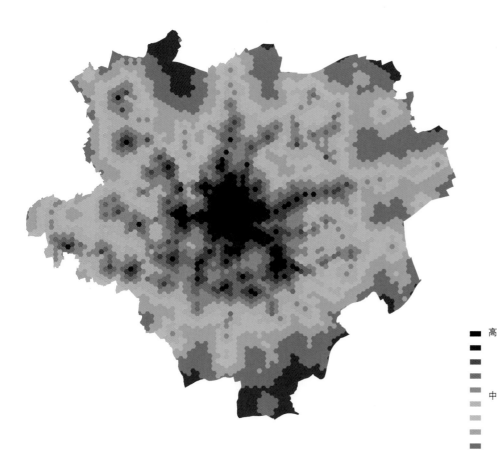

图例：高 — 中 — 低

5 步行和公交出行方式下多特蒙德的就业场所可达性（Schwarze 2011）

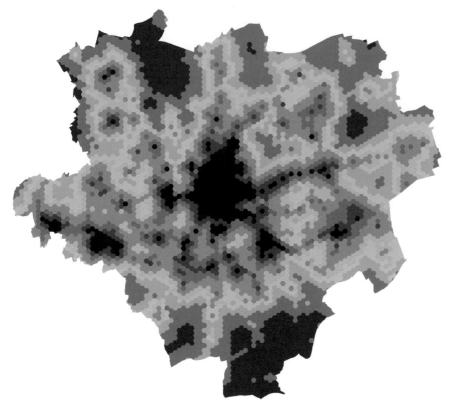

图例：高 — 中 — 低

6 步行和公交出行方式下多特蒙德的零售业可达性（Schwarze 2011）

》鲁尔区的多中心空间结构在各种区位的就近可达性，即去日常出行目的地（上班、购物、保健、休闲和教育）的可达性方面也体现出了优势。以下以四张分析图为例来展示在多特蒙德利用步行或公交出行方式到各就业场所、零售店、小学和中学的就近可达度。

对于工作通勤、购物和中学的就近可达性的计量考虑了潜在的影响因素，即在交通行为分析的基础上加入了权重——更有吸引力的目的地权重更高，而距离更远的目的地则权重更低。本着这个原则，在零售业就近可达性的分析中计入了就业场所的数量和购物空间的大小，在中学就近可达性的分析中计入了教师数量，作为衡量目的地吸引力程度的因子。对小学的就近可达性的计量标准主要是基于步行或公交行驶到最近的小学的时间。

为了计量就近可达性，在分析中还考虑了城市现有的步行网络和公交时刻表的要素影响。具体来说，一方面可以度量的是从家通过步行网络直接走到目的地的行程所需时间；另一方面也可以度量复合行程所需时间（包括从家通过步行网络走到公交车站乘公交，公交出行时间和换乘等候时间，从以及下车后再通过步行网络走到目的地的时间）。本节中对就近可达性的计量分析均建立在邻里空间尺度上，以约5000个均匀分布覆盖城市的正六边形（边长150米）为分析单元。

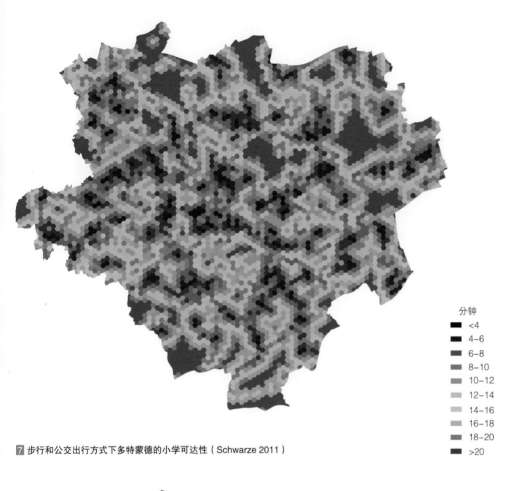

分钟
■ <4
■ 4–6
■ 6–8
■ 8–10
■ 10–12
■ 12–14
■ 14–16
■ 16–18
■ 18–20
■ >20

7 步行和公交出行方式下多特蒙德的小学可达性（Schwarze 2011）

高
中
低

8 步行和公交出行方式下多特蒙德的中学可达性（Schwarze 2011）

» 一个在多特蒙德上班的人可以在10分钟内通过步行和公共交通的方式到达约25000个就业岗位，20分钟则可以到达约90000个岗位。从左页的就业场所可达性分析图中可以看到在多特蒙德的内城集中了大量就业机会。另外，与火车站或轨道交通站点具有良好的联系也对就业岗位可达性有着积极促进作用。

另外，零售业的就近可达性在多特蒙德的内城中也非常突出，同时还可以看出一些城市片区中心和外围大型购物点的空间分布。

再来看多特蒙德的小学就近可达性，同样十分良好。由于小学相对均衡的空间分布，在多特蒙德约三分之二的小学生能在10分钟内通过步行或公交的方式到达离他们最近的小学，而在20分钟内可达的小学覆盖范围几乎覆盖了全市所有地区。

多特蒙德中学的就近可达性极大地得益于各个文理中学（Gymnasien）、实科中学（Realschulen）、职业预科中学（Hauptschulen）和综合中学（Gesamtschulen）在城市各片区内的均匀分布。然而，如图所示在南部郊区地带的中学布点仍较匮乏。

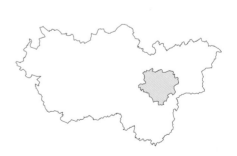

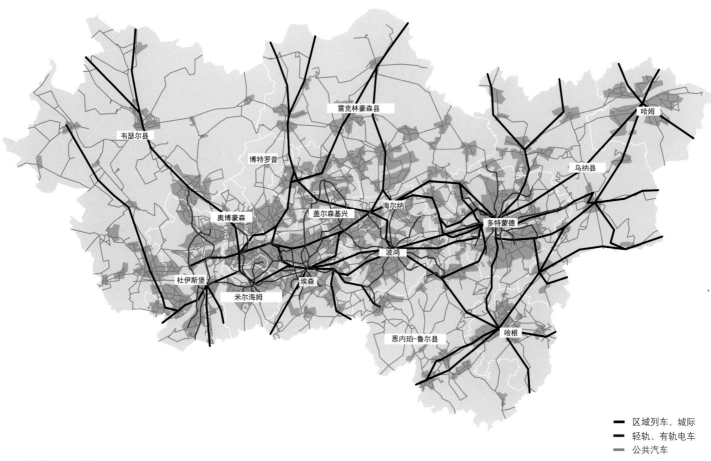

图例：
— 区域列车、城际
— 轻轨、有轨电车
— 公共汽车

1 鲁尔区的公共客运交通网

地图标注：韦瑟尔县、博特罗普、雷克林豪森县、哈姆、乌纳县、奥博豪森、盖尔森基兴、海尔纳、多特蒙德、杜伊斯堡、米尔海姆、埃森、波鸿、恩内珀-鲁尔县、哈根

» 鲁尔区拥有一张延续历史演进而来的高度发达的铁路网。1845年和1847年鲁尔区率先开通了从科隆到当时的普鲁士邦国边界明登的铁路。随后在1849年和1862年又开通了贝尔吉施-马尔奇施（Bergisch-Märkischen）铁路公司旗下的铁路线。

再后来鲁尔区的铁路网受到煤矿和钢铁工企业的主导而迅速扩张。从19世纪中叶起鲁尔区便开始了大规模的工业运输铁路线的修建，这也引导了居民点的快速发展。到了20世纪70年代鲁尔区铁路网的扩张又迈入了新的阶段。在联邦和州级大型铁路基建项目的运作背景下，鲁尔区逐渐成形了一张由跨市城际线（S-Bahn）和城市轻轨（Stadtbahn）组成的铁路网，同时也改建了市区有轨电车网。根据不完全统计，其大体特点是城际铁路线主要呈东西走向，而城市轻轨线主要是南北走向。由于历史上铁路修建的轨距不同，相邻城市之间的轻轨系统有时难以进行网络化连接。因此，为多特蒙德到科隆之间的短途快速出行而规划的"莱茵鲁尔快铁"（Rhein-Ruhr-Express）线路至今仍未能实施。

雷克林豪森县
哈姆
韦瑟尔县
乌纳县
博特罗普
奥博豪森
盖尔森基兴
海尔纳
多特蒙德
波鸿
杜伊斯堡
米尔海姆
埃森
恩内珀-鲁尔县
哈根

━ 高速公路
━ 其他主要道路

2 鲁尔区的道路网

» 鲁尔区的城市路网是在中世纪赫尔维格贸易线的路网格局基础上发展而来，在今天仍旧连接着鲁尔区的主要城市。其主要道路大部分是在19世纪普鲁士时代为了满足当时钢铁和煤矿业的运输需求而修建的。

和铁路网扩张一样，鲁尔区城市道路网扩张的高峰也发生在20世纪70年代，在联邦和州级大型基础设施发展计划推动鲁尔区形成高速公路网的背景下得以迅猛发展。这一高速公路网在今天的高峰时段经常达到容量承载极限，应在未来予以拓展延伸。由于在欧洲中部的优势区位，鲁尔区承载了大量的过境货运交通，因此沿高速路地带的噪音和空气污染也是严峻挑战（详见本书3.5）。

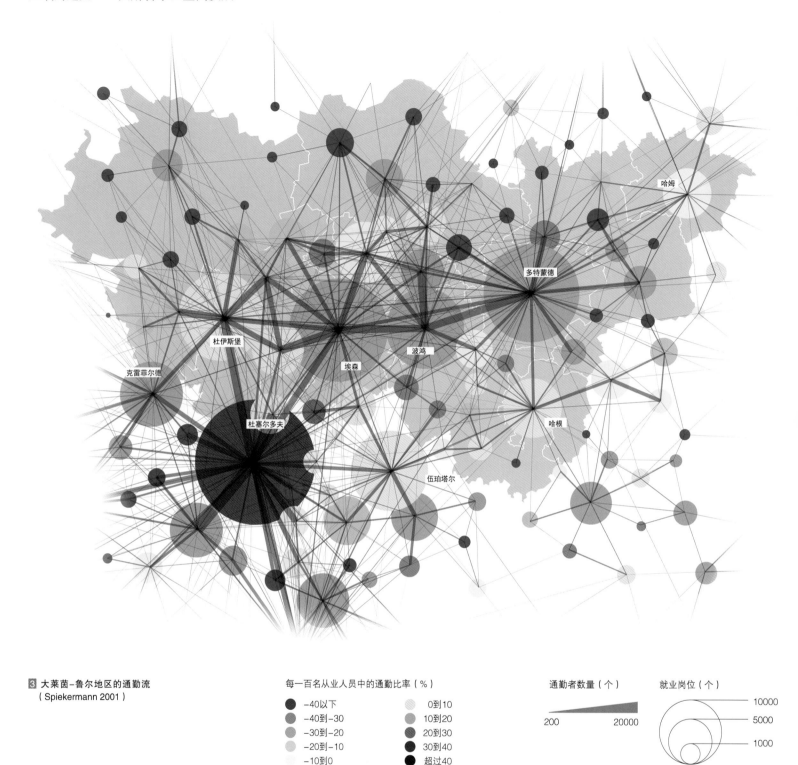

3 大莱茵–鲁尔地区的通勤流
（Spiekermann 2001）

每一百名从业人员中的通勤比率（%）

- –40以下
- –40到–30
- –30到–20
- –20到–10
- –10到0

- 0到10
- 10到20
- 20到30
- 30到40
- 超过40

通勤者数量（个）

200　　20000

就业岗位（个）

- 10000
- 5000
- 1000

» 由于经济上日益的相互依存，鲁尔区中的各个城镇不再是自成体系的经济循环体，而是紧密交织相互联系在了一起。

反映这些地区之间相互联系的一个指标就是城镇间的日常通勤流，如本页中对大莱茵鲁尔地区的日常通勤分析图所示（Bade / Spiekermann 2001）。在图上两个城镇之间联系线的强弱度对应着它们之间的通勤量。每个城镇的圆圈大小表示它们所能提供的就业岗位数量。圆圈内的颜色则表示通勤流的导向：红色表示进城上班者相对更多，蓝色则表示出城上班者居多。可以从图中看出作为州首府城市的杜塞尔多夫在就业和通勤上的地位是多么的突出。另外，在鲁尔区的主要城市中进城上班者要多于出城上班者，而在它们外围的乡镇则主要是出城上班者更多。再有，城镇之间的紧密联系不仅体现在就业导向上，更体现在日常生活出行上，包括购物、上学、休闲和其他活动。接下来的三张分析图通过数学模型运算来图示化居民在鲁尔区内部及其外围周边乡镇的日常出行情况（Wegener 2001; Moeckel u. a. 2007）。

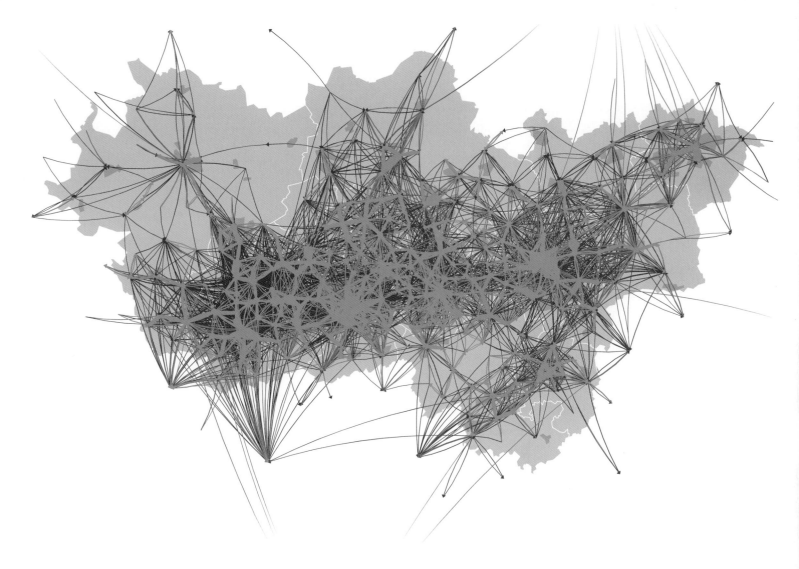

━ 利用步行和自行车的出行流（每天超过100人的）
━ 利用公共交通的出行流（每天超过100人的）
━ 利用小汽车的出行流（每天超过100人的）

4 鲁尔区的交通流

» 本页的分析图表示了鲁尔区内外主要城镇间利用不同交通工具下的交通出行联系。绿色线代表利用步行和自行车出行，蓝色线代表依托公共交通出行，红色线代表利用小汽车出行。为了使图上的线型不过多地重叠，图中只表达了强度超过每天100人的出行流。

可以清楚地看到，采用步行和自行车方式的出行距离要比用公交车和汽车的出行距离短，它们所形成的细密网络映射出地方尺度的紧密联系。

采用公共交通方式的出行距离最长，其中最引人注目的是处在南北两端的汇聚人流的出行集中点，例如鲁尔区南部的杜塞尔多夫和超出图面范围的科隆。

同时还可以从图中看出，鲁尔区内部的通勤出行在很大程度上还是依赖小汽车，尤其在城镇分布密集的中部地带，即便是短途出行人们也主要使用小汽车。

鲜有机动车出行的道路
高峰时拥堵的路段
巴士和轨道路径

5 鲁尔区道路网络的交通密度分布

» 本页的分析图表达了鲁尔区在高峰时段道路网络的交通密度分布情况。

绿色线所表示的道路即使在高峰时段也可能没有机动车出行。不同深浅的红色线表示交通拥堵的频率和程度。高速公路网在其中非常突出，尤其是高速公路A40和B1所经过的多特蒙德段是出了名的拥堵路段。

蓝色线则表示了依托公交出行（巴士和轨道）的路径。图中线型的粗细度对应着每日出行的数量。

25 公里/小时   75 公里/小时

⑥ 鲁尔区内公共客运系统的出行速度

》本页的分析图反映了鲁尔区中不同的公交方式在各个区段的出行速度。出行速度最慢的区段用红色表示，最快则用绿色表达。图中所绘线型的粗细对应着出行者数量。可以看出利用铁路快轨出行（城际、区域列车和区域快铁）的速度明显更快，而公共汽车的出行速度则相对较慢。

当然，这里的分析图中对速度的计量并不完全是基于实际"门到门"的出行时间，因为停车换乘和等候时间并未计算在内。即便如此，由于拥有足够的出行频率，公共交通也能成为一种可以令人接受的替代小汽车的出行方式。

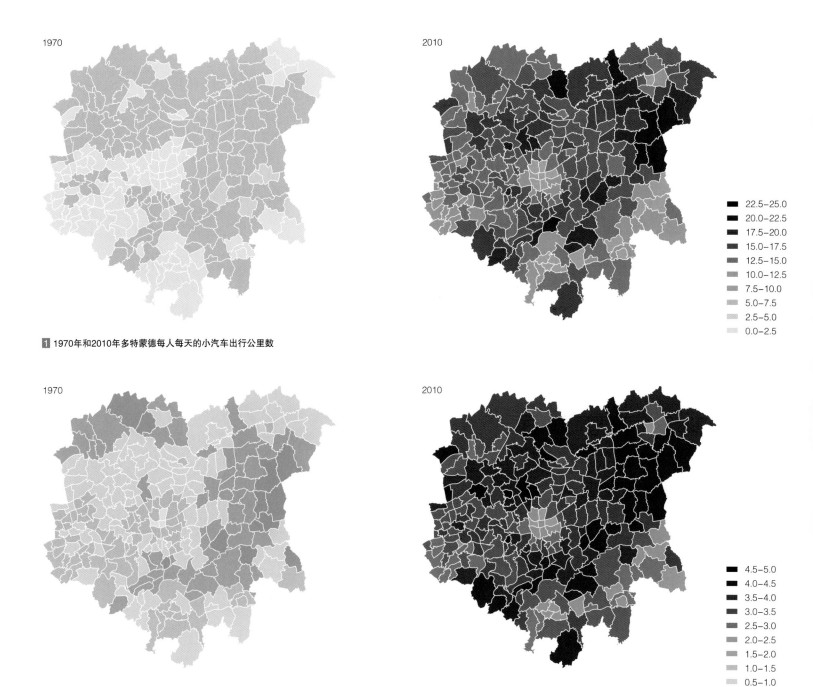

1970

2010

22.5–25.0
20.0–22.5
17.5–20.0
15.0–17.5
12.5–15.0
10.0–12.5
7.5–10.0
5.0–7.5
2.5–5.0
0.0–2.5

1 1970年和2010年多特蒙德每人每天的小汽车出行公里数

1970

2010

4.5–5.0
4.0–4.5
3.5–4.0
3.0–3.5
2.5–3.0
2.0–2.5
1.5–2.0
1.0–1.5
0.5–1.0
0.0–0.5

2 1970年和2010年多特蒙德每人每天使用小汽车所产生的二氧化碳排放量（千克）

» 交通是在人的行为活动范畴中会带来能耗和温室气体排放的主要领域。这里的四张分析图通过对多特蒙德的模拟计算验证了这一结论。上面的两张图分别表示1970年和2010年多特蒙德的每人每天的小汽车出行公里数。可以从中看出，鲁尔区由于经济日益繁荣、上升的机动化和持续的郊区化趋势，人们每天使用小汽车的影行距离显著增加。特别是在一些更为外围的乡镇地区，那里每天的上班、购物和上学等大部分日常出行都主要依赖于小汽车，且使用小汽车的时间比在内城中要长。

机动化趋势带来的后果是：1970年以来尽管汽车革新技术不断改善，但温室气体排放量仍然迅猛上升。对此，外围的乡镇地区要比内城地区承担更大的责任，因为内城中利用汽车出行的距离更短，很多的出行行为都能以步行的方式实现。

日益增加的机动性也给地方居民带来了诸如交通噪音和空气污染等环境影响。下一页的两张分析图反映了这类负面影响，但它们只分析了客运交通出行带来的噪音和空气污染影响——而实际的负面影响更为严重，因为还应该计入货运交通。

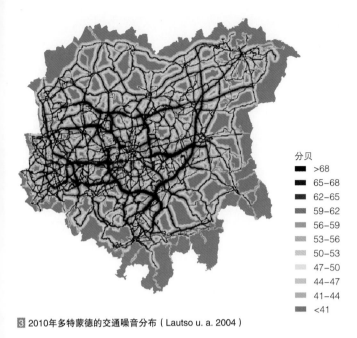

分贝
■ >68
■ 65–68
■ 62–65
■ 59–62
■ 56–59
■ 53–56
■ 50–53
■ 47–50
■ 44–47
■ 41–44
■ <41

3 2010年多特蒙德的交通噪音分布（Lautso u. a. 2004）

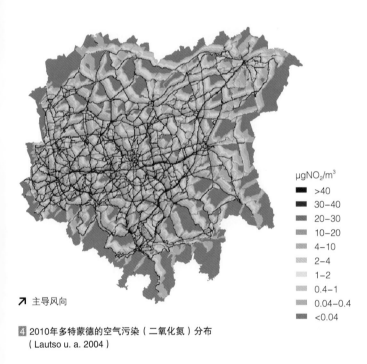

µgNO$_2$/m^3
■ >40
■ 30–40
■ 20–30
■ 10–20
■ 4–10
■ 2–4
■ 1–2
■ 0.4–1
■ 0.04–0.4
■ <0.04

↗ 主导风向

4 2010年多特蒙德的空气污染（二氧化氮）分布
（Lautso u. a. 2004）

» 本页上图以多特蒙德为对象描绘了交通噪音对居民区的影响。可以从中看出噪音沿着道路（尤其高速公路）向两侧散播，穿透一些由建筑和隔音墙组成的屏障侵入居住区（高于55分贝的噪音等级则被认为是滋扰），整个多特蒙德地区已经几乎没有一块安静的绿洲了。再来看下面的图，它反映了带有有害物质的空气污染影响，以二氧化氮为例。和噪音污染情况一样，即便是在远离内城的外围地区街道也遭受了有害物质的影响，尤其是在鲁尔区盛行的西南风作用下，东北方向尤为明显。当然，应该指出的是在汽车改良技术的推动下鲁尔区内的空气污染已经得到了改善。

» 交通是人的行为活动中带来温室气体排放的主要领域，大约占温室气体排放量的三分之一。在今天，交通几乎还是主要依赖化石燃料，其中有以矿物油为首。

德国要实现气候保护目标（相比1990年，到2020年减碳40%和到2050年减碳80%），就必须从交通领域入手来解决减少能耗和温室气体排放的问题。

其实现在已经有很多技术革新措施能使交通变得更为可持续发展，即更高效节能并更少地依赖化石燃料。这些措施包括使用高能效引擎、轻型车辆、混合动力或电驱动汽车、可替代的非化石燃料以及优化交通流的信息管控系统，等等。

所有上述的技术创新都十分必要，也必须给予鼓励。然而，随着交通量日益增加，对于实现理想的交通节能减碳目标仅靠这些技术措施还是不够，必须同时采取其他的措施来从源头上调控交通行为。

调控交通行为意味着：减少不必要的交通出行；选择可替代的、更近距离的出行目的地；选择比小汽车更低能耗和低排放的环境友好型出行方式，例如公交车、步行和自行车。

调控交通行为可以通过不同的方式实现，例如在交通领域可以制定限制政策（禁行、限速、增加燃油税或交通费等）或激励政策（如提高公交补贴），另外还可以优化改善步行和自行车的出行环境。

当然，城市规划领域也可以对调控交通行为做出贡献。过去几十年，城市交通量的增长在很大程度上是由于郊区化带来的通勤距离（居住、就业、教育、医疗、休闲之间的出行）变长，即发生了更多的城市蔓延现象。如果有可能，在将来

至少要力争使那些仍然有增量建设需求的地区得到完善的公交网络覆盖——当然这一点必须要结合交通领域的限制和激励政策——只有这样才能有效控制交通的膨胀。

对于那些萎缩或没有新建需求而停滞发展的地区，则需要采用适宜的交通管理措施（尤其是在人们使用小汽车后能感觉到成本明显增加或速度降低的措施）来引导人们改变对居住区位的选择。因为在小汽车出行价格或时间成本非常高的情况下，居民才会选择更为廉价的出行方式或选择搬迁至离工作、教育、购物和休闲等日常活动场所更近的地方居住。这种城市活动空间的"内部重组"可能是未来引发交通模式变革的主要推动力。

现在的问题是：鲁尔区既有的多中心空间结构能在何种程度上支持以上所阐述的以缩短出行距离为导向的城市活动空间的内部重组？

鲁尔区多中心结构下的区域和城市规划有着悠久的历史传统。早在1912年，罗伯特·施密特制定的先驱性规划中便提出了鲁尔区西部城市"多中心并置"的方案。1977年制定的北威州"州发展规划"中更是明确了鲁尔区的由低、中、高等级中心地组成的多中心网络结构，并一直延续到了今天。1973年著名画家、建筑学家布赫霍尔兹（Buchholz）描绘出了振奋人心的鲁尔区景象——鲁尔区就像一系列互动卫星组成的系统。如下页第三张图所示，在鲁尔区中心地体系中的各个"中心"就像很多尺度大致相当的行星分布在星系中。

在今天鲁尔区仍然有着一个非常突出

的多中心结构功能体系，其承载着居住、就业等不同功能和设施（如大学、剧院、博物馆、体育和娱乐设施）在空间上的有序安排（Studienprojekt F13，2003）。放眼当前那些能够保持多样文化和体育等公共设施共存的大都市区（如伦敦和巴黎），只有在鲁尔区中这些设施没有高度集中在一个空间点，而是均匀地分布在临近居民们的住宅的空间内。当然，这种"近距离可达"的设施分布格局并不会影响一些分布在更远处的设施的运营，因为鲁尔区发达的区域交通系统提供了足够的可达性支撑，人们完全可以自由选择去近处或更远处的设施享受服务。

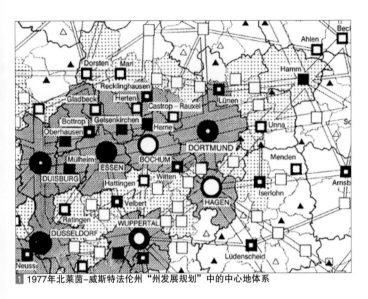

1 1977年北莱茵-威斯特法伦州"州发展规划"中的中心地体系

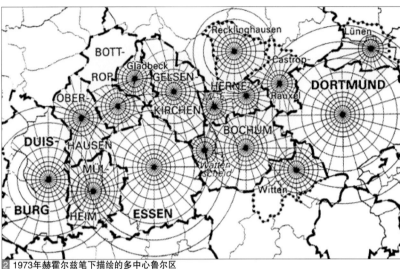

2 1973年赫霍尔兹笔下描绘的多中心鲁尔区

3 鲁尔区的多中心性

常住人口（1000人）

 5 10 15 20 25 30 35 40 45

》从大量实证研究和模型分析中得到证据表明，在例如鲁尔区这样的多中心城市地区有着空间内部重组的潜质，这种内部重组能促进居住、就业、教育、购物和休闲等各项功能之间形成更短的出行距离。这是由于在多中心的结构中除了居住地，工作、教育等场所同样能够更为分散地布局，从而会比那些大部分就业机会集中在中心区的单中心城市地区实现更近距离的通勤。

在保持既有多中心的前提下，鲁尔区的空间结构还应该继续强化分散性，引导建成环境形成小片式的具有居住、就业、教育、医疗和休闲功能的混合区。

为此，首先要严防任何进一步的城市蔓延。这就需要对那些没有连接到公共交通网（尤其是轨道网）的孤立地区的土地利用进行控制，在报批城市土地利用规划时所有不具备公交网联系条件的拟建设区都应该被驳回。

其次，还要继续优化现有多中心结构下的空间内部重组和城市存量更新，尽可能地将居住、就业、教育和医疗等设施功能分散布局。

尤其那些在今天已经是分散布局的城镇居民点体系，仍然需要进一步地朝着更为多中心、支持更短通勤距离的结构方向发展。

另外，还需要高度认识到公共铁路客运交通（区域列车、城际、轻轨）是多中心城市中的重要结构性要素。在鲁尔区编制区域规划时新增的发展建设用地应该首选靠近轨道线站点布局。对于其他在城镇土地利用规划中已经划定的、不能或要付出很大代价才能与公交系统相连接的建设用地，应该重新审视其用地性质，考虑是否作为开放空间更为合适，以让它们对区域生态安全和绿色服务网络建设有所贡献。

本章的最后一张"分层图"试图将鲁尔区的多中心结构表达得更加形象化。它展现了鲁尔区现有的所有快速铁路站点——它们都是将来需考虑优先提升的功能组团中心。圆形的大小对应着每个站点以1.5公里为步行半径所覆盖地域的居民数。尤其是那些相对偏远而不经常有人流来往的站点需要特别去挖掘其尚未开发的潜力。

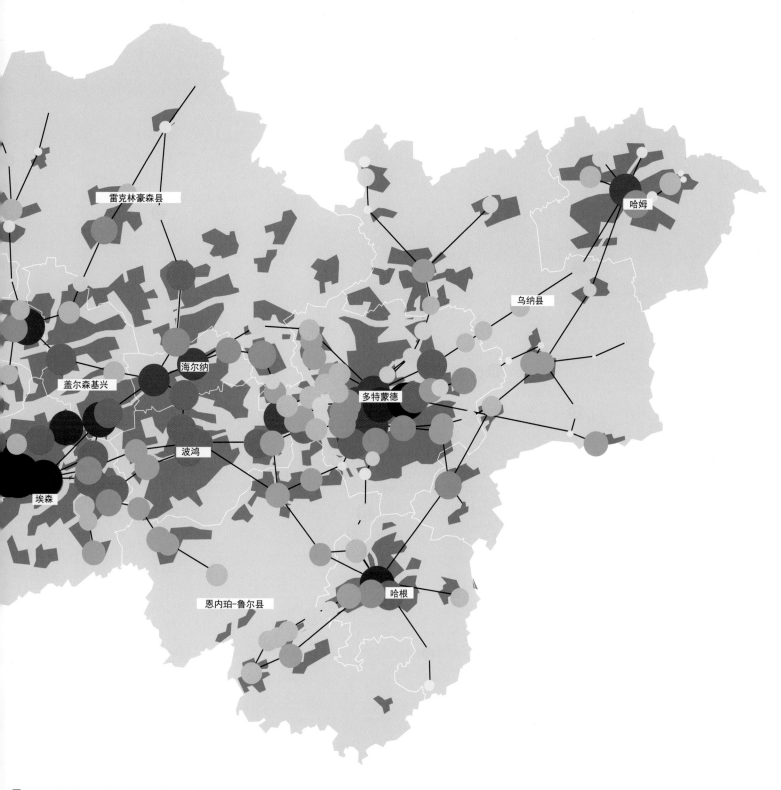

4 鲁尔区的轨道站点是重点提升的组团功能中心

站点辐射范围（1000人）

 5　 10　 15　 20　 25　 30　 35　 40　 45　 50

社会人文镶嵌体
鲁尔区的社会空间结构和
活力多样性

海克·汉赫尔斯特（Heike Hanhörster）

　　鲁尔区的社会发展和活力多样性与其移民史有着千丝万缕的联系，今天的鲁尔区已经形成了显著的移民经济和突出的移民居住文化特征。

　　鲁尔的未来也与社会文化隔绝现象以及人口的发展息息相关。可以将鲁尔区理解为一种呈现"马赛克"格局特征的社会和人文镶嵌体吗？小空间、小规模、小环境的特点塑造了这一区域的多样社会结构和活力。本章将揭示鲁尔区在社会空间领域所具备的潜质和面临的挑战。

区域中的"世界"

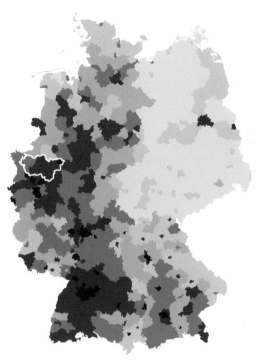

1 鲁尔区是移民的主要生活地：这一区域是移民传统的理想迁徙地，在鲁尔区几乎四个居民中就有一个有移民背景.

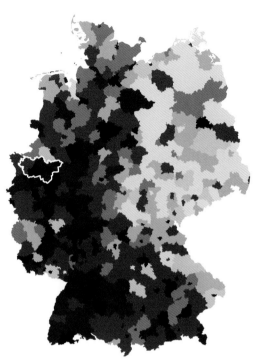

2 德国十岁以下的移民比例：鲁尔区占据首位

移民所占比例（％）

- 5以下
- 5-10
- 10-15
- 15-20
- 20-30
- 30-40
- 40以上
- 鲁尔区

鲁尔区的历史就像一部移民史

20世纪时鲁尔区在大量产业劳动力涌入的情况下一举发展成为欧洲最大的工业地带。到了今天鲁尔区和德国其他的城市地区例如柏林、法兰克福和斯图加特等一样有着显著的文化多样性。鲁尔区居民中超过五分之一是由外来移民及其后代构成（即所谓的"有移民背景的人"，见图1）。而在十岁以下的儿童中甚至有40%具有移民背景（整个德国是30%，图2），他们中有超过三分之二持有德国护照（图5）。

图3反映了德国人（有和没有移民背景）和外国人之间在各个不同年龄层中的构成比例情况。从中可以看出，在年轻一代中没有移民背景的德国人的比例呈下降趋势，由此可见移民（包括持有和没有德国护照的人）是推动现在和未来区域"复兴"的主要力量。

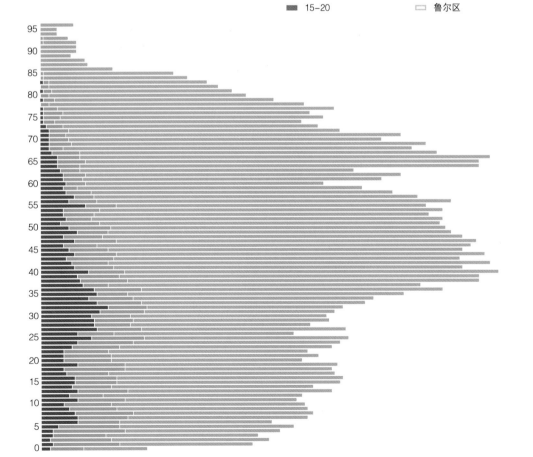

3 移民是鲁尔区重要的人口结构基础

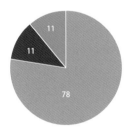

4 只有一半是真实的：如果仅仅根据居民所持护照的从属地来统计移民人口并不准确，事实上有移民背景的人（可能也持德国护照）的数量是其两倍之多

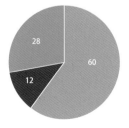

5 十岁以下的人口：鲁尔区超过三分之一的孩子有移民背景

- 没有移民背景的德国人
- 非德国人
- 有移民背景的德国人（德籍外裔）

多样的移民来源地

图6反映了鲁尔区中有移民背景居民的祖籍来源国的多样性，其中最为突出的是1960–1970年代以来来自土耳其（占39%）和其他传统劳动力输出国的移民。图中还展示出那些出生在德国以外的国家、而后自己迁徙到鲁尔区定居生根的第一代移民的情况。除了土耳其外，苏联和东欧国家同样在鲁尔区的移民来源地中占据主要位置，这主要是由于1990年代初"德裔回归者"（Aussiedler，即原本是德国裔，其祖辈外迁或流放到其他国家，后来又回到德国的人）疯狂涌入的影响。

作为区域特色的移民迁入和迁出

非德国籍人口构成可以用早前的杜伊斯堡案例来说明。1955年在杜伊斯堡（靠近荷兰）的荷兰人和奥地利人是最大的移民团体，他们占据了外来移民中超过一半的比例。此后，1955–1970年又增加了大批来自传统劳动力输出国家（土耳其、希腊、西班牙和葡萄牙）的移民（见图7）。

整个鲁尔区便在这一外籍劳工和移民涌入潮中一举上升为欧洲最大的工业地带。1973年鲁尔区的大规模招工潮停止时，其中的很多城镇已经发展成为劳工们的家庭团聚之地。从1970年代初期开始，鲁尔区的人口多样化便开始逐渐放缓。

当然，外来移民也并不一定意味着是永久居留，比如对鲁尔区的工业化进程有着很大影响的大批迁入的波兰人，他们中的很多在一战结束后就迁走了。另外值得注意的是，近年来从鲁尔区迁走的土耳其裔已经超过了从土耳其迁入的移民数量，特别是那些在德国接受了良好教育的年轻一代很多都离开了这个区域。这意味着需要对整合特定资源的重要性进行考虑，例如如何能将这一年轻群体的跨国网络和资源优势融入未来的区域发展。

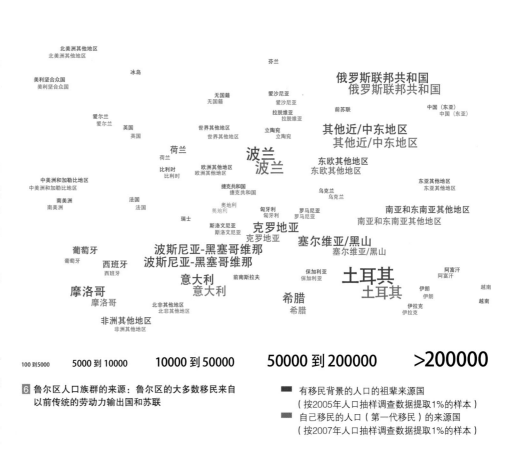

100 到 5000　　5000 到 10000　　10000 到 50000　　50000 到 200000　　>200000

6 鲁尔区人口族群的来源：鲁尔区的大多数移民来自以前传统的劳动力输出国和苏联

■ 有移民背景的人口的祖辈来源国（按2005年人口抽样调查数据提取1%的样本）
■ 自己移民的人口（第一代移民）的来源国（按2007年人口抽样调查数据提取1%的样本）

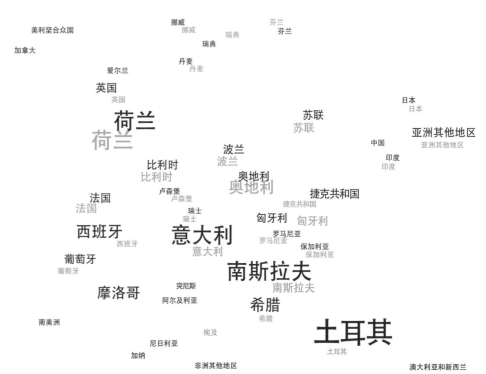

1 到 100　　100 到 1000　　1000 到 3000　　3000 到 9000　　>9000

7 不同的"世界"：在鲁尔区开始大规模的"客籍工人"（Gastarbeiter，即外籍专业劳工）招募潮以前，杜伊斯堡的外来移民主要是来自荷兰和奥地利

■ 1955年杜伊斯堡中非德籍人口的来源国
■ 1970年杜伊斯堡中非德籍人口的来源国

4.2 小环境的隔绝

海克·汉赫尔斯特，托比亚斯·特尔波腾（Tobias Terpoorten）

南北两极分化

近几十年以来德国的市县和乡镇经历了一个社会空间分化隔离的渐进过程。这个过程在鲁尔区映射为日益两极分化的城镇空间。

图1反映了对社会和种族隔绝现象的叠加要素分析，以领取"失业救济金"（SGBII）的群体和非德国人为主要研究对象。可以清楚地看到，在鲁尔区的整个中部核心地带已经变成几乎没能一方面承担少量的社会救济金，同时另一方面外来移民比例又很高的地方了。高速公路A40以北的地区同时聚集了大量的移民和属于社会弱势的群体。土耳其裔移民基于他们的群体规模、移民史和迁入鲁尔区的时间段尤其有目标性地聚集在工业化发达的北部地区，使得那里的隔绝现象尤为明显。这种在空间上的移民集聚同样也源于社会

空间资源流动缓慢的原因。一方面，以前被招募来此的"客籍工人"及其后代主要生活在鲁尔区的北部地区，其居住地大多是典型的城市密集区，其资源流动较慢。另一方面，如果他们生活在城市氛围相对较弱的南部地区，那里的居住地到工作场所和各种公共设施点的距离则较长，相应地就会导致更高的资源流动性需求。

小环境的共存格局

当然，社会和种族隔绝现象也并不完全就意味着会造成地区大范围的"弱势和不公平"。相反地，源于不同出身的社会族群、阶层在小环境中的共存格局其实是一种常态（见4.6）。

年轻的北部和老化的南部

图2和图3描绘了鲁尔区的劳动年龄人

口中年轻人和老人的小环境集聚状况。在移民人口较多的高速公路A40路以北的地区年轻人的比例非常高；而在A40以南的地区则比较明显地集中了很多老龄人口和老龄化社区——这是鲁尔区的另一面。

随着时间的推移，隔绝现象的三个维度（人口、族群和社会阶层）之间的相互关系将越来越强。这意味着大多数非德国人现在生活的地方其实也生活着很多贫穷的德国人，并具有很高比例的儿童和年轻人。

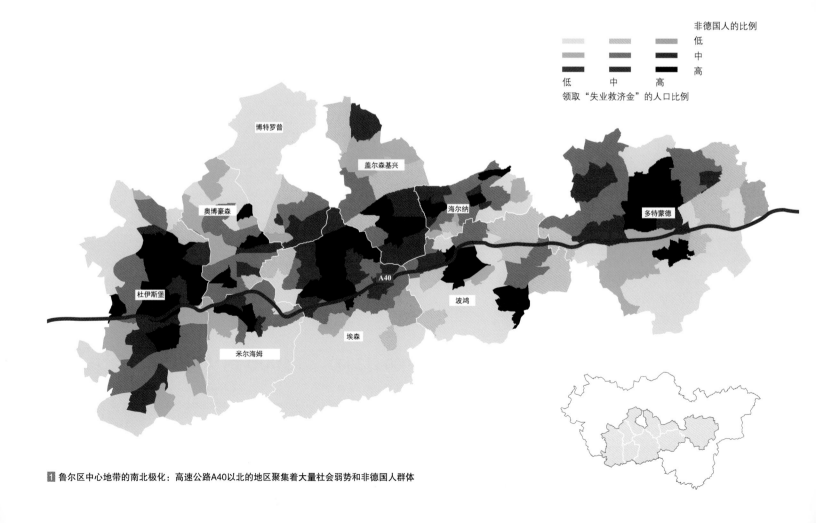

非德国人的比例
低
中
高

低　中　高
领取"失业救济金"的人口比例

1 鲁尔区中心地带的南北极化：高速公路A40以北的地区聚集着大量社会弱势和非德国人群体

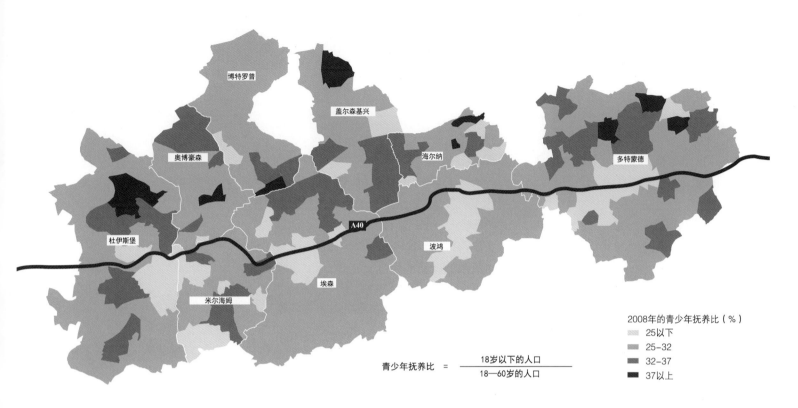

青少年抚养比　＝　$\dfrac{18岁以下的人口}{18—60岁的人口}$

2008年的青少年抚养比（％）

- 25以下
- 25–32
- 32–37
- 37以上

② 鲁尔区中心地带中年轻的北部：那里生活着很多移民并存在着边缘化带来的社会不公现象，同时儿童的比例也很高

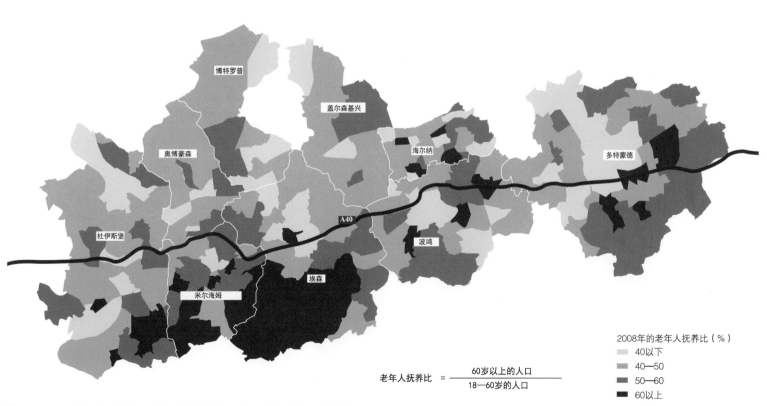

老年人抚养比　＝　$\dfrac{60岁以上的人口}{18—60岁的人口}$

2008年的老年人抚养比（％）

- 40以下
- 40—50
- 50—60
- 60以上

③ 鲁尔区中心地带中老化的南部：老龄人口高度集聚在社会福利条件更加优越的南部地区

4.3　人口的活力

人口的发展是区域至关重要的活力源泉

一个区域未来的前景在很大程度上取决于其人口发展的影响。作为一个有510万居民生活的德国大都市区，鲁尔区在很早就受到人口变化的深刻影响。就评估预期的人口发展态势而言，对未来劳动力人口、老年和青少年抚养比以及整体人口活力性的预测是其中的重要因素。

区域中不同情况的萎缩

图1预测了北威州到2030年的人口下降态势。到2030年，一些鲁尔区的城市如多特蒙德人口会衰减2.6%，而海尔纳的人口则要衰减12%，城市与城市之间差异很大。与周边地区相比，北威州的其余部分（鲁尔区以外）也不是处在一个均质的人口萎缩过程，仍然存在高度的地区差异化。像一些位于莱茵河谷地带的经济发达的城市（如科隆和杜塞尔多夫），还有大学城如明斯特等城市的人口仍呈上升趋势。总的来说，预测到2030年，整个北威州的人口将缩减3.7%，其中鲁尔区缩减8%，是整个州的两倍多（IT NRW 2009）。

这个人口萎缩现象可被认为是早期阶段居民大规模向郊区迁徙所产生的郊区化后续效应。

区域的老龄化过程

鲁尔区在未来除了面临人口数量衰减外，还面临着人口年龄结构的显著变化，即便近年来具有移民背景、更为年轻化的人口增多也不能阻挡区域的老龄化趋势。图2反映了北威州18岁以下青少年相对于劳动年龄人口的抚养比情况，从中可以清楚地看到2030年鲁尔区的青少年抚养比会比北威州的其他地区低。此外，图3反映了北威州老年抚养比的显著上升态势。可以看到鲁尔区的老龄化趋势比预期更为提前地出现了，特别是位于边缘的早期郊区化和乡村地区，如2020年的分析图所示。其中最大的转变是80岁以上的高龄人口群体：在鲁尔区中他们占全部人口的比例将从5.1%增加到8.2%。更为有趣的是劳动力人口的变化——图4反映了在整个北威州中这一群体所占比例的明显下降情况。也就是说，鲁尔区未来会同时面临老龄人口的大量增加和劳动力人口的锐减。

可以这样说，到2030年鲁尔区的重大结构调整的主要背景动因是人口自然出生和死亡之间为负平衡关系，而净移民人口则呈现积极增长。相对于青少年和老年人，劳动力人口的缩减更是成为一大严峻挑战（例如加大了社会保障体系的负担）。因此，对儿童和青少年的职业能力培训、对他们从学习生涯向职业生涯过渡的强化就显得尤为重要。

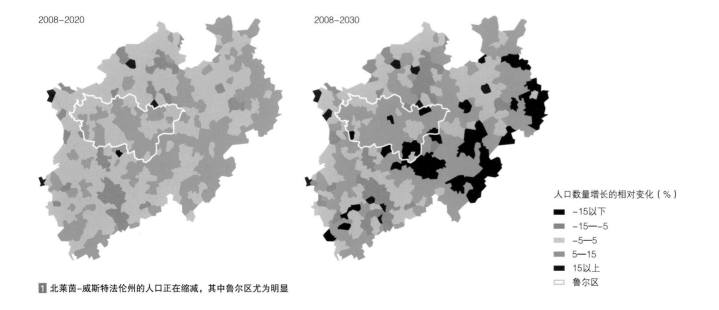

2008—2020

2008—2030

人口数量增长的相对变化（%）

- ■ −15以下
- ▨ −15—−5
- ▨ −5—5
- ▨ 5—15
- ■ 15以上
- ▢ 鲁尔区

1 北莱茵–威斯特法伦州的人口正在缩减，其中鲁尔区尤为明显

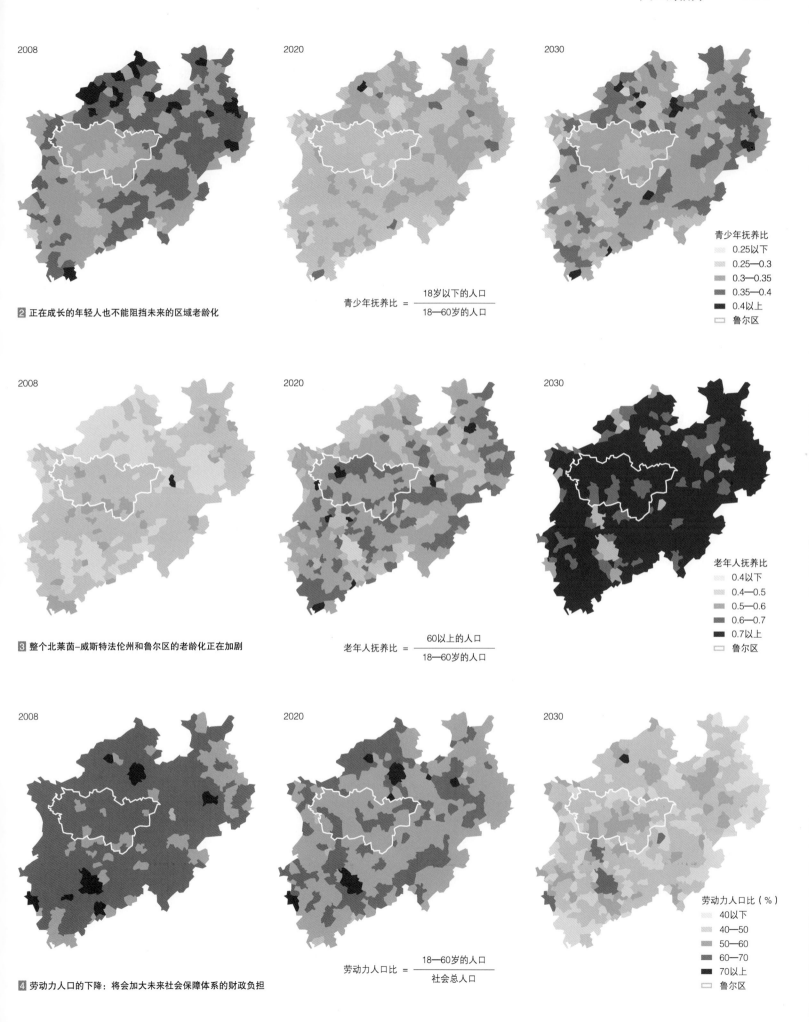

2008

2020

2030

青少年抚养比
0.25以下
0.25—0.3
0.3—0.35
0.35—0.4
0.4以上
鲁尔区

2 正在成长的年轻人也不能阻挡未来的区域老龄化

$$青少年抚养比 = \frac{18岁以下的人口}{18—60岁的人口}$$

2008

2020

2030

老年人抚养比
0.4以下
0.4—0.5
0.5—0.6
0.6—0.7
0.7以上
鲁尔区

3 整个北莱茵-威斯特法伦州和鲁尔区的老龄化正在加剧

$$老年人抚养比 = \frac{60以上的人口}{18—60岁的人口}$$

2008

2020

2030

劳动力人口比（%）
40以下
40—50
50—60
60—70
70以上
鲁尔区

4 劳动力人口的下降：将会加大未来社会保障体系的财政负担

$$劳动力人口比 = \frac{18—60岁的人口}{社会总人口}$$

4.4 鲁尔区的教育机会

海克·汉赫尔斯特，托比亚斯·特尔波腾（Tobias Terpoorten）

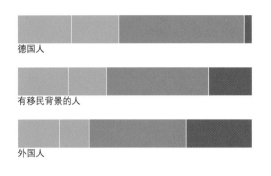

1 教育面临的挑战：尤其很多外国人的教育程度特别低
（15岁以上的人）

▆ 获得大学和高等专业学院入学资格（12或13学龄）的比例

▆ 获得中专或职高学历（10年学龄）的比例

▆ 获得中学毕业证（9年学龄）的比例

▆ 没有中学学历的比例

教育推动了区域一体化

一个区域向其居民提供的教育机会是衡量区域中资源整合和社会参与程度的指标，同时也是它们的驱动力。拥有教育机会不但能增强地区和区域的经济竞争力，还能显著促进社会资源的整合。鲁尔区未来的发展潜力与其具有的教育机会（抑或是挑战）息息相关。以下将用鲁尔区的主要城市举例说明。

这里通过比较研究反映了在德国尤为突出的"教育出身论"现象（即个人的教育程度受家庭出身和种族背景的影响）（PISA；IGLU），其中鲁尔区的情况更为糟糕。图1的分析以鲁尔区2007年人口抽样调查的结果为依据，反映出鲁尔区内的非德裔移民和外国居民中没有中学学历的人数几乎是德裔居民的13倍（25.8%比2%，这一指标在全德国是17.6%比1.6%）。

教育领域的不平等

对于一个人的教育生涯来说，其实在小学和中学阶段就已经奠定好了其是否能继续接受教育和培训。不同的教育机会也在城市空间环境中有所映射。图2的分析以鲁尔区主要城市从小学到初中的不同升学率为依据，清楚地反映了小范围居住隔离现象和教育机会不平等分配之间的关系。由图可见，南部地区的"小升初"升学率明显要高于相对边缘化的北部地区（那里生活着大量领取失业救济金的人）。也就是说，一个在北部地区成长的孩子会被认为更有可能上不了中学。这一形势更加剧了本来就是边缘化地区的更加不平等。在一个很多人都依赖政府救济的社会环境中，获得教育机会和学历是克服社会不稳定因素的关键。

小学升中学的升学率

▶ 低

▶ 中

▶ 高

注：根据学校所在地（非学生的居住地）统计的数据。

领取"失业救济金"的人口比例

▆ 低

▆ 中

▆ 高

博特罗普

盖尔森基兴

奥博豪森

海尔纳

多特蒙德

杜伊斯堡

A40

波鸿

米尔海姆

埃森

2 社会隔绝阻碍了接受教育的机会：在一些边缘化地区，儿童上中学的比例持续下降

小学是小范围的凝聚点

小学有着特殊的作用，由于其通常离家近，因此那里的学生情况在很大程度上是周边生活和社会环境的写照。不平等待遇已经进入了校园，并加剧了学校的分化现象。2008年德国解除学区边界的划分规定后，北威州的城市从2011年起开始实行自由择校。然而，学生们在自由择校的同时也加剧了一些学校的不利条件累积。自由择校带来的问题是——生活在边缘化地区的受过教育的家庭通常都会选择让自己的孩子去自家居住环境以外的学校上学，这与居住空间、种族和社会层面的隔绝现象相比更加剧了学校分化的程度。一些居民不愿在边缘化地区上学的观点也会影响到附近邻里社区中其他人对择校的想法，有些学校会因此越来越差，这就是环境效应。当然，也不是所有的居民都会受此影响，事实上居住地的社会环境和学校教育质量并没有必然的直接联系（边缘化地区的学校并不一定意味着教学质量差）。主要是那些出身于拥有更少机动性（小汽车）的家庭和弱势、经济不稳定家庭的孩子会尤其受到学校分化的影响（Baur/Häußermann 2009）。

教育机会的空间辐射和差异

以下用鲁尔区一个城市中的两所综合中学的辐射范围来举例说明教育资源中的空间影响力。在处于相对边缘化的鲁尔区北部地区的中学，其学生生源主要是来自周边边缘化地区的小学。而在鲁尔区南部地区的中学则情况相反（很多城市都一样），其学生生源大多来自各个社会经济条件比较好的地区的小学。

从学生们不同的社会经济出身环境就可以看出生源的差异：鲁尔区相对边缘化的北部地区的学校中越来越多的学生出身于低学历家庭背景，而南部地区的学校生源则多是来自所谓"高学历"的家庭。从统计学生获得的毕业证书的类型和数量也证实了这一结论——社会背景出身和空间所处环境能够影响学生的教育程度。据统计，在南部地区的中学三个学生里就有一个能获得大学入学资格，而在北部地区的中学这一比率则是七比一。另外，北部地区中越来越多的学生在离开学校时仅有中学毕业证（无上大学资格）或者没有取得文凭就终止了教育生涯。

未来需要优化配置社会空间资源和搭建教育桥梁

"通过教育腾飞"的口号只能在教育机会适应形势需求的情况下才能实现。处在弱势、边缘化地区的学校必须被赋予平等的机会和行事的优先权，通过引导更优化的社会空间资源配置和开展例如有针对性地培训教学人员等措施来改善其不利形势。推行地区教育政策和措施（不光是关注优势地区的教育）是非常重要的，例如，鲁尔区推行的一些"试点小学项目"就提供了样板，它们通过社会空间资源重组、实施全天义务性看护、组织更广泛的家长参与和教学评估项目等手段获得了成功。另外，从本页的分析图中还可以看出：除了在小学教育阶段要优化社会空间资源配置外，特别在中学阶段也必须要搭建边缘化地区和整个城市/区域之间的教育桥梁（加强学习——就业的过渡和培训机会）。只有在全局整合协调的理念框架下才能结构性调整资源配置，从而改变上文提及的边缘化地区的教育不利形势。对此，人们尽管有很多的分析和建议，但具体的落到实处的行动仍没有得到足够的重视。

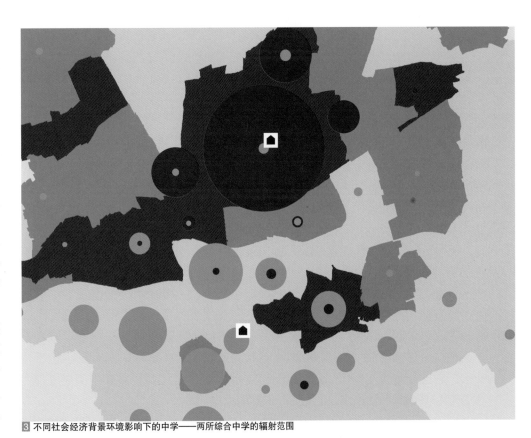

③ 不同社会经济背景环境影响下的中学——两所综合中学的辐射范围

注：鲁尔区一个城市中两所综合中学生源的社会空间出身环境（根据学生上小学的地方来衡量）。

▲ ■ 综合中学的位置

● ● 吸纳的小学生数量（圆圈的大小表示吸纳的来自各所小学的小学生人数）

领取"失业救济金"的人口比例
低
中
高

海克·汉赫尔斯特，伊万·费歇尔·克拉珀（Ivonne Fischer-Krapohl）

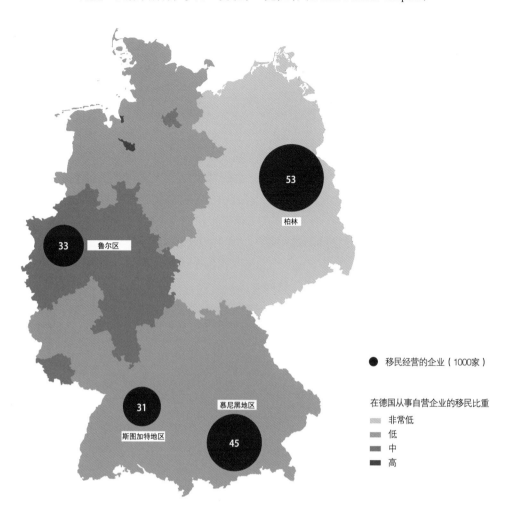

移民经营的企业（1000家）

在德国从事自营企业的移民比重
非常低
低
中
高

1 鲁尔区——移民经济的区域集中地

鲁尔区是移民的"经济特区"

现今在德国居住和就业的移民中有9.4%的人能在经济上自给自足。在一些典型的有移民传统的州和区域，移民经济的集中度高于德国平均水平，并且有着特别的活力，例如，在北威州有14万的移民进行自营创业，其次是巴伐利亚州有11万，之后是巴登-符腾堡州有8万。图1列举了一些移民经济发达的具体城市或城市地区：鲁尔区一共有33000家以移民为主经营的企业，排在柏林（53000家）和慕尼黑地区（45000家）之后居第三位，第四位是斯图特加特地区（31000家）（StatBL 2009）。

差异化的移民经济

在区域可持续发展的背景下，日益全球化、跨国网络组织的趋势给自主经营的移民经济带来了发展机会和潜力。到目前为止，一些规划学科讨论的重点问题和地方规划实践已经转向了关注城市中的边缘化地区或以种族划分的地区，这给本地经济的稳定发展创造了新起点。图2以多特蒙德为例展现出本地移民经济活动令人印象深刻的发展景象——1967-2009年间三组最大的移民企业族群（土耳其裔、意大利裔和希腊裔）各自从创建企业之初向整个城市扩散的景象。尤其是意大利组走出边缘化（移民集中）地区向外围扩张的格局最为明显。

1967年标志着移民创业的初始阶段。在这一时期移民创立的企业仅仅涉足某几种具体的行业，它们主要选址在外国产业工人集中居住地附近。在这之后的20年中，这些移民企业开始了迅猛的发展扩张，也拓宽了本地产业结构，这个趋势一直持续到2009年。到目前看来，土耳其裔经营的企业明显是所有的移民企业集团中最大的群体。

移民经济所涉及的行业领域也各有优势和重点，例如近40年以来意大利裔主要固定经营餐饮招待行业（例如比萨饼、冰淇淋），而土耳其裔涉足的行业面则更广，有高技能服务业、创意产业等等，相互之间差异也很大。

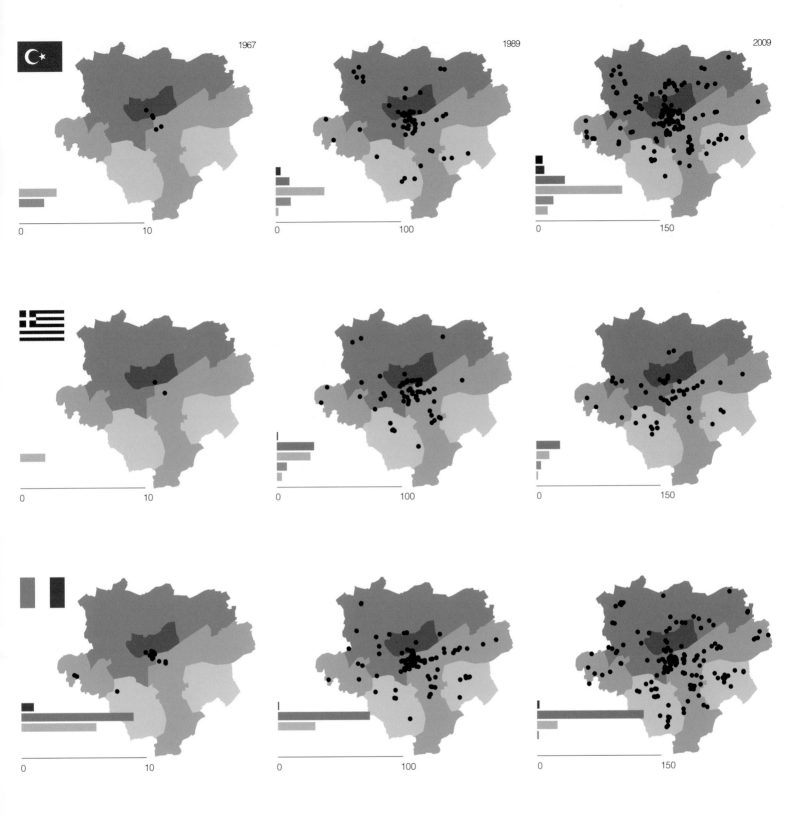

2 生态位法则：在城市空间和行业领域中愈发差
异化发展的移民经济（I. Fischer-Krapohl）

2009年移民的比重
低
中
高
非常高

行业领域
■ 电话商店、网吧、茶室、娱乐场、博彩
室、美容店
■ 广告公司
■ 餐饮招待
贸易、银行、保险、物流、咨询
等个人服务业
■ 医疗保健
创意产业和自由职业
● 大致的空间分布（示意图）

移民经济带来的就近物资供应

很多移民所创立的企业都巩固了本地服务和供应结构体系，特别是满足了边缘化地区居民的日常生活所需。图3以在多特蒙德北城一个典型的工人阶层生活片区中的一户住户为视角，描绘了1967年和2010年在其步行可及范围内的服务业门类变化场景。可以从图中看到，无论是过去还是现在，这些小型商业设施的分布密度都很高。

在1967年该地区存在大量在步行可达范围内的小型专卖店、商店和工艺品店，如图3所示，它们遍布了所有街区，以至于几乎难以找到单纯居住功能的街道。当时这个地区开设了第一家生活用品自选店，但居民还是主要在一些按门类划分的专项商店（如鸡蛋、土豆、奶制品、酒类或香皂类）消费以满足日常需求。此外，居民还可以通过步行到达一些供给日常需求用品之外的其他商店，例如家具、纺织品或首饰店等。

众多以小型商业业态为特征的物质空间形态结构和社会空间结构（基于顾客的）形成了奠定这一地区当今经济结构的重要基础条件——2010年生活在该片区的住户在步行范围内几乎就能满足他们所有的生活服务需求。特别是土耳其裔移民经营的商业极大地满足了这一地区的物资供应体系。除了提供一些现在已经不是十分主流的业务（如电话店、网吧或博彩场所）外，他们还提供一些在多特蒙德其他地方比较难找的特别业务。有很多蔬果铺、鱼贩还有肉铺都在此经营，使得这一地区的产品供应极为新鲜。此外，这个地区还高度集中着医疗护理保健业和一些创意产业的链条行业（例如小剧院、图文室或者专业广告及录音室）。但是，一些定位为服务于中产阶级的行业却十分罕见，例如有机食品店在这一地区的分布就比在多特蒙德内城的其他地方少得多。

作为潜力要素的移民经济的发展是推动区域整合的引擎

移民经济可被视为一种独立的地方局域经济，它们促进了地方产业结构的平衡和经济活动在城市中的广泛流动。由于存在商业供求关系以及消费需求，这些移民经济也逐渐融入了社会主流。

这里需要特别强调土耳其裔的移民经济所具备的行业多样性和创业经营活动的持续性。近年来它们中取得行业认证资质的合格企业比例持续上升，另外，一些自营企业还开启了新的行业市场，例如文化敏感培训业（培养跨文化交际能力）。

总结而言，商业环境和业态的日益国际化趋势给鲁尔区整体和其中的个体城镇发展带来了重要机遇，成为了促进区域跨国经济合作的重要前提和潜力条件。为了能利用好这个在经济和劳务领域的发展潜力，相关经济部门必须着手研究如何更好地推动业态国际化这个议题。基于上述背景，招募更多的有移民背景的员工可能会成起到核心推动作用。

3 随着时间推移而延续下来的本地服务体系：在典型的工人阶层生活的片区中，移民经济保障了满足本地性的就近物资供应和服务（I. Fischer–Krapohl）

⌂ 选取的住户（以其为视角）

▬ 该住户以1000米为步行半径所覆盖的范围

1967年和2010年的地区服务业行业门类

■ ▲ ● 电话店、网吧、茶室、
　　　　娱乐场、博彩室、美容店

■ ▲ ● 广告公司

■ ▲ ● 餐饮招待

■ ▲ ● 贸易、银行、保险、
　　　　物流、咨询等个人服务业

■ ▲ ● 医疗保健

　▲ ● 创意产业和自由职业

│ 由德国人经营

│ 由移民经营

连锁店

1967

北市场

Mallinckrodt街

2010

北市场

Mallinckrodt街

居民社会地位和价值观的日益分化

一个区域或城市的人口结构中居民的社会地位和价值取向可以根据他们不同的生活方式和生活环境来看出区别。最近有研究指出了生活在德国的移民群体的社会异质性状况。从其中的一些特征性因素（如社会地位和价值取向）就能识别出不同的移民群体关系（例如关于国籍或种族出身等方面），这就是社会阶层环境。鲁尔区在此方面同样能清晰地识别出不同的人的"偏好和需求"（在将来会更加差异化），反映在移民的生活理念和居住地点选择等方面。

曾在18个国家开展调查的"德国企业数据库公司"（Sinus Sociovision）首次在德国开展了针对有移民背景人口的调查研究和分区域移民阶层出现概率的统计。该项研究将移民人口分为八类阶层，归类对应于四种"家庭阶层环境"。属于这四种"阶层环境"——"雄心勃勃型"、"中等型"、"扎根传统型"和"经济不稳定型"的移民家庭比例在德国分布比较均匀。图1的分析虽然只是以杜伊斯堡为例，但其实在整个鲁尔区的情况也都类似，即属于"扎根传统型"和"经济不稳定型"这两种阶层的移民家庭占多数。由于以前鲁尔区是以发展采矿业出身，许多生活在此的居民都是外籍劳工的后代，因此他们在很多方面仍然延续着根深蒂固的传统生活氛围（即"扎根传统型"）。而后随着鲁尔区结构转型的影响，高失业率则促使了高比例的"经济不稳定型"阶层产生。

不同的阶层环境塑造了城市空间

图2描绘了杜伊斯堡的移民家庭阶层环境分布，主要是"经济不稳定型"和"扎根传统型"这两种类型在移民集中和社会隔绝现象明显地区的空间分布状况。居住地点选择和人口集中可以被视为是"个人偏好"和"（社会和经济）资源"这两种因素相互作用的结果，当然它们也都在一定程度上还受到房地产市场的影响。这里尤其要强调本地房地产市场的重要影响作用。杜伊斯堡有着一个相对宽松的房地产市场，因此对于居民来说，他们在选择居住地点时更有可能根据个人喜好而进行选择。

再看那些教育程度更高的属于"中等型"和"雄心勃勃型"的移民阶层，他们通常生活在杜伊斯堡的内城和南部片区，那里的社会边缘化程度和外国人集聚度相对更低一些。当然这两种移民阶层有的也选择生活在一些具有较高社会和种族隔离度的地区（例如老城区德尔区，Dellviertel），因为那里老城区的城市氛围和特征吸引了他们。

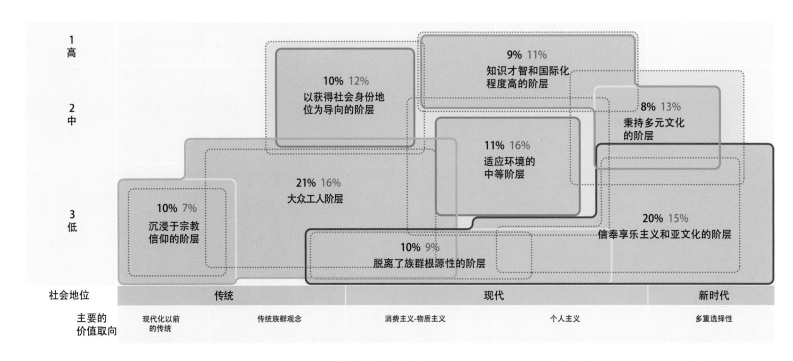

1 杜伊斯堡移民社会地位和价值取向的异质性：移民所处的社会阶层环境导致了他们生活条件的差异

━━ "雄心勃勃型"移民阶层
━━ "中等型"移民阶层
━━ "扎根传统型"移民阶层
━━ "经济不稳定型"移民阶层

彩色边框：该阶层在杜伊斯堡范围内的比例
虚线框：该阶层在整个德国范围内的比例

2 属于"扎根传统型"和"经济不稳定型"的移民家庭阶
　层在杜伊斯堡占绝大比例

主要的移民阶层（出现概率最高的）
■ "雄心勃勃型"移民阶层
■ "中等型"移民阶层
■ "扎根传统型"移民阶层
■ "经济不稳定型"移民阶层
■ 非移民家庭

社会隔绝地区中的小环境多样性

一个城市中社会阶层环境的空间分布是一种衡量社会同质性或异质性的有效参数，如本页的两张杜伊斯堡局部地段的阶层环境分布图所示，在Rheinhausen行政区的Hochemmerich片区（典型的土耳其人聚集区）中移民比例达到了44%（整个城市为32%），而在杜伊斯堡南部相对富裕的Buchholz片区中移民比例则相对较低，仅有13%。从图中可以很清楚地看出作为典型移民聚集区的Hochemmerich地区的多样化移民阶层环境。

移民集中的地区为不同阶层的社会融入关系提供了区位优势：长期生活在亲朋好友聚集的关系圈内使得许多居民之间的关系都很密切。当然，在个体条件和资源允许的情况下，一些住户也会离开像类似Hochemmerich片区这种存在社会隔离现象和相对边缘化的地区。图5以杜伊斯堡南部地区为例，特别描绘了"逃离"边缘化地区的"中等型"移民阶层在此地集中的情况。这个阶层尤其会受到强烈的获得社会身份地位认同感的思想支配。住房对于"中等型"移民阶层来说不仅仅是一个住的地方，更是社会身份地位的代表和进入德国（主流）社会的象征。因此，这一阶层对购置房产的兴趣尤为浓厚，预计在未来数年属于该阶层的移民仍然会秉持"住房象征论"的理念。与此同时，也能预计到在诸如Hochemmerich片区这样的边缘化地区中社会隔绝现象还会继续加剧。

展望将来，很有必要加强内城中边缘化片区的居住区位吸引力，对此，破解的核心因素是当地的教育机会配置。

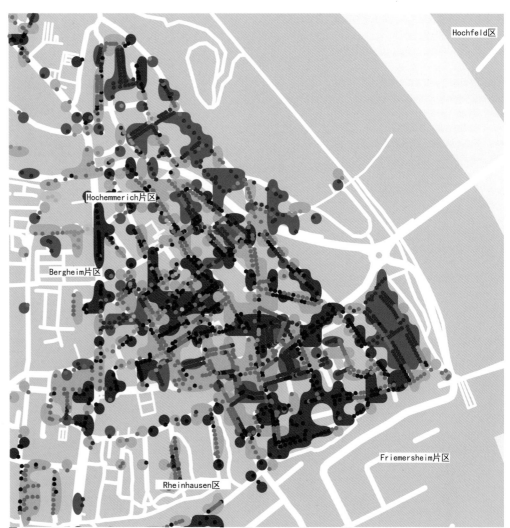

3 杜伊斯堡Hochemmerich片区：在这个典型的移民聚集区生活着大量"扎根传统型"和"经济不稳定型"的移民阶层。当然，在少量地段也生活有其他的社会阶层

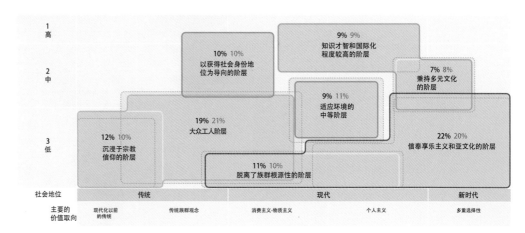

4 杜伊斯堡Hochemmerich片区中各移民社会阶层的比例分布（对比整个城市中的比例）

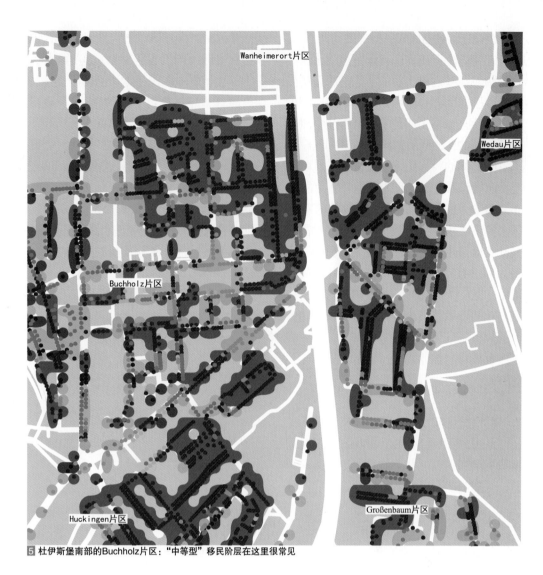

主要的移民阶层（出现概率最高的）

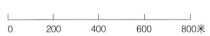

- ·　"雄心勃勃型"移民阶层
- 　"中等型"移民阶层
- 　"扎根传统型"移民阶层
- 　"经济不稳定型"移民阶层
- ·　非移民家庭

0　　200　　400　　600　　800米

[5] 杜伊斯堡南部的Buchholz片区："中等型"移民阶层在这里很常见

- 　"雄心勃勃型"移民阶层
- 　"中等型"移民阶层
- 　"扎根传统型"移民阶层
- 　"经济不稳定型"移民阶层

彩色边框：该阶层在研究片区范围内的比例
虚线框：该阶层在整个杜伊斯堡范围内的比例

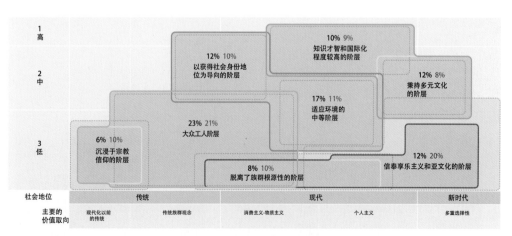

[6] 杜伊斯堡Buchholz片区中各移民社会阶层的比例分布（对比整个城市中的比例）

4.7　移民的住宅物业持有状况

持有住宅物业是移民的主要动力

住宅物业持有率在德国生活的移民中显著增加，但也直接反映了他们居住和生活条件日益两极分化。据2006年北威州的人口统计，有移民背景的家庭中住宅物业拥有率为22%，而没有移民背景的家庭中这一数值为43%。此外，德国人家庭的住宅物业持有率在郊县地区要高于城市内城，而非德国人的房产业主则主要集中在鲁尔区的主要城市。过去数年以来，很多需要翻新的存量工厂配套住宅变成了私有化产物，并出售给以前的租客。在北威州特别是鲁尔区的大城市中，土耳其裔移民的住宅物业持有率是最高的，在十年间从1999年的14%上升到了2009年的37%，已经相当接近德裔居民中物业持有的比例水平了（图1）。

移民是正在壮大的买家群体

从图2可以看出1998–2006年间在杜伊斯堡的所有购买了住宅物业的德国人和非德国人家庭的分布情况。在此期间，在杜伊斯堡共有3700户非德国人家庭购买获得了住宅物业（德国人中有17600户购买）。图中的柱状图形体现了购买的房产类型和买家群体大小（德国人/非德国人家庭数量）之间的比例关系，可以看出在调查年限期间，非德国人家庭（13%）已经比德国人家庭（9%）更加频繁地购买房地产。需要注意到这个统计还将持有德国护照的德籍外国人也算作了德国人家庭。另外，在这些买家中非德国人家庭所购买的独栋、双拼住宅和多户公寓等不同类型的住宅之间比例差不多，而德国人家庭购买的住宅类型中多户公寓的比例明显偏低。

在南部地区置业

在杜伊斯堡，非德国人家庭购买的住宅物业主要位于存在种族和社会隔绝现象的北部地区。但是，近年来杜伊斯堡的南部地区的住房成交量明显增加（尤其是拥有良好绿色环境的独栋和双拼式住宅需求量增加很大），这说明移民家庭正在走出社会隔绝的边缘化地区。根据一项对整个杜伊斯堡的人口综合调查和评估显示，在获取住宅物业后的移民对居住环境的满意度显著上升。该调查还特别指出，在具有置业行为的土耳其裔业主中有很大一部分是低收入阶层（月均收入低于1000欧元）。

增加邻里社区的吸引力

据土耳其研究中心（Zentrum für Türkeistudien）开展的一项综合调查显示，另有37%的目前生活在北威州的土耳其租客计划在近期买房。这些移民准买家可能会由于社会隔绝和文化差异而给他们所要迁往的邻里社区带来一些不安定因素。消除这种负面影响的一种方式是改善城市中社会和种族隔绝地区的居住质量与家庭和谐度。另外，还需要考虑前文提及的不同社会阶层对居住区位选择的偏好，在此基础上制定面向不同阶层的住房政策，这一点对鲁尔区的未来发展也很重要。

1 土耳其裔移民中上升的住宅物业持有率：超过三分之一的移民住在自购房屋中

2 杜伊斯堡的住宅物业持有情况：
非德国人是房地产市场的生力军

德国人/非德国人家庭的户数

非德国人

28.277

197.912

德国人

1998-2006期间杜伊斯堡所有的德国人/非德国人家庭中购买的房地产物业情况

千分比（‰）　　　购买的住宅类型比例

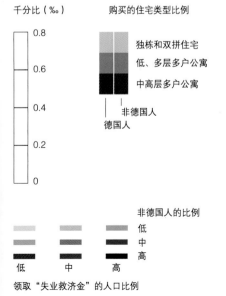

0.8

0.6

0.4

0.2

0

独栋和双拼住宅

低、多层多户公寓

中高层多户公寓

非德国人

德国人

非德国人的比例

低

中

高

低　　中　　高

领取"失业救济金"的人口比例

4.8　鲁尔区宗教的多元化

海克·汉赫尔斯特，马尔库斯·赫尔罗（Markus Hero）

多样的宗教信仰和宗教场所

作为一个有着悠久移民历史传统的大都市区，鲁尔区的宗教多元化也是其核心特征之一。如右图所示，在鲁尔区大约2000个教会中共有300多个伊斯兰教教会和50多个信奉东方宗教文化的教会。从图中可以看出，不同城市之间的宗教多样性变化和差异十分明显。还有作为图底背景的多样性分级指标，反映了不同地区宗教多元化的程度。此外，还可以看出在鲁尔区的主要城市集中了大量的宗教机构，而且在城市中人们所信奉的各个宗教种类明显比区域边缘地带丰富。

宗教信仰的多元化已经成为鲁尔区城市公共生活中的一个既不断变化、又持续发展的特征属性。宗教对于大量移民来说也是一个重要的身份认同的因素。这点尤其可以通过鲁尔区中各种宗教教派和移民教徒的高度融入的景象而看出，例如区域里有信奉罗马天主教的波兰人、意大利人和西班牙人，还有从东欧移民过来的浸礼宗和循道宗教徒（即所谓的"德裔回归者"教徒）。此外，鲁尔区中还有很多信奉正统基督教信仰的移民和来自伊斯兰国家的移民，这点也证明了区域内相对较高的宗教融入度（Hero u. a. 2008）。

鲁尔区的很多宗教机构和教会除了承担宗教活动外，也承担了一些重要的社会职能，例如为儿童和青少年筹款。此外，教会还成为为不同社会群体碰面交流的场所，起到了促进社会融合的"催化剂"作用。正如最近的一项宗教社会学研究指出，"洋"和"异"教的融入能产生提升社会包容度的效应。

宗教是促进社会融合的引擎

宗教建筑本身的空间存在感、吸引力和表现力也越来越大，尤其是通过一些标志性的建筑得以体现，例如哈姆的印度神庙、杜伊斯堡Marxloh片区的德国最大的清真寺（DITIB-Merkez-Moschee）等等。以德国对清真寺建设的重视程度来说，鲁尔区排位第三，居于莱茵-内卡都市区（Rhein-Neckar）和莱茵-美因地区之后。其过程中很多有关清真寺建设和尖塔高度定级的探讨都是出于对伊斯兰建筑特有象征性意义的考虑。对于一个拥有多样宗教和富有活力的城市社会来说，清真寺这种开放的城市空间与设施的修建过程中公民社会的参与和融入是必不可少的组成部分。况且以宗教为导向的参与活动也相对减少了不同社会群体之间的冲突和纠纷，特别是早期的一些跨宗教合作和社会参与通常都起到了积极良性的效果。当然，也有很多的教会选址在一些不像商业区那样热闹的地区，或者是一些宗教建筑本身就像"后院建筑"一样不那么具有标志性。

宗教场所的辐射力

宗教场所不仅是消除社会冲突的空间，也愈发成为了别具影响力的"文化磁力"体系。目前鲁尔区很多宗教场所和教会的影响范畴已经远远超出了其所在的片区、市镇甚至是区域的范围，例如，前文提及的杜伊斯堡Marxloh片区的最大清真寺就展现出了超越北威州尺度甚至是德国尺度的影响力——在其开放当年就有超过8万名来自世界各地的游客和信徒来此参观膜拜。

未来仍需制定针对鲁尔区宗教多元化发展的富有建设性和革新性措施，而其中进一步更加强化地区宗教建筑文化特色和促使宗教空间场所更为开放面向公众则显得尤为重要。

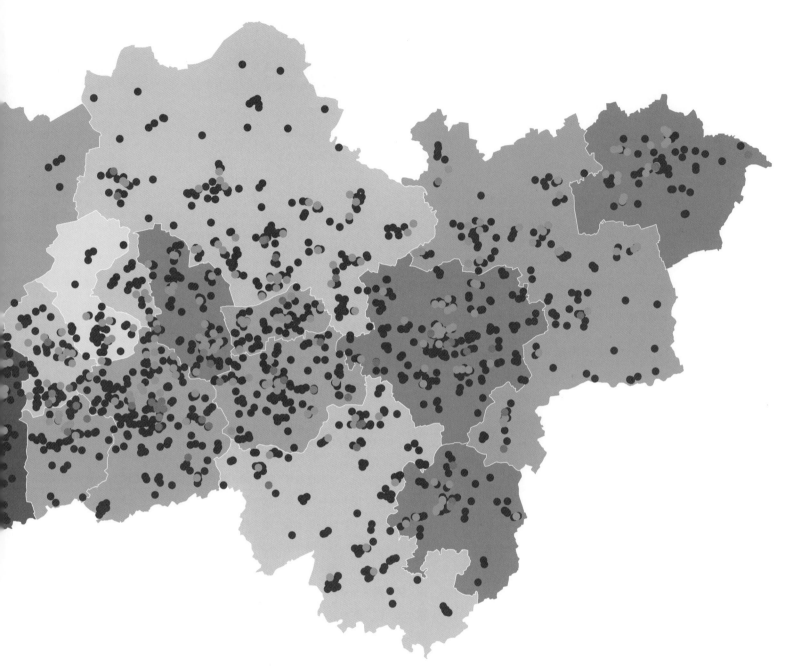

1 宗教多元化是鲁尔区的主要特征之一

注："多样性分级"描绘了地区宗教多元化的程度。低值表示这里的大多数人仅信仰某种单一的宗教，而高值则表示这一地区的宗教信仰相对多样和均衡。

宗教组织机构

● 犹太教
● 东方宗教
● 伊斯兰教
● 基督教

多样性分级程度

　非常低
　低
　中
　高
　非常高

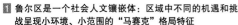

1 鲁尔区是一个社会人文镶嵌体：区域中不同的机遇和挑
战呈现小环境、小范围的 "马赛克" 格局特征

	低	中	高
非德国人的比例			
领取 "失业救济金" 的比例			
青少年抚养比			
老年人抚养比			

» 从图中可以看出：鲁尔区的南部相对是一条享有社会优先权和种族关系均衡的带形空间，但同时也受到了老龄化趋势的影响；而北部地区则是具有较高比例移民人口生活的边缘化地带，但人口的年龄结构相对年轻化。另外，还可以清晰地从图上看到鲁尔区的社会隔绝分化格局是呈小环境、小范围的特征：虽然有很多呈分散岛状的边缘化地区，但整体上没有形成一条连续的所谓"边缘化发展带"。

特别是那些具有城市氛围、建设肌理异质和相对高密度的地区更呈现出一种由人口族群、社会和宗教各种因素相互交织作用的"马赛克"镶嵌格局特征。这种紧凑而复杂异质的空间肌理为人们创造了"近距离出行"的潜力条件，但同时也可能会使一些地区出现"固化"的风险（例如教育的不利条件）。如果地区之间没有社会和空间上的资源流动，那么这些地区的社会隔绝现象和边缘化程度还会加大。因此，将局部地区发展更好地整合融入城市和区域的发展框架下尤为重要。此外，还需要考虑扶持对地区发展有稳定作用的潜力因素，例如本地（移民）经济、房产物业权和宗教多样性等等，以改善那些分散的边缘化地区的生活品质。

总的来说，鲁尔区的未来是和那些当前集中了社会隔绝现象的边缘化地区的发展路径紧密捆绑在一起的，如何加强这些地区内部和对外的渗透与流动性是关乎鲁尔区未来发展的核心议题之一。

第5章

景观机
鲁尔区的景观生产力

西格伦·郎格纳（Sigrun Langner）

　　鲁尔区就像一个巨大的"景观机"，它的生产力塑造了独特的鲁尔景观。自然资源条件和人类经济活动的相互作用推动了这个机器的运转。

　　过去两个世纪以来，鲁尔"景观机"主要是在工业化的背景下遵循着原材料开采、加工和运输的轨迹在运转。直至工业化结束后，这个机器仍在为使鲁尔区变得更加适合居住和工作而继续运转。

　　用"景观机"来隐喻鲁尔区其实是告诉人们应该从一种新的视角来认识鲁尔区的景观塑造力和其景观结构的历史发展脉络。本章重点关注的是鲁尔区地形地貌条件对景观和空间的干预及其与水系资源管理之间的互动关系。

鲁尔区景观的形成

鲁尔区的景观格局无论是从自然空间属性还是从地形地质环境上来看都是由完全不同的景观单元所构成。早期基于工业化而形成的"鲁尔工业景观"更多地是一种经济地理型景观单元而非所谓的文化景观单元的概念。

随着后来煤矿业的凋零，鲁尔区的产业转型和一直持续到今天的结构调整又重新塑造并改变了上述的工业景观。鲁尔区这个"景观机"已经生产了出一幅令今天的人们记忆深刻的景观画面：它由小斑块状的景观"马赛克"构成，其中无数的景观元素和谐共存，包括已关闭的工业设施、小型矿区居民点、开敞的农田、茂密的森林、令人困惑的高速公路出入口、运转中的服务设施、改造后的高耸废弃矿堆、铁路和轨道线、运河、烟囱、冷却塔、公园等等。

上述这幅景观画面的形成是地区工业化进程中数以千计的个体人工行为和自然演进过程相互作用的结果。在鲁尔区"景观机"中，这种复杂的相互作用引发了很多人们试图去调控但结果仍然出乎意料的空间效果。

从1840年工业化以前的风貌和现今的格局（"鲁尔地区联盟"RVR所管辖的范围）对比中可以看出鲁尔区聚落景观的演化成因以及其居民点形态、地形地貌还有水系的深刻变化。

鲁尔区的聚落景观

1800年左右鲁尔区的人口还非常稀疏，在1818年时区域的整体人口大约只有15万（Dettmar 1999：19）。前文已提及，鲁尔区的核心城市（杜伊斯堡、曼海姆、埃森、波鸿、多特蒙德）主要是沿着传统贸易线赫尔维格地带分布，事实上在当时即便是这些大城市也只有几千居民。赫尔维格地带以北的埃姆舍地带当时也只是零星分布着少量的居民点、村庄农舍和一些带护城河的城堡。

随着后来鲁尔区工业化进程的开始，煤矿开采业和钢铁业带来的劳动力需求迅猛增加。因此到了19世纪末，沿着赫尔维格地带分布的主要城镇已经变得相对密集。直到1961年，鲁尔区的人口规模达到了567万，处于顶峰状态（现在是525万人）。不过之后的结构转型又导致了鲁尔区的人口缩减，预计到2015年时会减少到500万人（RVR 2010 a）。

工业化时代的人口增长促使鲁尔区核心地带形成了密集紧凑而几乎看不出边界的城市空间肌理，同时也看不出城市内外之分，即不存在城乡二元论之说。在后来的衰退过程中，建成环境内部又产生了很多新的开放空间，也使得建成区和未建设用地之间的界线变得更为模糊。这种在城市建成区和自然景观之间的具有生态文化属性的统一界面被建筑师托马斯·西维尔兹（Thomas Sieverts）描述为"城市之间"（Zwischenstadt, Sieverts 1997：52）。从景观学的视角而言，这种在全球城市化进程中所形成的界面也可以被理解为是一种"城市型景观"（Seggern 2009：275）。所谓"城市型景观"实则是从一种整合的视角来解读在城市建成区和开放空间之间、区域的自然进程和人类经济活动之间的内在互动关系。

鲁尔区的山地河谷型景观

鲁尔区的地形地貌变化非常丰富，汇集了三个在地质意义上的大型景观单元：莱茵板岩山地、明斯特低地（也称威斯特法伦低地）和莱茵河下游平原。

莱茵板岩山脉形成了鲁尔区的南边界，同样在南部鲁尔河周边的地形也是形成了以山脉河谷为主的地势特征。这一特色地形格局在"软（河流）硬（山脊）界面"的更替交融下得以升华，深深下切的河谷河流与隆起的莱茵板岩山脉形成强烈对比（Harnischmacher 2009：21f.）。

在莱茵板岩山地以北则是明斯特低地，其由大量的白垩沉积物构成，其中的沙石、石灰质土壤和黏土沉积物形成于6500万–1.4亿年前（Liedtke 2002：17）。地形地势向北继续缓慢地下降。在末次冰期的高峰时期（约2万年前），这些沉积物在鲁尔区中的中部堆积达到了5米厚，这样一来反而填补了南北过大的地势高差（Harnischmacher 2009：22）。

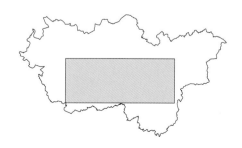

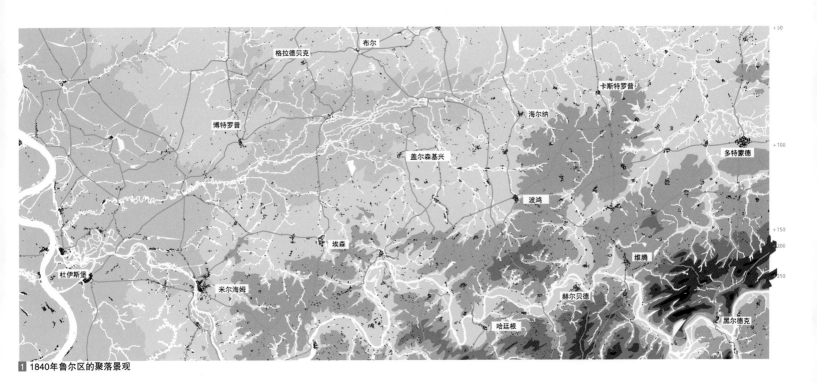

1 1840年鲁尔区的聚落景观

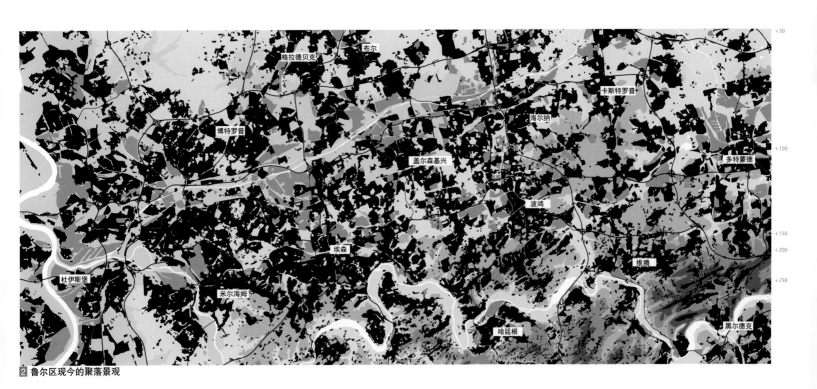

2 鲁尔区现今的聚落景观

约10公里

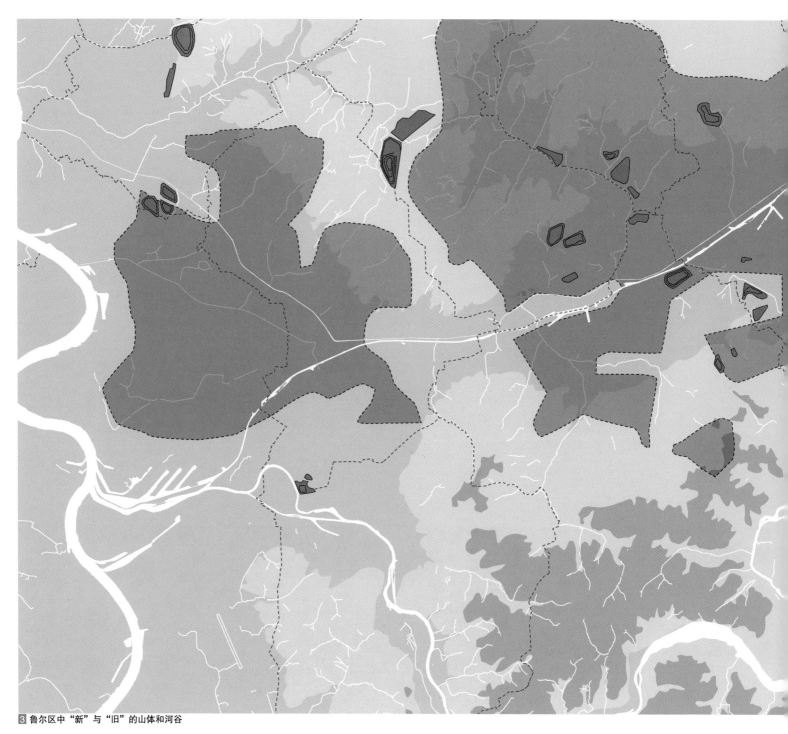

3 鲁尔区中"新"与"旧"的山体和河谷

鲁尔区的西部则是以莱茵河下游平原为界。莱茵河谷宽12-25公里，这是包括了河流两侧低阶地和河漫滩的宽度。在末次冰期时期，莱茵河还是一条分支广泛和以砂石为主的河道。大约1万年前莱茵河发展成一条蜿蜒的河流下切进末次冰期时代的阶地沉积物中，这个时候的河漫滩约

5-6公里宽（Harnischmacher 2009：22）。中世纪时每次洪水都会淹没数公里宽的河漫滩，同时莱茵河河床也不断发生位移（Liedtke 2002：17）。到了今天，经过堤坝加固和治理后的莱茵河河漫滩仅有300-400米宽（Harnischmacher 2009：22）。

工业化以来煤矿开采业也影响了鲁尔

区地形地貌的变化。这一现象在平坦的埃姆舍河谷地带尤为明显，那里隆起了很多基于人工行为形成的新的山体。它们是人类在开采地下煤矿过程中将挖掘的瓦砾、尾矿堆放到地面上日积月累而形成的矸石山，耸立在平坦的地面上（例如鲁尔区的矸石山Haniel高159米，Hoheward 高152 米，

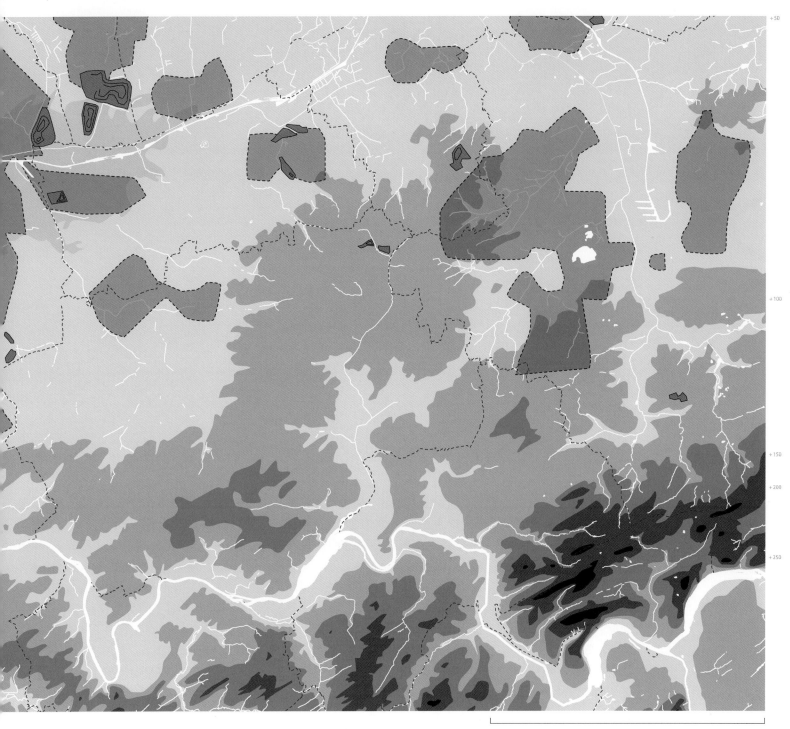

+100

+150

+200

+250

约10公里

而最高的矸石山则为Oberscholven，高达202米）。在埃姆舍地带的采矿行为除了致使产生这些"人工山"外，还推动形成了"新河谷"——过度的开采掏空了地下使得这一地区中很多地面都下陷了。人们做了一个假设，如果将鲁尔区的全部地域面积（4000多平方公里）全部用于煤矿开采，整个区域地面将平均下沉1-1.8米。在现实中鲁尔区内一些极度的地面沉降已经达到了24米，此外，在盖尔森基兴的整个城市地区中有130平方公里的地面都平均下沉了5米（Harnischmacher 2009：23）。

🏭 圩区

👢 选取的部分"人工山"

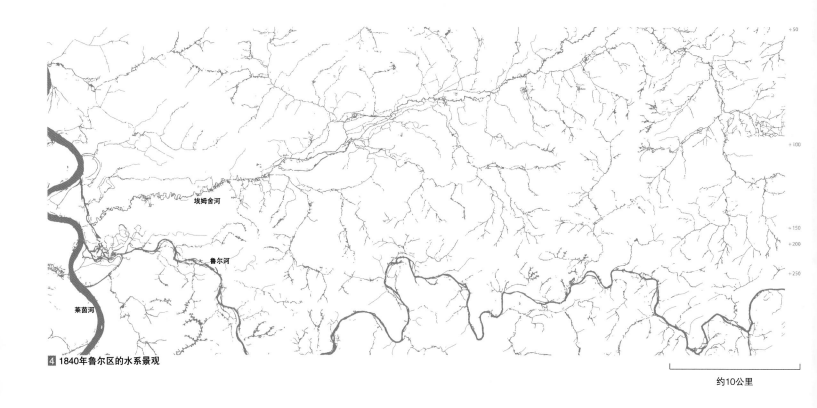

④ 1840年鲁尔区的水系景观

约10公里

鲁尔区的水系景观

鲁尔区的两条主要河道鲁尔河和埃姆舍河都是东西流向，穿越鲁尔区的核心地带并汇入西侧的莱茵河。

鲁尔河： 这条鲁尔区以之命名的河流坐落在鲁尔区的南部，深深下切进南部山脉的北侧（属于莱茵板岩山脉景观单元）。鲁尔河从源头到河口共有240公里长（Held/Schmitt 2002：38），其源头位于北威州东部的温特贝格镇（Winterberg），西部流入莱茵河的河口则在杜伊斯堡的Ruhrort片区。

埃姆舍河： 最早的埃姆舍河从源头到河口共有110公里长，经过流域整治后到了今天仍有80公里长（RVR 2005：10）。它源起于多特蒙德东部的霍尔茨维克德镇（Holzwickede），并在西部杜伊斯堡的Alsum片区处流入莱茵河。从埃姆舍河的源头到河口的流程高差达121米。由于坡度不够，埃姆舍河的河床没有深深下切进

场地中，此外还形成了一条主河道连带多条支流的水系格局。河水的低流速和高地下水位导致沿岸长期停滞性积水并沼泽化。有人说过埃姆舍河是一条不可预测的河流，因为它总是不断改变流线并经常引发洪水（Held / Schmitt 2002：38f.）。

在18世纪末期伴随着工业化的进程和采矿引起的地表沉降风险，埃姆舍河经历了第一个整治工程。1899年"埃姆舍合作社"（Emschergenossenschaft）成立了之后，关于整治埃姆舍河水系的技术发展取得了很大进步，例如河床被降低了3米以协调地面沉降、在新出现地面下陷后两次向下挪动河口以使得河水能流入莱茵河。另外，昔日的老埃姆舍河和小埃姆舍河作为河口支流而被保留了下来。

河流之间的工作分工

在工业化进程中鲁尔区的这些河流之间形成了不同的"工作分工"：

鲁尔河主要满足地区总体供水，埃姆

舍河主要解决排水，同时北部的利珀河则主要满足工业用水需求。

埃姆舍河位于鲁尔区中部的工业化核心区域。它曾经沦为地区的"排污通道"，尽管其水文和形态特性并不适合排水，但是在那个时期工业区越来越多，人口暴增，因此埃姆舍河必须用于排放工业废水和生活污水。

鲁尔河曾经是鲁尔区的饮用水水源。后来虽然建设了鲁尔河大坝，人们也还是认为即使在枯水期鲁尔河的水源也应该得到保障。为此，1899年成立了"鲁尔水坝联合会"（Ruhrtalsperrenverein）（Herget 2002：79）。其实鲁尔河的水体在工业化初期阶段污染很严重，但在那时鲁尔河还没有开始为区域供给饮用水，此后于1913年成立的"鲁尔河管理协会"（Ruhrverband）大力推进了大型污水处理厂的建设（Herget 2002：79）。

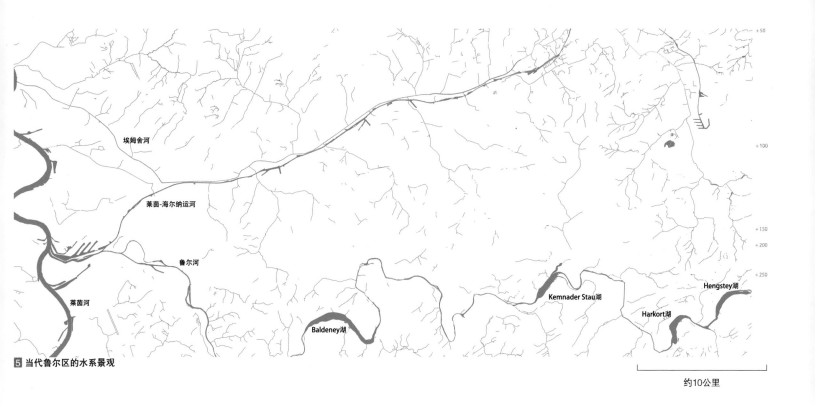

5 当代鲁尔区的水系景观

约10公里

人工水道：除了上述鲁尔河、埃姆舍河和利珀河水系外，鲁尔区中还分布有一些其他的人工运河河道。在工业化时期由于原材料和货流商品运输的需求迅猛增加，鲁尔区在数年间便相继开辟形成了一个人工运河网运输体系，包括1899年开辟的多特蒙德-埃姆斯运河（Dortmund-Ems-Kanal）、1914年开辟的达特恩-哈姆运河（Datteln-Hamm-Kanal），1914年的莱茵-海尔纳运河（Rhein-Herne-Kanal），还有1931年的韦瑟尔-达特恩运河（Wesel-Datteln-Kanal）等等。莱茵-海尔纳运河位于鲁尔区的中部核心地带，与埃姆舍河平行，即使在煤矿业衰落之后也仍然用于货物运输，是德国最繁忙的人工运河之一。在今天莱茵-海尔纳运河则主要用于游船休闲观光。

埃姆舍河，1840年

埃姆舍河和莱茵–海尔纳运河，2010年

鲁尔河，1840年

鲁尔河，2010年

6 埃姆舍河与鲁尔河的比较

» 鲁尔区的地形地势和其水系之间有着紧密的相互影响和作用。根据建成环境、地形地貌和水系的特征及其相互关系可以将鲁尔区的主要部分划分成三个特色景观地带：鲁尔河地带、赫尔维格地带和埃姆舍河地带。这三个景观分区分别处在不同高程的阶地：鲁尔河地带位于鲁尔区南侧莱茵板岩山脉的北部支脉；赫尔维格地带属于莱茵板岩山脉脚下的厚层黄土沉积区；埃姆舍河地带则位于宽阔的埃姆舍河谷低地。在鲁尔河地带主要流经鲁尔河水系，埃姆舍河地带则主要是埃姆舍河水系。赫尔维格地带有足够高的高程，并因此能够避免埃姆舍河频繁而无规律的洪水困扰。除了这些自然地形条件外，人类行为和经济活动同样影响并塑造了景观分区各自的特征。以下的分析图分别突出了每个景观分区的特征。自工业化开始以来，鲁尔区这个"景观机"的强大生产力从根本上改变了这些景观分区的形象，从1840年和现在的对比图中可以看出这些变化。

鲁尔河地带

采矿业的摇篮：鲁尔河地带被视为鲁尔区煤矿开采业的发源地。在该地区曾经分布有很多小型矿区，它们从山谷中将煤开采出来作为一种廉价的能源材料。工业化时期鲁尔区的煤炭被主要用于炼钢和钢铁深加工（RVR 2010 c）。除了产煤，鲁尔河地带还盛产木材应用于煤矿业，并为鲁尔区的居住人口提供生活供水（鲁尔

河）。

18世纪晚期鲁尔河上修建了16个水闸，由此使得鲁尔河可以通航，用船来运输工业原材料。鲁尔河的船运业极大地推动了尤其是维腾、哈廷根（Hattingen）和米尔海姆这几个城镇的发展（RVR 2010 c）。

鲁尔河地带的煤矿和钢铁业在1840年左右达到高峰，之后便发展缓慢。同时在这个时间点之后鲁尔区的采矿潮便开始向北迁移，如第2章所述，先是出现鲁尔河地带以北的赫尔维格地带，进而再向北推进到埃姆舍河地带。

鲁尔湖泊带：今天的鲁尔河地带主要承担服务鲁尔区南部的娱乐休闲和水资源供给职能。

在鲁尔河地带建有5个大型水库（Hengstey湖、Harkort湖、Kemnader湖、Baldeney湖和Kettwiger湖），它们由鲁尔河串联成一条"湖泊带"，塑造了这一地带的景观特色，也形成了地区重要的休闲度假空间载体。

当然，最初修建这些水库的目的是为了满足地区蓄水的需要，增加并调节鲁尔河中游和下游的低水位，以保障水资源供给。鲁尔河的水体通过取水栓和给水厂进行抽取和清洁，在达到饮用水标准后进行配送。

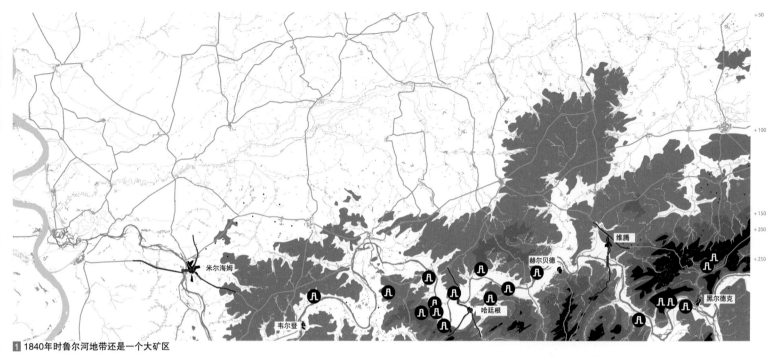

1　1840年时鲁尔河地带还是一个大矿区

■　鲁尔河上的桥梁
Ⓝ　采矿隧道

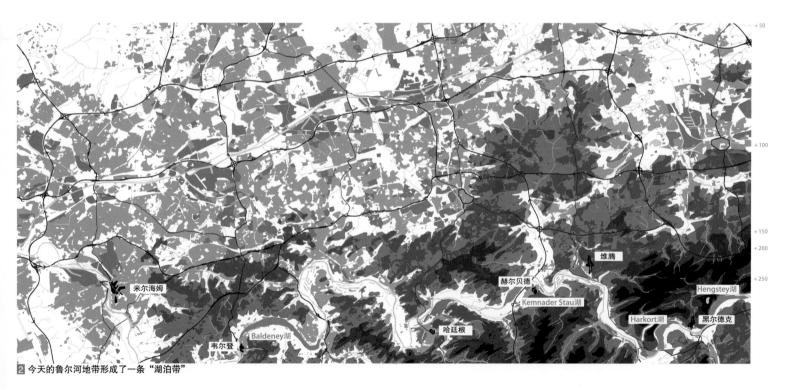

2　今天的鲁尔河地带形成了一条"湖泊带"

约10公里

赫尔维格地带

源自低原沃土区和中世纪的城镇带： 在大约2万年前的末次冰期高峰时代，在风力的作用下巨大的黄土层在莱茵板岩山脉脚下的赫尔维格地带沉积下来，厚度达到5米。这片肥沃的黄土区也被称为"沃土区"（Getreidebörde），它为农耕生产奠定了基础。19世纪早期这片低原沃土区发展成了以遍布的小村庄和一条自中世纪延续下来的城镇带（杜伊斯堡、米尔海姆、埃森、波鸿和多特蒙德）为特征的空间格局。在工业化以前，这些城镇的人口数量仅有4500-11000人不等（RVR 2010 d），它们沿着中世纪时著名的赫尔维格贸易线（从鲁尔河河口一直向东延伸到威悉河和易北河）分布。当时赫尔维格线主要承担着东西向的贸易运输（向西运输树脂金属，向东运输产自弗兰德斯地区的织物和莱茵河谷地区的酒）（RVR 2010 b）。这条历史性贸易线紧邻并平行于今天的鲁尔高速公路A40。

矿业和冶金产业： 1840年以后，采矿业开始从鲁尔区南部的鲁尔河地带向北迁移到赫尔维格地带。这里沿着城镇带地下埋藏着几百米深的瘦煤和肥煤（Liedtke 2002：17）。

采矿业的发展引导了鲁尔区居民点的分散发展格局。随着人口和产业区的增长，赫尔维格地带和埃姆舍河地带的居民点相互交织在了一起。结合矿区和工业区的发展需要，城市基础设施也得到了扩建。随后鲁尔区内沿着东西向交通干线的区位率先出现了工业发展导向下的经济和空间的迅猛增长（Wehling 2002：114）。由于南北向缺乏有力的交通路径来承载物流，非工业用途的建设行为则主要沿着南北向既有的、工业化以前的道路来展开。纵横方向不同的开发重点导致地区发展状况和发达程度出现了差异。南北向的很多空间用作了农业景观用途，到今天成为了鲁尔区七条南北区域绿道中的一部分。

再后来煤矿业的地位又下降到了钢铁冶金产业之下。冶金产业的发展对赫尔维格地带中的劳动力资源有着更大需求，由此进一步激发他们向城镇集聚（RVR 2010 d）。到今天赫尔维格地区已经成为一个密集的网络化城市地区，其中主要的城镇中心由鲁尔高速公路A40和多条区域城际轨道线所连接。

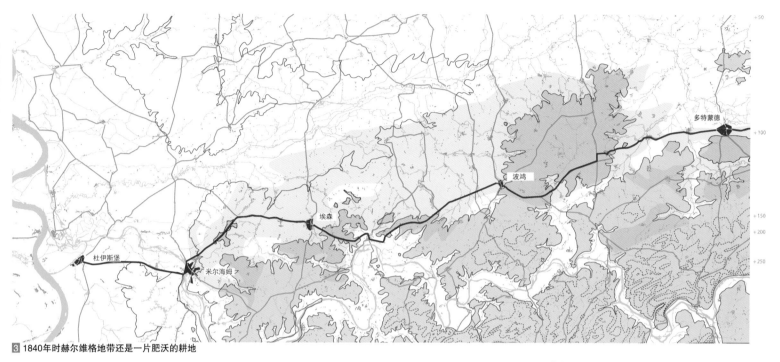

3　1840年时赫尔维格地带还是一片肥沃的耕地

　　黄土区
❶　赫尔维格地带中的城镇

4　今天的赫尔维格地带是一条城镇带

　　黄土区
　　农业生产区
❶　赫尔维格地带中的历史城镇中心
══　城际轨道走廊
══　赫尔维格地带中的历史性贸易路径
══　鲁尔高速公路A40

约10公里

埃姆舍河地带

沼泽林和野马: 埃姆舍河地带在19世纪还是一片人迹罕至的沼泽林地,几乎没有农业。在那个时候这条蜿蜒崎岖的低地河流及其支流会定期发生洪水,同时河道周边的地下水位也相当高。滨河植被主要有湿草地、林地、菖蒲、芦苇和柳树。

当时的人们主要在这片以沼泽林为主的森林牧场中从事养猪、养牛等畜牧业。直到19世纪中叶在埃姆舍河地带中还生活着野马,被人们成为"Emscher Dieckköppe"(RVR 2010 d)。

总的来说,工业化之前的埃姆舍河地带几乎没有成规模的居民点,仅仅在其南部分布有一些带教堂的村子(Wehling 2002:114)。

从19世纪中叶起埃姆舍河地带的大部分地区开始受到关注。那时面临的主要问题是其先天的水文地质条件总是引发洪水,且这个问题在19世纪中叶开始大规模采矿后变得更加严重,采矿引起的地面沉降和矿井水的流入增加了洪水频率。另外,工业化进程中人口的增加也带来了污水量的增加,它们都被排放进埃姆舍河及其支流里。每次泛洪时受到污染的水都会在居民点中蔓延,传播例如肺结核、痢疾等疾病。这些巨大的安全和卫生隐患促使1899年"埃姆舍合作社"的成立,由此加速了治理埃姆舍河水域的步伐。

圩区、人工山和人工湖: 煤矿开采使得埃姆舍河地带大面积地表沉降,直至今天这一地区仍有四分之一的面积是圩区,这意味着对那些沉降区必须持续不断地加泵抽水,以防止地下水外渗而将埃姆舍河地带淹没成一个巨大的"湖泊"。如今有些不再加泵的沉降区内已经注满了水,并变成了极有环境价值的群落生境。

此外,还有一种引人注目的景观场景则是很多采矿后留下的废弃土石被堆砌成一座座"人工山",耸立在平坦的埃姆舍平原之上。

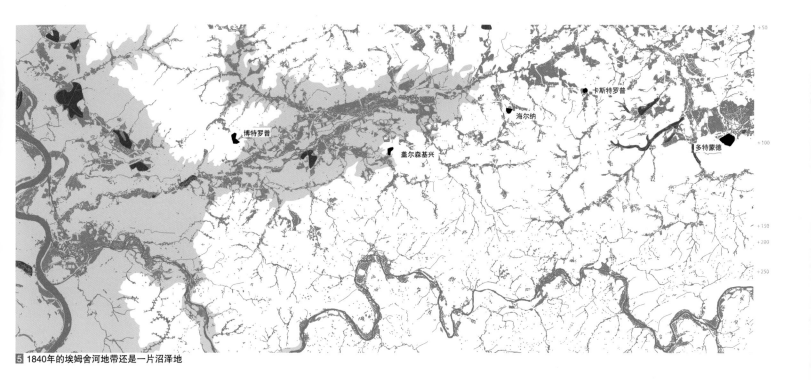

5 1840年的埃姆舍河地带还是一片沼泽地

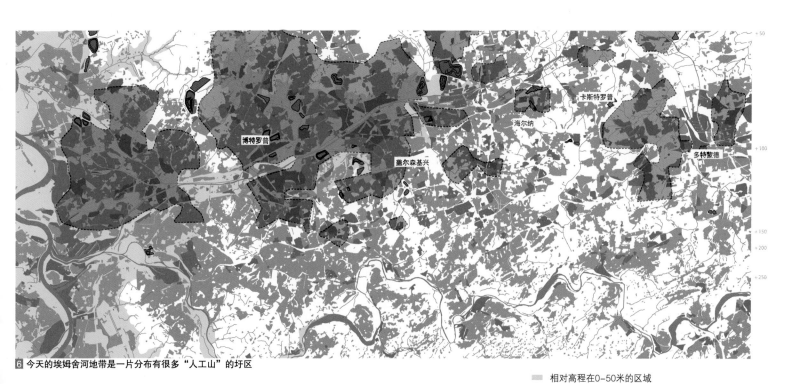

6 今天的埃姆舍河地带是一片分布有很多"人工山"的圩区

相对高程在0-50米的区域

圩区

选取的部分"人工山"

约10公里

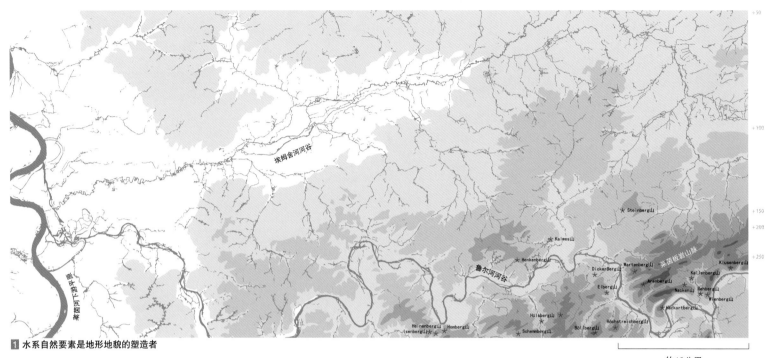

埃姆舍河河谷

莱茵河下游平原

鲁尔河河谷

莱茵板岩山脉

Steinberg山
Kalwes山
Henkenberg山   Dicker Berg山 Wartenberg山   Klusenberg山
Arenberg山   Kallenberg山
Elber山   Nacken山 Rehberg山
Wienberg山
Hülsberg山   Harkortberg山
Heinenberg山
(senberg山) Honberg山   Höchstreichberg山
Schemberg山   Böller Berg山

1 水系自然要素是地形地貌的塑造者

约10公里

» 鲁尔区又好比是一个"大地发动机"，凭借其高效的"生产力"要素——水系自然要素和采矿行为要素，"生产"出了独特的山体和河谷景观。

河流水系和冰川在数万年前就奠定了鲁尔区的地形地貌基础，后来工业化进程中采矿业的蓬勃使得鲁尔区的地形地貌再次发生了变化。随着挖矿行为不断向矿产埋深越来越深的地方推进，地表和岩层发生了大规模移动和变形，使鲁尔区出现了新的山体、河谷还有溶洞景观。

"大地发动机"中的水系自然要素

推动和下切：从地质学上看，河流水系和冰川在很长的时间跨度上是引导地形地貌形成的主要动力要素。

鲁尔区地形地貌的形成过程受到过斯堪的纳维亚冰盖（skandinavische Inlandeis），还有莱茵河、埃姆舍河以及鲁尔河水系的影响。河流和冰川（即"大地发动机"中的水系要素）对于塑造地形的作用力在于它们能推动岩层移动，以及河流本身发生的下向切割地形的自然现象。

鲁尔区西部的莱茵河下游平原主要是由大陆冰盖和莱茵河水系塑造而成。在中世纪时这一宽阔的河谷平原频繁地受到洪水冲积，以致莱茵河的河床不断变化。到了今天，莱茵河依靠堤坝加固形成了稳定的河床（Liedtke 2002：17）。

鲁尔区的南部是莱茵板岩山地，其中

北侧的鲁尔河水系已经深深下切。

莱茵板岩山地向北与明斯特（威斯特法伦）低地接壤，由此整个地形的高程开始向北缓慢下降，并愈发被黄土沉积层所覆盖。

再往北延伸则是埃姆舍河谷，其最宽处达10公里，主要由冰川融化的水嵌入泥灰岩而形成（Dettmar 1999：15）。

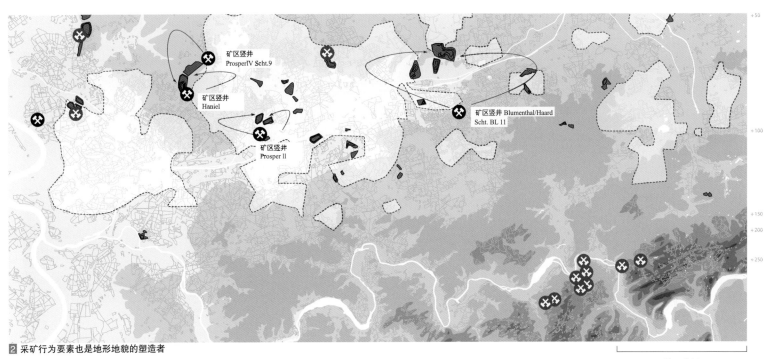

矿区竖井
ProsperIV Scht.9

矿区竖井
Haniel

矿区竖井
Prosper II

矿区竖井 Blumenthal/Haard
Scht. BL 11

2 采矿行为要素也是地形地貌的塑造者

约10公里

"大地发动机"中的采矿行为要素

挖掘与堆积：工业化的开始促进了鲁尔区地形地貌发生诸如堆积、迁移和沉降的重塑过程。这个"大地发动机"中的采矿行为要素推动区域内形成了很多新的地下溶洞、沉降区、盆地，还有人工山丘土坯等地质景观。

鲁尔区拥有约300平方公里的储煤区面积，是世界上最大的集中储煤区之一（Böhm 1999：30）。早期的煤矿开采主要是以小型的矿区来组织，通过在鲁尔河地带的山脉岩层中挖矿井和坑道来进行采掘。现在沿着鲁尔河谷还能发现这些矿坑的遗迹。随着采矿潮向北迁移以及机械化采掘技术的发展，采矿留下的围岩废石量也日益增加，到今天已达到50%。也就是说，废石堆砌形成的矿山的数量几乎等于煤炭的数量。这些尾矿的一部分可埋在地下，但更多的部分不得不堆积在地表上（Duckwitz 2002a：137）。还有一点，鲁尔区的地貌特点是越往北部地质沉积层越厚（煤矿埋深越深），因此在开采过程中也产生了越来越多的废石堆砌（Duckwitz 2002b：121）。

在平坦的埃姆舍河地带，这些因采矿而堆砌形成的"新"人工矸石山陵尤其引人注目，其中最高的已经超过了100米。采矿行为已经"吃掉了"鲁尔区大量的地下土层，并又"生产"出了很多巨大的地下洞穴和耸立在平地上的山体。埃姆舍河地带的很多地方都遭受到采矿行为破坏并因此出现了地面沉降和塌陷。

采矿竖井（仍在使用中）
采矿竖井（已停止使用，选取的一部分）
地面塌陷区
选取的部分"人工山"

3 鲁尔区新的地面沉降

约10公里

鲁尔区的新型河谷景观

"大地发动机"中的采矿行为给埃姆舍河地带的地形地貌带来的后果是出现了众多的"人工山"和地下中空洞穴，以及大片的地表沉降和凹槽。

煤矿开采引发的地面塌陷进而使得埃姆舍河地带中有四分之一的地区形成了低洼的圩区，在其中必须持续不断地加泵抽取地下水以保持干燥。如果停止抽水，短短数十年后这些地区就会被渗出的地下水淹没形成一个约300平方公里的巨大湖泊（Dettmar 1999：25）。

在更为严重的极端情况下，埃姆舍河地带地表的河流及支流都会无一例外地下陷25米（Emschergenossenschaft 2008：6）。现在杜伊斯堡北部的一些地区就已经比150年前下沉了20多米。埃姆舍河地带的地面一直到煤矿采掘结束后15年才停止沉降（Dettmar 1999：26）。

一些地区的地表由于常年抽取地下水已经变形，并形成了地陷湖，例如多特蒙德西部的Hallerey湖就是一个由于地面下沉而形成的面积达50公顷的大型地陷湖。鲁尔区很多这样的"人工地陷湖"在今天都成为了极具生态意义的宝贵生境资源，它们就像自然保护区一样而得到了保护。

圩区

地陷湖

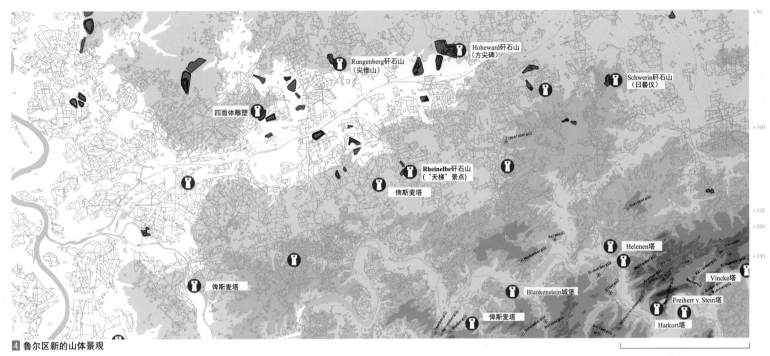

4 鲁尔区新的山体景观

约10公里

鲁尔区新的山体景观

自从工业化以来，在鲁尔区"大地发动机"中采矿行为的推动下"生长"出了约400座新的人工矸石山体和丘陵。

当然，在工业化过程中这些山体的形态也一直在变化。1960年代第一代煤矿矸石山被堆积成尖锥状，由于山体坡度过于陡峭而很难生长植被，因此被称作"黑山"。从1967年以后的第二代矸石山就被堆积成了梯田状，山体上能够繁衍植被。1980年代以后的第三代矸石山则被设计处理成了所谓的鲁尔区"景观标志"（Duckwitz 2002a：136）。它们中的大部分已经成为向公众开放的观光游憩场所。在平坦的埃姆舍河地带中这些人工造就的"景观标志"尤其突出，从其山顶上可以眺望整个鲁尔区。

如此一来，鲁尔区中除了那些老的历史性景观场所和地标（如"俾斯麦塔"）以外，新的眺望鲁尔区景观风貌的观景制高点也就形成了。其中的一些人工矸石山上还加入了艺术和创意性标志设计，例如埃森的Schurenbach山上由里查德·塞拉（Richard Serra）设计的"钢坯雕塑"（Bramme）、博特罗普的 Beckstraße山上由沃夫刚·克里斯特（Wolfgang Christ）设计的"四面体雕塑"（Tetraeder）以及Haniel山上由阿格斯汀（Agustin Ibarrola）设计的"图腾雕塑"（Totems），等等。

🛗 观景眺望塔/景观地标
★ 制高点
🪑 选取的部分"人工山"

5.4 水利机

» 鲁尔区还好比是一个"水利机"，通过泵站、排水系统、主流、支流和水坝等"部件"维持了鲁尔河和埃姆舍河的正常功能运转。

鲁尔区的工业化过程引发了水系的变化。一方面，采矿行为在影响地形地貌的同时也影响了水系；另一方面由于水系受到影响又不得不采取更多的人工补救行动，例如制定各种水资源保护和基础设施改造措施来治理水系。

另外，鲁尔区的工业发展要求还改变了河流水系的功能特性，使得河流水系的用途实现了专业化的分工，包括饮用水、工业用水和排污水。

当然，这个"水利机"中的动力要素（如上文提及的泵站等）也推动造就了独特的鲁尔水系景观。水系在这个区域奔流、转向，在需要的地方被一次次加泵、抽水并回送。最终结果是形成了一个只能通过改良基础设施建设和付出巨大工程代价才能驾驭的复杂水系统。

在后面的章节中还会继续阐释这个复杂"水利机"中的关键"零部件"。

埃姆舍河"水利机"

收集和排放污水：在鲁尔区工业化过程中埃姆舍河主要被用于污水排放。它的流域面积几乎覆盖了整个鲁尔区中部的工业化核心地带。当时采矿导致的地面沉降使得埃姆舍河地带很难铺设地下排水系统，因为地下管道难以承受塌陷带来的压力。由此一来，埃姆舍河就一度彻底沦为了一条开放式排污渠。

采矿产生的矿井水、工业污水和生活污水都被合流式排放进埃姆舍河中，因此它很快就变成了一条臭烘烘的地上污水沟，镶嵌在河床和两侧陡峭的谷坡中。另外，埃姆舍河还被篱笆围了起来，以防止人们在沿岸发生意外。

过去几十年以来整个埃姆舍河地带只有一个污水处理站。大批污水几乎都是完全没有经过处理就排进了埃姆舍河，直到1976年才在埃姆舍河的河口处修建了第一座生物净化站进行污水处理（Dettmar 1999：18f; Peters 1999）。

目前"埃姆舍合作社"操作着四个大型的以现代生物技术为主的污水处理站（分别位于老埃姆舍河出口、干流出口、博特罗普和多特蒙德的Deusen片区）来净化流域范围内的生活和工业污水。

埃姆舍河未来的发展愿景被称为"蓝色的埃姆舍"：下一阶段将继续对埃姆舍河这条原排污渠进行生态改造，实现雨污分流，使河流及其支流完全恢复生态。这就需要平行于埃姆舍河铺设高效运转的地下排水管。目前地下排水系统的局部区段已经修建完成，其他区段仍在建设中。

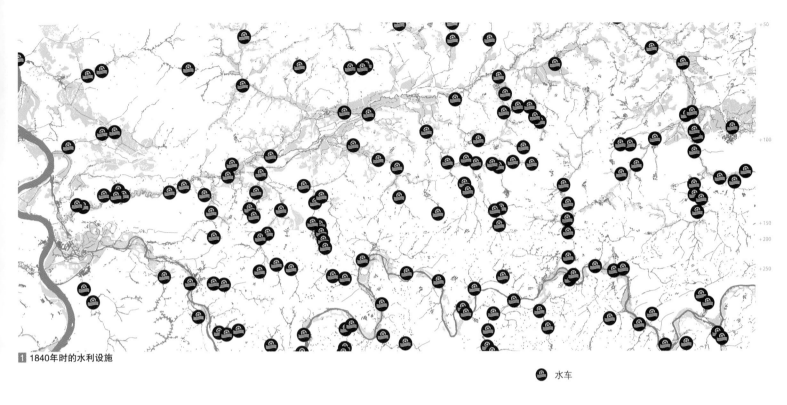

1 1840年时的水利设施

● 水车

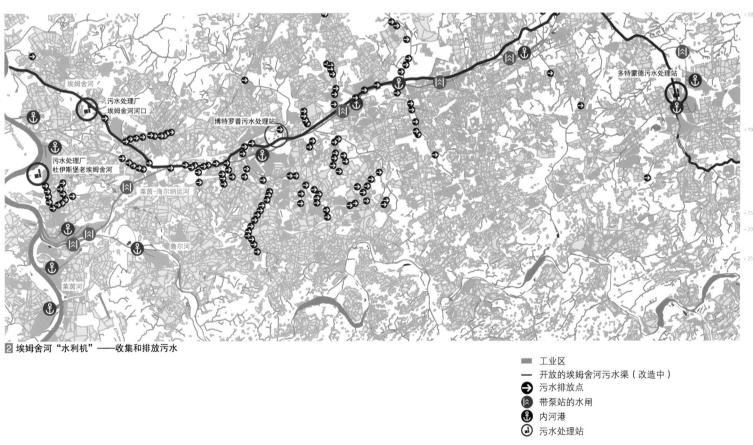

2 埃姆舍河"水利机"——收集和排放污水

■ 工业区
— 开放的埃姆舍河污水渠（改造中）
● 污水排放点
● 带泵站的水闸
● 内河港
● 污水处理站

约10公里

③ 埃姆舍河"水利机"——加泵与滞留

加泵与滞留——圩区景观: 鲁尔区的圩区同时也是人口稠密区。一个由泵和堤坝等元素组成的复杂水利系统一直在持续不断地运转以控制地下水位,维持地区不被地下水淹没。由于以前采矿的影响,埃姆舍河地带水系的河床已有部分下沉,也就是说河流不能再在以前自然的阶梯上流动了。因此,埃姆舍河必须变为一个经人工调控的水系统。一些没有塌陷的地区的支流河床也必须要被人工降低,使得水系能够流动,甚至有些塌陷严重的地方还要进行人工加泵使水系逆流才能让水流流向出水口。另外,在上述这些情况下,越来越低的滨河沿岸也不得不依赖修筑人工堤岸来防洪。埃姆舍河的河口本身还曾两次被人为挪动来避免地面塌陷的影响并确保水流能够流入莱茵河。在埃姆舍流域地区总计共有一百多个泵站不间断地从塌陷区向外抽水。除了修建的泵站外,整个流域地区在技术层面的防洪体系还包括沿埃姆舍河及其支流修建的总计129公里长的

约10公里

防洪堤，堤岸外侧用于储存和减缓水流的滞洪盆地以及收集雨水和减少地表径流的雨水收集池等等（Emschergenossenschaft 2009：87）。

　　总的来说，埃姆舍河地带的排水系统改造及其河流水质恢复的案例提供了一个将区域污水处理、防洪、开放空间与景观结合在一起设计的新机遇。水域以外、堤防以内的土地可作为额外的蓄滞洪区加以利用，还有滞洪盆地本身也可以作为设计要素而融入并带动地方城市的建设发展，例如多特蒙德的凤凰湖。

圩区
蓄滞洪区（百年一遇洪水标准）
决堤时可能形成的蓄滞洪区
堤坝
泵站
滞洪盆地
雨水收集池

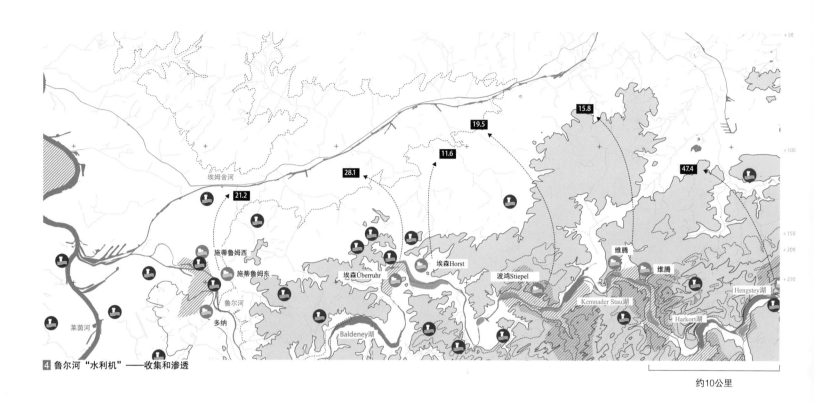

4 鲁尔河"水利机"——收集和渗透

约10公里

饮用水水源保护区
水处理设施
2002年向埃姆舍河地带的饮用水输出（数字单位为百万立方米）
水塔
给水厂

鲁尔河"水利机"

收集和渗透——饮用水的获取：工业化时代鲁尔区几条河流水系的功能分工促进了作为区域饮用水水源的鲁尔河的发展。当时鲁尔河谷地带的地下水储量并不能很快地得到补给来支撑日益膨胀的大都市区，但它又必须提供水源。另外，早期鲁尔河的水体质量也一度非常差。在此背景下，1913年"鲁尔河管理协会"成立并主导兴建了污水处理厂，鲁尔河的水质才得以好转（Herget 2002：78）。

百年以来"鲁尔河管理协会"一直负责鲁尔河谷的中游和下游抽水作为饮用水水源，那里的自然地质条件比较适合水源抽取。一层4-14米厚的砾石和沙层形成地下含水层，处于页岩和砂石层的覆盖之下，上方还有一层1米厚的黏土层形成保护层使其免受污染。饮用水水源便从这个地下含水层中抽取，其中一部分是

储备的地下水，一部分是鲁尔河渗透的水（Herget 2002：78f.）。

在整个鲁尔河流域运转着一个由14个蓄水坝组成的水利系统来满足下游河段在枯水期的水源供应。从这些水坝并不能直接提取饮用水水源，提取的水会送至鲁尔河中游和下游的给水厂进行处理。此外，与河流平行布置的取水栓从河岸提取经河水渗透补给的地下水。总的来说，沿着鲁尔河的中游和下游共有27个给水厂在运转来支撑鲁尔区500万居民的饮用水。同时，从这里提取的部分饮用水也被输送到埃姆舍河地带（Harnischmacher 2009：19f.）。

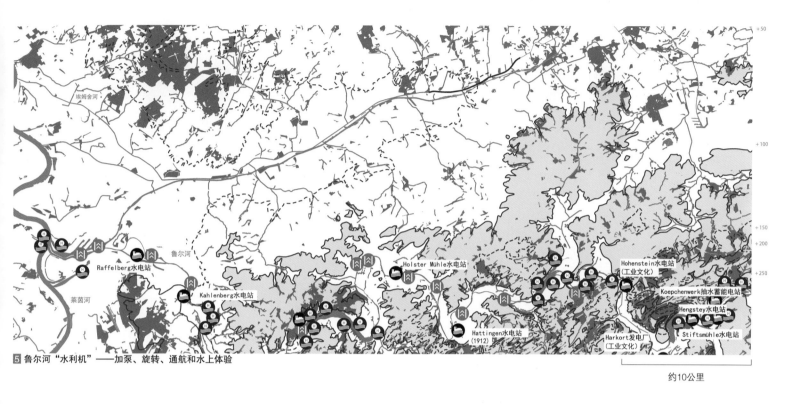

⑤ 鲁尔河"水利机"——加泵、旋转、通航和水上体验

约10公里

■ 森林

🔼 带泵站的水闸

🔽 水电站

⊙ 游船码头

加泵与旋转——水能利用：在鲁尔河谷中排布着一系列的水塔和水力发电站，其中一个很重要的设施是位于哈根Hengstey水库旁的Koepchenwerk抽水蓄能电站。它建于1927—1930年，是世界上第一个抽水蓄能电站。该电站大多是在夜间用电需求低的时段运行，其将Hengstey湖中的水用泵抽到相对高差超过165米的水库里，并在白天用电需求高时通过涡轮发动机叶片的旋转来产生电力。1989年老设备停用后，一套新的设备系统继续以同样的原理运转发电。

在水利设施中，调节水位的水闸往往和水力发电站捆绑在一起（例如Hengstey湖和Harkort湖上的水闸）。水利涡轮发电机需要依靠水位落差而使水流冲击叶片才能发电。类似的设施也同样分布在鲁尔河支流河口及其水闸附近，例如正在运转中的鲁尔河左支流Volme河口处的水电站（Duckwitz 2002c：126f.）。

通航和水上体验：鲁尔区承载水路通航功能的鼎盛期是在1780—1890年之间。19世纪中叶时，鲁尔河曾经是德国最为忙碌的河流水道之一。由于水闸的修建鲁尔河变得适宜通航。但后来在迅猛发展的铁路业冲击下鲁尔河的船运逐步失去了竞争优势。1860年用鲁尔河来船运煤炭的量高达87.6万吨，而到了1899年则仅剩3100吨（Duckwitz / Herbold 2002：112f.）。

在采矿业风潮向北迁移和"湖泊带"（见5.2）形成以后，鲁尔河地带就逐渐变成了一个滨水娱乐休闲区，其中水上客运游览和水上运动扮演了主要角色。

从莱茵河河口算起，目前鲁尔河的上游段仍有42公里可以通航，这是鲁尔区唯一一条还有船运业务的河段。目前共有六家不同的企业经营着鲁尔河的船运客运业务，同时，在几个水库湖泊中还运营着划船、帆船和皮划艇等诸多水上活动项目。

1 三个"鲁尔景观王国":圩区之国、赫尔维格之国和山区之国

鲁尔景观王国

鲁尔区这台"景观机"在自然进程和人类行为活动的共同作用下塑造了特有的区域景观。鲁尔区作为"水利机"和"大地发动机"的景观生产力效果同样在三个空间特征各有千秋的"鲁尔景观王国"中得以完美体现。每一个"鲁尔景观王国"

都贯穿有特别而连续的"景观线",它们对于营造一个富有吸引力和丰富多样的鲁尔景观风貌来说是有巨大潜力的特色要素。

圩区之国

由人类采矿引起的大面积地面沉降使得鲁尔区北部平坦的埃姆舍河地带成为了

"圩区之国",其必须通过复杂的水系治理来进行管制。在"圩区之国"中,埃姆舍河和与之平行的莱茵-海尔纳运河形成了"景观线",它们中间夹着狭长的"埃姆舍岛"(Emscher-Insel)。随着埃姆舍河水系整治工程的进展,这里已经形成了一个基于水域特征的区域开放空间带。

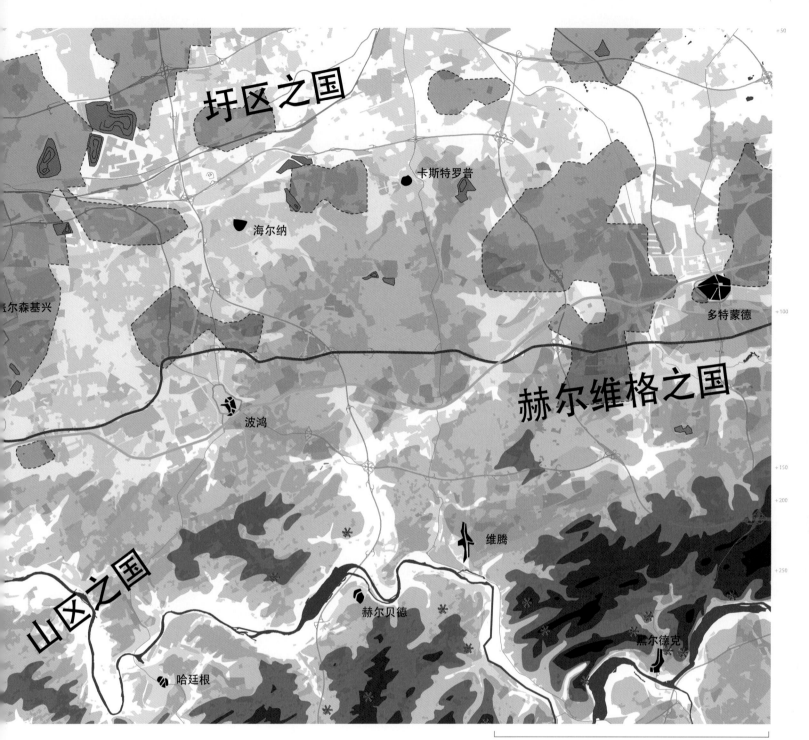

圩区之国

卡斯特罗普

海尔纳

盖尔森基兴

多特蒙德

赫尔维格之国

波鸿

山区之国

维腾

赫尔贝德

黑尔德克

哈廷根

约10公里

赫尔维格之国

在鲁尔区中部是"赫尔维格之国"，其沿线分布着鲁尔区主要城镇，包括杜伊斯堡、米尔海姆、埃森、波鸿和多特蒙德的核心区。这些城镇生长在莱茵板岩山脉脚下的肥厚沃土区上，沿着中世纪的赫尔维格贸易线发展壮大。"赫尔维格之国"中的"景观线"则是鲁尔高速公路A40和从杜伊斯堡到多特蒙德的铁路线。两者都可谓是鲁尔区的"城市指示器"。铁路线连接着主要城镇的中心，高速公路A40线则是鲁尔区的主交通动脉，是区域识别性的代表。

山区之国

鲁尔区的南部则是"山区之国"，属于莱茵板岩山脉以北的部分，在此鲁尔河蜿蜒流淌并深深下切进鲁尔河谷。此处的"景观线"是一条"湖泊项链"，其中五大水库湖泊像珍珠一样由鲁尔河所串联，镶嵌在绿树成荫的鲁尔河谷中。

第6章

结构转型的试验场
"老"工业基地和新的区域竞争力

卢德纳·巴斯顿（Ludger Basten），亚瑟民·乌克图（Yasemin Utku）

鲁尔区的区域环境和其采矿业历史紧密相关。自从20世纪50年代煤矿和钢铁冶金业开始衰退以来，鲁尔区就被人们当做成一个结构性变革的试验场。从出于政治考虑的现代化更新计划下的基础设施改造到提升新的区域竞争力的举措，鲁尔区变革的领域越来越丰富。这点也可以通过全新形成的、具有差异化的空间肌理反映出来：开敞的旷野、居民点簇群还有发展带清晰地展现出不同的地区发展密度、重点和产业分工。可以这样说，鲁尔区的区域竞争力就在于立足自身的，并为其他地方树立了样板的结构转型之路。

» 鲁尔区是一个大工业基地。这句看似正常的开场白却值得重新审视。

"区域"、"地区"还有"基地"这些概念其实本身并不存在，它们不属于自然界中地理意义上的概念。另外，它们也不能通过客观的科学方法来发掘、清楚区分和明确界定。换句话说，对它们的认识取决于主观的人，基于两方面的途径。一方面是环境改变人，即对所处环境进行利用、改变、为了提升其价值的人们把自己置身在了一个变化的物质空间环境中。比如在鲁尔区，人们配置了工业厂房、铁路、房屋、广场公园还有墓地等设施，能从中看到相似的城市规划和城市建设的结构和逻辑（还有房屋建造类型，见第2章），所以人们对鲁尔区的感知是——这一个统一的整体区域。另一方面是人改变环境，即人们也受主观意识的支配来憧憬、营建自己心中的区域。鲁尔区也正是这样一种在人们脑中不断变化的理念和愿景下塑造出来的区域。例如其他人对鲁尔区的描述、媒体对鲁尔区的报道，还有很多其他的认知来源（例如本书对鲁尔区的阐释）等等，这些所有外界因素都潜移默化地影响并"塑造"了鲁尔区。

"鲁尔区"的概念在历史上和在人们心中的印象始终难以脱离"大工业基地"的烙印。在这个今天被人们称作"鲁尔区"的地方，早期时就是一个工业化发达的地区，无论是在物质空间上还是人们脑海里并没有形成所谓"鲁尔区"的概念。当然，那时的人们对这一地区也有着诸如煤矿、城镇和行政边界（见第7章）等意识，但没有形成一个基于经济、社会和空间结构意义上的整体空间认识。这也就是后来"鲁尔区"概念形成的动因和该术语所代表的意义。"鲁尔区"是一个在1830年形成雏形、由采矿业带动的经济增长所引领的空间载体。由此，鲁尔河以北的居民点、那些工业化之前形成的城镇和村庄的建设发展开始遵循工业经济的要求和客观规律。此后鲁尔区便形成了一种特殊的经济结构，它愈发受到几个经过垂直整合、政治力量强势的利益集团的主导和支配。鲁尔区人口的迅速膨胀源于采矿业带来的就业机会增加，还有其社会人文结构、社会文化环境，甚至连政治文化和政治体系的形成也都曾经在很大程度上受到一度强盛的采矿业的影响。

尽管鲁尔区在其发展历史上的第一个百年中已经经历了很多结构性变化，尽管中间也遭受过历史性"断层"（战争、经济大萧条、纳粹时代）的影响，采矿业的"霸主"地位还是持续到了1950年代。鲁尔区在经济发展、城市建设领域以及人们心目中作为大工业地带的形象认知也一直没有削减。然而，1950年代末出现的煤炭危机使鲁尔区呈现出衰退迹象。谁能想得到，这个曾经长久不衰的工业强体变得如此脆弱。随后，鲁尔区便以稳步前进的步伐开启了一个历经广泛而深刻结构性变迁的新时代。

本章的主题——鲁尔区的结构转型——经历了漫长而复杂的过程。简单来说是因为以前采矿业的影响及其带来的工业地带烙印太深了。也许这不足为奇，很多人一开始是对鲁尔区的变革实践有所抗拒的，对其实施更显得犹豫。另外，在今天看来当初很多变革措施的推进也很分散、不协调。人们其实一直在积极探索结构转型的方案，付诸缓慢而艰难的各种尝试，试图找到一种合适的路径来促进一个新区域的诞生——其中采矿业的痕迹只是昨日留下的历史文化遗产，而不再是现在以及未来的产业和空间结构的主宰因素。

从此，鲁尔区不再是一个"大工业基地"。当然，人们也可以问——今天依然存在那些历史工业烙印的鲁尔区是否仍然是一个工业地带？在区域中的大部分已经不再工业化后，人们面临着一方面要探索新事物、一方面又并不确定如何去处理那些遗留的"旧"的东西的双重境地。这就需要继续秉承已经积累起来的结构转型经验：坚守一场持续发展的变革，包括对新的区域结构、思维方式和新竞争力的探求，以及对在可预见的未来区域人口有所改变但不再增长的一种新发展模式的摸索。

1 变化中的就业结构

1950年代时第二产业在整个鲁尔区的就业结构中占据统领地位。此后，几乎在鲁尔区所有的城市和县都同时出现了"去工业化"和"三产化"态势。

第三产业
第二产业
第一产业

1933　1952　2007　产业领域

» 结构转型的本质是在一定经济绩效的范畴内（区域或国家的）对经济产业结构的不同比重关系的调整。对此方面本书在以下借鉴了法国经济学家让·富拉斯蒂耶（Jean Fourastié）的关于第一、第二和第三产业的从业比例分析，以简单阐释最基本的经济变革理论：

鲁尔区在1933年（也就是大约从工业化开始到发展了100年之后）已经完全是一个由第二产业主导的区域——这不仅反映在二产所创造的经济产值上，同样反映在就业比重上。在接下来的20年鲁尔区第二产业带来的从业优势也几乎没有改变。直到1952年，鲁尔区第三产业的就业情况还是几乎没有变化，且此时第二产业的"霸主"地位又进一步得到增强，这似乎就是结构转型的前兆迹象。果然，从1952年以后情况发生了显著变化——在之后的50年鲁尔区经历了强劲的"三产化"。到

了2007年，几乎在鲁尔区所有的城市和县中第三产业已经成为新的从业"霸主"。

严格来说，在审视以上阐释的产业相对分析时不应忽略以下三个方面。第一是"去工业化"的影响。上述这些相对的产业比例关系变化并没有涉及绝对的就业岗位的数字变化。实际上在一定产业结构中某一个产业领域的从业比例上升势必会伴随着另外两个领域中就业岗位的流失。换言之，鲁尔区在1952年以后的结构转型在一定程度上实则反映的是"去工业化"过程中带来的第二产业高失业率的结果。第二是"三产化"的同时出现。"去工业化"过程中煤炭和钢铁业中流失的就业岗位并不能通过再建立新的二产就业机会来进行一对一弥补，而需要通过三产的发展创造机会来有效补偿。第三是企业结构的差异带来的统计差异。在鲁尔区的二产中很多从事非体力劳动的工作被划分出去或者外

包给独立公司运作，对于这部分工作的统计通常没有算作第二产业，而是纳入了第三产业。

因此，应该注意到这些结构转型因素（去工业化、三产化和企业结构的差异）在1950年代早期时还不是十分明显。所以说这个十年才应该是鲁尔区结束工业经济、思考新出现的变化和政治经济新方向以及探索新的区域竞争力的起点。

1 1950年代末的工业用地

鲁尔区作为一个大工业基地的空间发展轨迹一直持续到1950
年代。从19世纪到20世纪前半叶，工业用地几乎主宰了鲁尔
区的一切，它们之间的交通联系主要依赖铁路网以及次一级
的水路船运。

▓ 工业用地
▓ 水域
— 铁路线

》上图中展现了1950年代末鲁尔区内的工业性质的用地状况（包括煤矿点），可以看出它们明显遵循着以工业经济为导向的空间发展逻辑。大大小小的工业用地广泛分布，整个区域几乎只有尺度很小的少部分空间没有用于工业用途。

鲁尔区在工业化之前形成的几个狭小而有限的城镇内城是工业化和城镇化开始的起点。首先是工业化，进而是工业化集聚壮大所带动的城镇发展，这一演变轨迹在埃姆舍河地带尤其清晰。在工业化时代，鲁尔区土地利用的基本逻辑是优先选择最佳的煤矿业矿区区位并满足其发展要

求。因此，凡是在取得开采权的矿区基本都产出了"地上煤炭"。换句话说，哪里有最好的煤矿区位条件，哪里就发展工业，再配以良好的交通条件。鲁尔区的交通体系也为此经历了改造，并在1846年以后主要以发展铁路线的方式来支撑工业上的联系。而近百年之后，人们选择的主要交通运输方式仍然是铁路和部分的水运。可以说没有铁路线连接的工业区在鲁尔区极其罕见。在那时，城市住宅、公共设施和开放空间用地的发展是次要的，它们必须首先让位于工业用地。一方面，很多矿业公司往往选择紧邻其工厂和矿区的区位

来开发属于它们自己的私有用地，且并不会考虑整体城市的发展需求；另一方面，由于这些经济强势的矿业公司垄断了土地市场，城市的发展需求只能退而求其次地在矿业公司挑选剩下的土地中得到满足。尤其是那些在工业化之前还没有形成集中城镇居民点的地方，上述的工业开发模式所形成的"断点"系统（见第2章）对后来这些地方的居民点发展造成割裂。

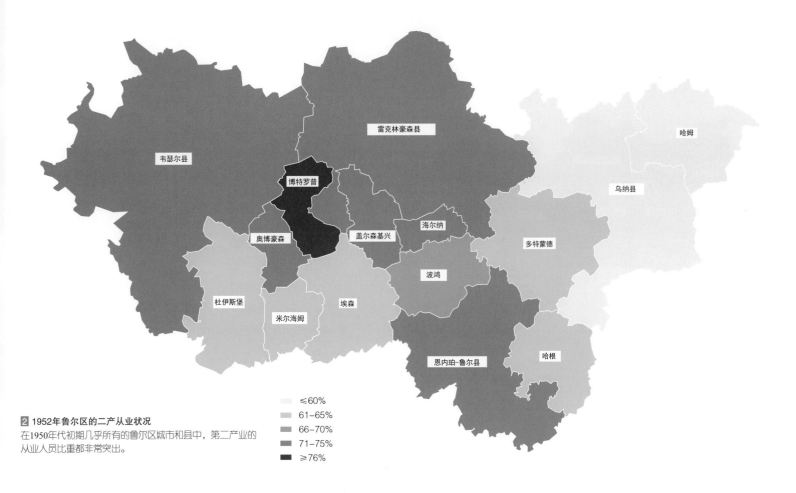

2 1952年鲁尔区的二产从业状况
在1950年代初期几乎所有的鲁尔区城市和县中，第二产业的从业人员比重都非常突出。

图例：
≤60%
61—65%
66—70%
71—75%
≥76%

地图标注：
雷克林豪森县
哈姆
韦瑟尔县
博特罗普
乌纳县
奥博豪森
盖尔森基兴
海尔纳
多特蒙德
杜伊斯堡
埃森
波鸿
米尔海姆
恩内珀-鲁尔县
哈根

» 工业（特别是采矿业）对用地开发的主导权和第二产业在劳动力就业市场上的统领地位相互之间找到了共鸣。如前文所述，1950年代以前鲁尔区绝大部分的劳动力在从事第二产业。这点在1952年的埃姆舍河地带的城镇市县中最为明显（由于采矿业逐渐北移，埃姆舍河地带的工业化要晚于其南部的赫尔维格地带）。同样的情况还出现在鲁尔区南部的早期工业化城镇中，例如恩内珀塔尔（Ennepetal）和维腾（它们隶属于今天的恩内珀-鲁尔县，Ennepe-Ruhr-Kreis）。相对而言，赫尔维格地带中的鲁尔区主要城镇由于工业化以前的基础还有历史上的重要经济地位则拥有更高的三产比重和更低的二产比重。即便如此，在1952年赫尔维格地带中的二产从业人员整体比重还是超过了60%，其中在波鸿和瓦滕沙伊德（Wattenscheid，1974年后并入波鸿）甚至超过了70%。只有在哈姆和施韦尔特（Schwerte，后并入今天的乌纳县，Unna）的二产从业人员比重低于60%，但也在50%以上。

1 1952年鲁尔区煤矿业的从业状况（相对比例）

2 2009年鲁尔区煤矿业的从业状况（相对比例）

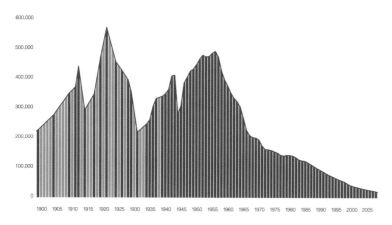

3 鲁尔区煤矿业的从业形势变化（绝对数量）

4 1952年鲁尔区钢铁冶金业的从业状况（相对比例）

5 2009年鲁尔区钢铁冶金业的从业状况（相对比例）

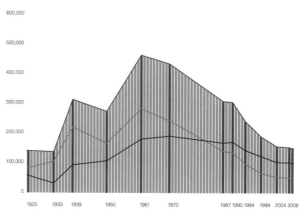

6 鲁尔区钢铁冶金业的从业形势变化（绝对数量）

7 1952年鲁尔区服务业的从业状况（相对比例）

8 2007年鲁尔区服务业的从业状况（相对比例）

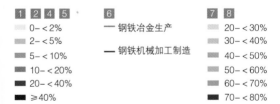

采矿业的发展

从行业特定的视角来看，鲁尔区在1952年以后的五六十年中从事煤矿开采和钢铁冶金产业的从业人员数量（绝对和相对数量）迅猛下降。

经历了一段强劲增长的采矿业从业状况从1950年代以后开始直线下滑。从整个区域劳动力资源的就业分布状况中仍然可以看出采矿业的北移轨迹，到今天唯独在鲁尔区北部的博特罗普还有百分之十几的劳动力资源在从事采矿业（主要是普罗斯帕—哈尼尔煤矿集团Prosper-Haniel和普罗斯帕焦化厂Kokerei Prosper）。

鲁尔区在采矿业衰减之后又出现了钢铁冶金行业的下滑，同时还呈现由传统的冶金生产向加工制造业转型的态势。到今天只有杜伊斯堡还保留着钢铁生产基地，也同样还有百分之十几的从业人员比重。

服务业的发展

按照相对论的观点来看，煤矿开采和冶金行业从业比重的减少自然会衬托出服务业从业比重的上升。仅在1952年，赫尔维格地带中的城镇（除了波鸿）例如哈姆和施韦尔特的三产化率就超过了30%，到了今天这些城镇已经几乎完全是以服务业为主了。当前在鲁尔区只有恩内珀-鲁尔县从事服务业的就业人员比重低于60%，但实际上保守测算也有56%。

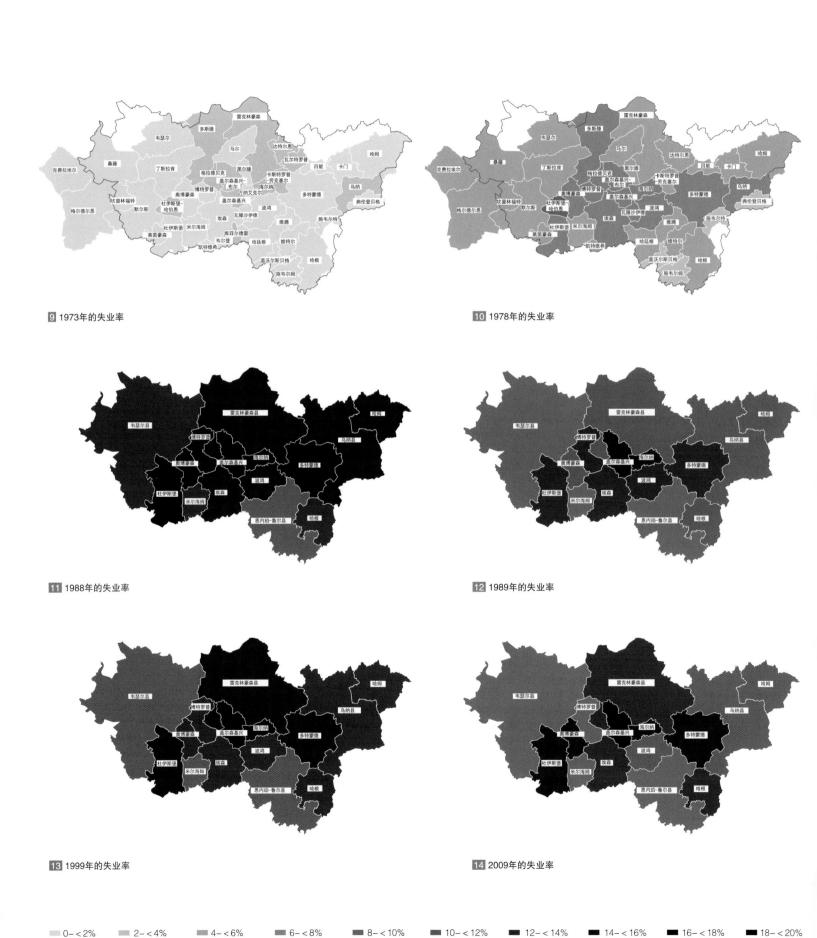

9 1973年的失业率

10 1978年的失业率

11 1988年的失业率

12 1989年的失业率

13 1999年的失业率

14 2009年的失业率

0- <2%　　2- <4%　　4- <6%　　6- <8%　　8- <10%　　10- <12%　　12- <14%　　14- <16%　　16- <18%　　18- <20%

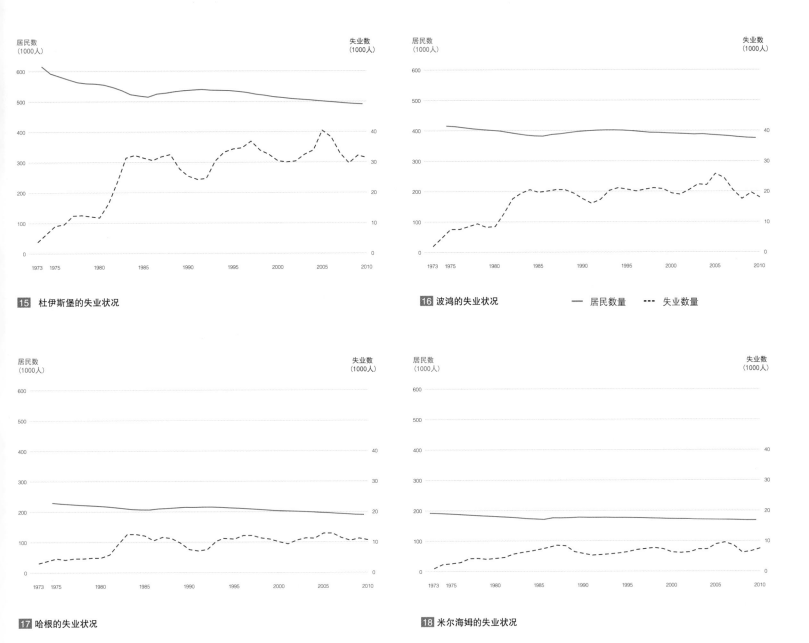

15 杜伊斯堡的失业状况

16 波鸿的失业状况　　　—— 居民数量　···· 失业数量

17 哈根的失业状况

18 米尔海姆的失业状况

失业

值得注意的是，前文阐述的服务业的从业比重增加其实纯粹是在二产从业比重下滑衬托之下的一种相对的效果。实际上鲁尔区在二产衰退过程中流失的就业岗位既不能在其他工业领域找到同样的岗位位置，也不能在服务业领域中通过增加就业岗位的绝对数量来得到弥补。因此，如果说鲁尔区采矿业衰退后出现的第一个"共鸣"现象是服务业的相对上升的话，那么失业率的增高则是出现的第二个"共鸣"

现象。（第三个"共鸣"现象是人口的减少，这里不再对此进行分析）。左侧的分析图按顺序描绘了鲁尔区的失业率在1973年到1978年间的显著增长以及到1988年间的急剧增长情况。从1989年起由于采用了一种新的界定方法进行统计，失业率似乎开始下降，到1999年甚至还达到了一个戏剧性的低数值，尽管失业率在过去十年已经有所下降了。

上述这种对失业率的衡量其实需要考虑总人口基数变化背景下的绝对失业人数，

即需要把在显著增长或缓慢下降趋势下的失业人口数量与此时的总人口数进行对比。上图以四个选定的鲁尔区城市的数据进行了举例说明，从中可以看出过去40年以来在失业人口显著增长和缓慢下降两种趋势的交互下，就业岗位的绝对数量实际上是锐减的（因为总的常住人口也在减少）。这说明在鲁尔区这个以前以拥有众多就业机会（重体力劳动为主）的地区现在实际就业的人数比以往任何时候都要少。

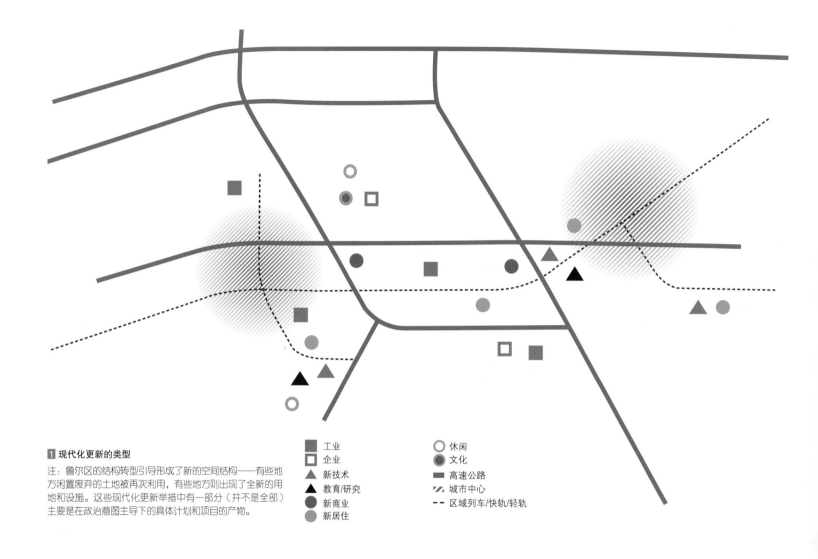

1 现代化更新的类型

注：鲁尔区的结构转型引导形成了新的空间结构——有些地方闲置废弃的土地被再次利用，有些地方则出现了全新的用地和设施。这些现代化更新举措中有一部分（并不是全部）主要是在政治意图主导下的具体计划和项目的产物。

图例：
- ■ 工业
- □ 企业
- ▲ 新技术
- ▲ 教育/研究
- ● 新商业
- ● 新居住
- ○ 休闲
- ◉ 文化
- ■ 高速公路
- ⫽ 城市中心
- --- 区域列车/快轨/轻轨

现代化的起点

结构转型的影响还有过去数十年以来普遍的社会发展趋势已经使鲁尔区的空间结构变得更加可持续发展。工业区和铁路网络的主宰地位在这一区域已经衰退，此外也出现了很多新的呈后工业特征的土地开发方式。这些用地开发中有一部分是出于一种厚积薄发的追赶式逻辑，要使城市空间环境再增值；还有一部分本来并没在计划之内，但却由于迫切的市场需求而出现。总之，很多新出现的用地开发都是在为能更好地宣传和主导鲁尔区结构转型的政治目的下的产物。

从政治的角度来看，结构转型中的用地再开发的首要态度与其说是试图修复，倒不如说是需要新的开始。政治上需要发展新产业和新功能作为替代，比如大企业应该落户到那些旧矿区、棕地上，赋予其新的生命并连带创造就业岗位（例如波鸿的欧宝Opel工厂）。在这一政治背景下，鲁尔区很多地方的基础设施领域（尤其是交通）很快出现了刻意为之的现代化更新措施，特别是通过完善高速公路网来继续支撑新产业和企业的区位优势，因为时至今日公路运输已经愈发取代了过去铁路运输的地位。

无论如何，现代化始终是城市发展建设的关键词。鲁尔区后来规划的很多新居住点用地都处在以轨道交通为主的新公交网络体系中。公共娱乐和休闲游憩设施也在对以前旧工业用地的改造过程中得到了优化更新，成为了新的现代文化和活动中心。此外，零售业几乎首次在规划控制下的以个人消费为导向的用地中得以有序发展，紧跟在商业娱乐和休闲用地之后。还有公立性质的社会事业基础设施的更新也毫不落后，其中特别是教育设施的更新最具有前瞻性。作为高层次教育和培训中心的大学和高等专业学院（Fachhochschule）的发展同时带动了周边技术研发中心的设立，进而提升了新技术和新行业领域的发展。

几乎上述所有的发展策略和措施都不仅发生在城市中的内城，它们同样出现在内城以外以及城市之间的空间（例如前文中托马斯·西维尔兹所述的"城市之间"）。如此一来，鲁尔区的现代化更新举措大大削弱了其工业化以前形成的城市肌理结构特征。

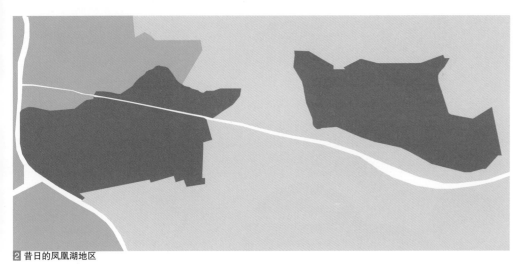
[2] 昔日的凤凰湖地区

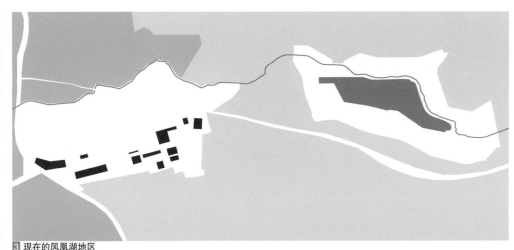
[3] 现在的凤凰湖地区

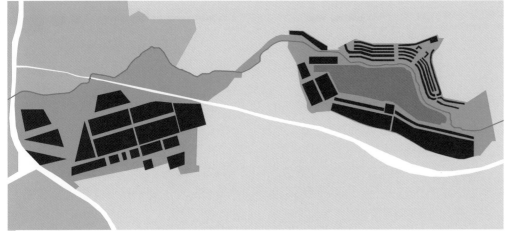
[4] 未来的凤凰湖地区

注：前凤凰钢厂在关闭之前就像一座"紫禁城"（即公众难以进入）坐落在多特蒙德Hörde片区的中心位置。其中的凤凰西区在改造后将成为科技产业服务区，目前正在按照规划实施建设，凤凰东区则正在发展成为一个以人工湖为景观核心的居住及休闲娱乐区。

绿色空间
新增绿色空间
水域
老工业区/新的建设

多特蒙德凤凰湖地区转型实例

对于鲁尔区来说，以前采矿业用地的转型与复兴是一个至关重要的议题，因为那些大片的工业用地在城市肌理上形成众多公众无法享用的"断点"。近来的一个典型转型案例是位于多特蒙德南部Hörde片区的原凤凰钢厂，其围绕Hörde中心区形成东、西两片的格局。原西区主要是高炉炼钢生产，而东区则进行进一步加工，两区之间通过一条穿越Hörde中心区的货运铁路联系。这个成立于1850年并在之后一直扩张的凤凰钢厂在二战后遭遇了钢铁危机开始逐渐衰落，直到1998年东西两区全部关闭，其部分仍然有价值的工厂设备和设施在2001年被卖到了中国继续使用。随后在这个总面积超过200公顷的旧工业用地上，拆迁、处理与更新改造工作开始同步进行。

基于以前厂区的功能分工，不同的设计开发理念应运而生。保留炼钢炉等工业设施遗迹的凤凰西区被规划为高新技术、服务与公园景观相结合的新型科技园；而工业设施基本清理干净的凤凰东区则被定位为集居住和休闲娱乐为一体的高品质生活区，并新开辟了一个大型人工湖（凤凰湖，Phoenix-See）。埃姆舍河作为景观元素将东西两区联系在一起。24公顷的凤凰湖在2010年十月注满水之后，便成为了凤凰东区的景观标志。

按照规划，整个凤凰湖地区在改造之后能创造约一千个住宅单位和一万个就业岗位。凤凰西区的规划已经完成，凤凰东区的居住用地土地出售也进行得如火如荼。总体来说，尽管过程中不总是一帆风顺，但整个凤凰工业区的规划和改造可谓是成功的，尤其是其在完全改造完后对于Hörde片区和整个城市的后续积极影响还会继续显现。

1 鲁尔区的高等院校

注：在鲁尔区南部的核心地带形成了明显的高校集聚场景，最近它又通过一张由高等专业学院和私立大学组成的设施网得到了完善并进一步壮大。

多特蒙德大学

杜伊斯堡埃森大学

波鸿鲁尔大学

哈根远程教育大学

创建的大学	创建的高等专业学院
1975年以前	1975年以前
1976—2000	1976—2000
2001年以后	2001年以后

来自第三方的资金
学生人数
教职人员总人数
其中的教授人数

以百万欧元为单位的第三方资金
（对应圆环的厚度）
1 5 10 50 100

学生的数量（对应圆环的大小）
500 1000 5000 10000 50000

教职人员的数量
500 1000 5000

教育、培训和研发

鲁尔区在社会领域的现代化更新指的是它从1960年代以来的教育设施的急剧扩张，包括大学和研究机构的创建。一时间在波鸿、多特蒙德、哈根（远程教育大学）、杜伊斯堡和埃森都设立了大学（后两者后来合并），鲁尔区由此成为大学高度集中的地区。这些大学经过几十年的发展到目前共涵盖9万个学习岗位（不包括哈根远程教育大学），形成了以教育培训和研究为核心的区域竞争力。这些社会领域的现代化更新举措以及教育设施大规模扩张的目的是将鲁尔区打造成一个"教育精英地"，强化其在一个现代民主社会中的角色与定位。此外，这些举措的意义还在于通

过新知识和新技术的发展来推进鲁尔区的结构转型，在转型过程中获得更多实用、可持续发展的并具有商业价值的科研成果。

因此，近年来鲁尔区除了广泛建立高等专业学院外，用于扩建大学的费用也相当高。鲁尔区南部城市的高等专业学院集中度比大学要弱，这也突显出北部的埃姆舍河地带同样具有较高等级的教育和研究机构。但在整个区域的边缘地带教育设施仍然匮乏。

技术研发中心被视为教育领域支撑产学研发展的第三大支柱。一方面缘于其中的孵化基地功能，新兴企业在此经历了初创阶段，从而能够获得有利的起步条件；另一方面则是技术中心本身也形成了

产业集群，在这里有相似背景的从事技术领域类的公司企业可以相互合作获益，共同成功开发产品和开拓市场。例如毗邻多特蒙德技术研发中心（Technologiezentrum Dortmund）而建的在空间设施和技术上都与多特蒙德大学有着密切协作的多特蒙德科技园（Technologiepark Dortmund）就是一个成功实施产学研一体化战略的典型案例。

当提及研发领域时应该注意，政府的公共投资实际只能支撑部分的研发工作。而鲁尔区的很多企业集团和商业团体资助、创建运营了多样的研发机构和部门，它们对提升区域技术产业竞争力所做出的贡献难以计量，例如光是进行用于定量分析的

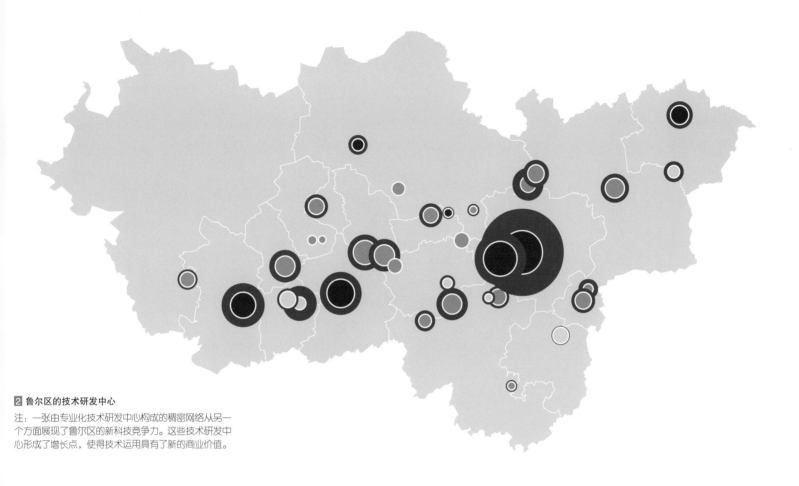

2 鲁尔区的技术研发中心

注：一张由专业化技术研发中心构成的稠密网络从另一个方面展现了鲁尔区的新科技竞争力。这些技术研发中心形成了增长点，使得技术运用具有了新的商业价值。

创建的技术研发中心
- 1990年以前
- 1990－1999
- 1999年以后

员工
公司企业

员工的数量（对应圆环的厚度）
100　1000
25　500　2000　5000　10000

公司企业的数量
5　10　50　100　250

数据采集过程就是一项浩大工程。这些专业化的中小企业还有大集团的研发部门对于推动技术领域的发展可谓功不可没，这点尤其可以通过鲁尔区的发明家获得的专利授权数量来反映。

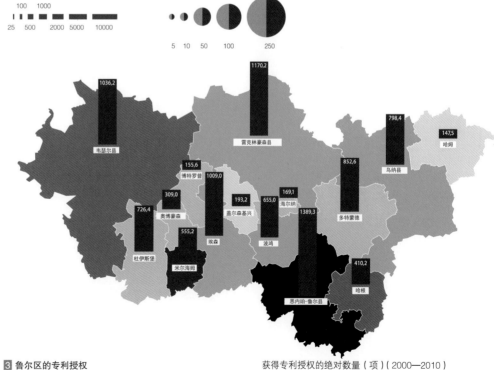

每十万居民中获得的专利授权（项）（2000—2010）
- 0－ < 50
- 50－ < 100
- 100－ < 150
- 150－ < 200
- 200－ < 250
- 250－ < 300
- 300－ < 350
- 350－ < 400
- > 400

3 鲁尔区的专利授权

注：专利授权的情况也反映了鲁尔区科技研发领域的成效。从图上来看，发明者们似乎在鲁尔区的外围地区更多。

获得专利授权的绝对数量（项）（2000—2010）

500

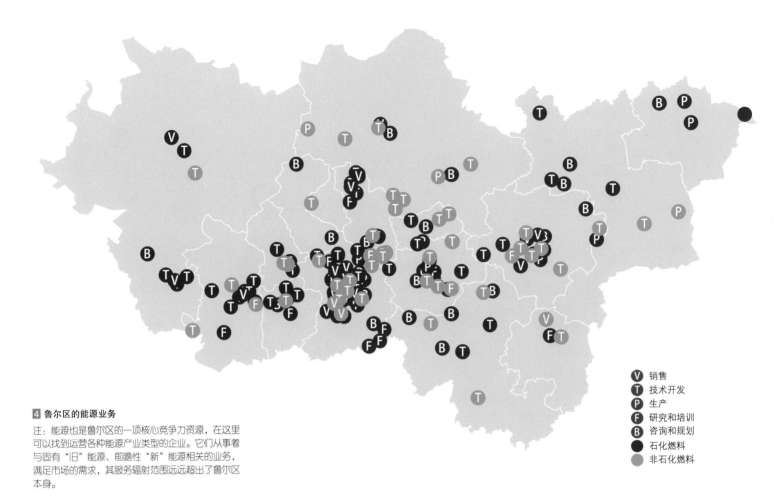

<table>
</table>

Ⓥ	销售
Ⓣ	技术开发
Ⓟ	生产
Ⓕ	研究和培训
Ⓑ	咨询和规划
●	石化燃料
●	非石化燃料

4 鲁尔区的能源业务

注：能源也是鲁尔区的一项核心竞争力资源，在这里
可以找到运营各种能源产业类型的企业。它们从事着
与固有"旧"能源、前瞻性"新"能源相关的业务，
满足市场的需求，其服务辐射范围远远超出了鲁尔区
本身。

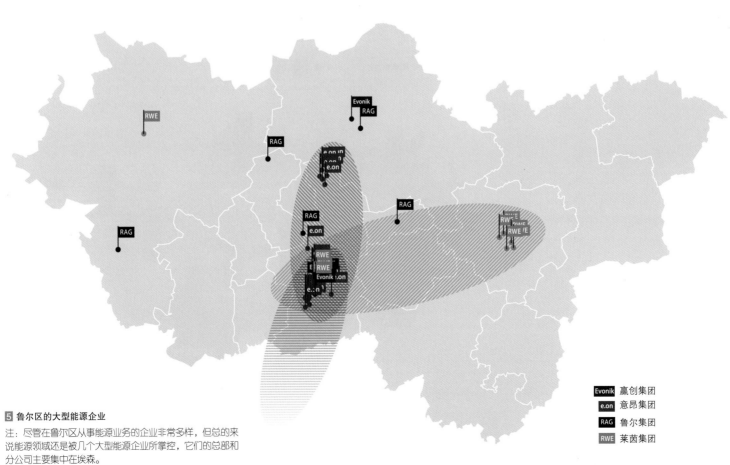

Evonik	赢创集团
e.on	意昂集团
RAG	鲁尔集团
RWE	莱茵集团

5 鲁尔区的大型能源企业

注：尽管在鲁尔区从事能源业务的企业非常多样，但总的来
说能源领域还是被几个大型能源企业所掌控，它们的总部和
分公司主要集中在埃森。

能源

无论是在过去的煤矿产业时代还是现在，鲁尔区都拥有领衔能源经济的竞争力。鲁尔区内的企业广泛涉足各类能源产业领域——无论是在技术发展、设施建设、设备制造、贸易、消费者服务、网络运营还是支持服务等行业；无论是传统的石化能源还是可替代的新能源类型；无论是电力、集中供热还是工业蒸汽等能源产品。从另一个角度看，能源经济在鲁尔区也可以说是高度集中的：一方面是能源企业的组织架构——主要由三大能源集团垄断；另一方面是这些企业的空间分布——大多数集中在能源中心城市埃森。此外应该看到的是，这些本地生根的能源企业中很多都具有超出鲁尔区范围的跨区域甚至面向全球的辐射作用。

水资源管理：埃姆舍河水系治理

随着结构转型，鲁尔区内水资源管理的使命也发生了变化。一个典型案例是埃姆舍河水系的综合治理——其主河道与支流一起形成了总长约350公里的"污水排放渠道"。埃姆舍河水系在20世纪早期时出于工业排水用途已经改造过一次，后来又经历了一次新的改造，将污水管理在地下敷设，并对河流进行近自然治理。在《未来的埃姆舍河：景观总体规划》（Masterplan Emscher-Zukunft）的指导下，工程技术改造、生态治理措施还有数个文化和开放空间类项目齐头并举，带动了地区升值。当前其核心项目是打造80公里长的"埃姆舍新河谷"，将其塑造成鲁尔区北部具有高品质开放空间和体验价值的新空间载体。为此，主导机构"埃姆舍合作社"联合了"利珀河管理协会"（Lippeverband）组成德国最大的污水处理公司进行共同治理，制定了将持续30年的支撑和控制措施。

"埃姆舍新河谷"项目的重点是开发一个位于埃姆舍河和莱茵-海尔纳运

河之间的狭长地域——34公里长的埃姆舍岛。11平方公里的埃姆舍岛由八个城市共享，其曾经被废弃矿堆和堆场所占据。为改变对这一地区的形象认知和提升未来发展所采取的一个卓有成效的是举办文化展览活动"埃姆舍的艺术2010"（Emscherkunst.2010），在"欧洲文化之都——鲁尔2010"系列活动的框架下分别在八个地方以不同艺术类型的展会形式进行。其中一个举办地是位于博特罗普的名为"Bernemündung"的前污水处理厂用地，它大致位于埃姆舍岛上贝尔纳河（Berne）流入埃姆舍河的河口位置。该污水厂在1950年代开始运行，主要处理埃森和部分博特罗普地区的污水，之后于1997年关闭。该污水处理厂作为历史遗迹被保护起来，2008年起开展了一系列的规划活动进行干预，试图将这个地方塑造为一个集文化、旅游、休闲娱乐于一体的混合活动区，并通过举办文化艺术展来广泛推介。该场地本身也处在贯穿埃姆舍岛的东西向区域自行车专用道与南北向连接埃森的区域自行车道的交叉口位置。因此除了承担一些区域范围的娱乐休闲功能外，这个复兴后的前污水处理厂用地尤其对于周边博特罗普Elbel片区的居民来说简直就是一个开放、可及、共享的全新公园。

6 1960年时的博特罗普Bernemündung污水处理厂及其周边状况

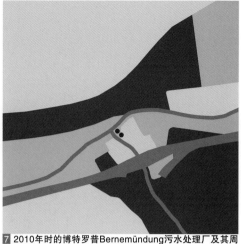

7 2010年时的博特罗普Bernemündung污水处理厂及其周边状况

■ 工业用途
■ 居民点用地
■ 开放空间
■ 水域
● 污水处理厂
▨ 污水处理的范围

注：这个前污水处理厂处理污水的覆盖面积曾经超过6000公顷。其关闭以后作为"埃姆舍新河谷"项目中的一部分而被改造成了一个片区公园，成为埃姆舍岛上的一个亮点。

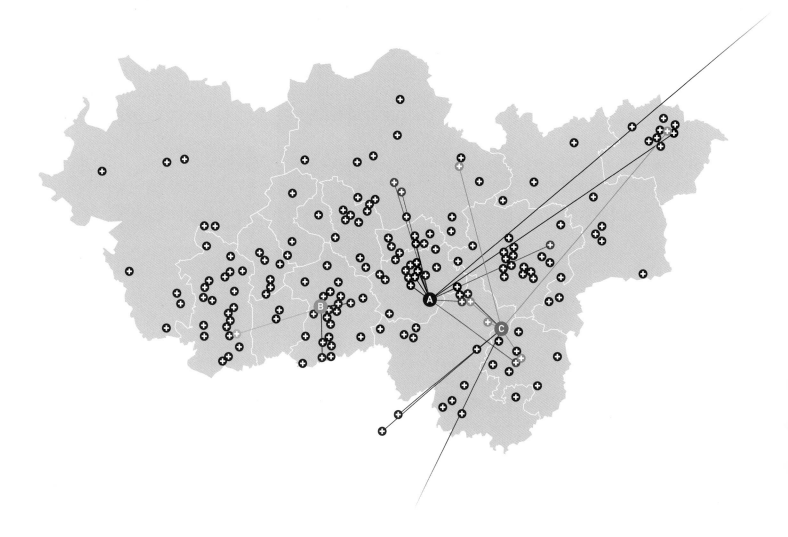

医疗与健康

在鲁尔区这样的人口稠密地区拥有一张密集的医疗设施网络并不令人诧异。它包括诊所服务、固定医院门诊服务还有为近年来日益增长的老龄化而设置的专业看护护理等。过去的采矿业背景使得鲁尔区的医疗设施有一些特别之处，其中有隶属于"联邦矿业协会"（Bundesknappschaft）的专门为矿工设立的中央健康保险中心（zentralen Krankenversicherungsanstalt der Bergleute），还有很多的专科医院，例如波鸿的Bergmannsheil医院、埃森的 Krupp医院等等。

目前鲁尔区尤其是固定医院一类的医疗设施不仅在空间上分布密集，在类型上也呈现高度的专科化，相互之间形成互补。对这些医院的专科化发展有极大促进作用的是鲁尔区内各个大学的医学院系，例如杜伊斯堡-埃森大学、波鸿鲁尔大学和维藤/黑尔德克私立大学的医学系。以上三者都分别在鲁尔区内设立有不同的教学实习医院和附属门诊网。这些医院一方面术业有专攻，在某一医学专科研究领域有着较高的声誉，另一方面其医护人员都受过良好训练，拥有丰富的实践经验。具体来说，维藤/黑尔德克私立大学的医学教育主要是人智学（精神科学）的方向，杜伊斯堡-埃森大学的附属医院在空间分布上相对集中，而波鸿鲁尔大学的教学实习医院则非常多。

9 波鸿的医疗产业

注：波鸿将会拥有两个医疗产业增长极——两极之间可能会形成一条医疗轴线，从内城向南延伸到大学。

- ● 药品生产
- ● 医疗器械和材料制造

- ● 生物医疗技术研究和试验
- ● 医药联合教育学校、医学职业学院、健康护理学校

- ● 医院、诊所、护理站
- ● 医药服务（试验、咨询和服务）

- ▨ 规划的"北威州健康大学"
- ▨ 规划的"鲁尔生物医药园"
- TZR 鲁尔技术研发中心
- BMZ 生物医药中心
- ZKF 临床研究中心
- MA 波鸿鲁尔大学的医学系及其附属部门

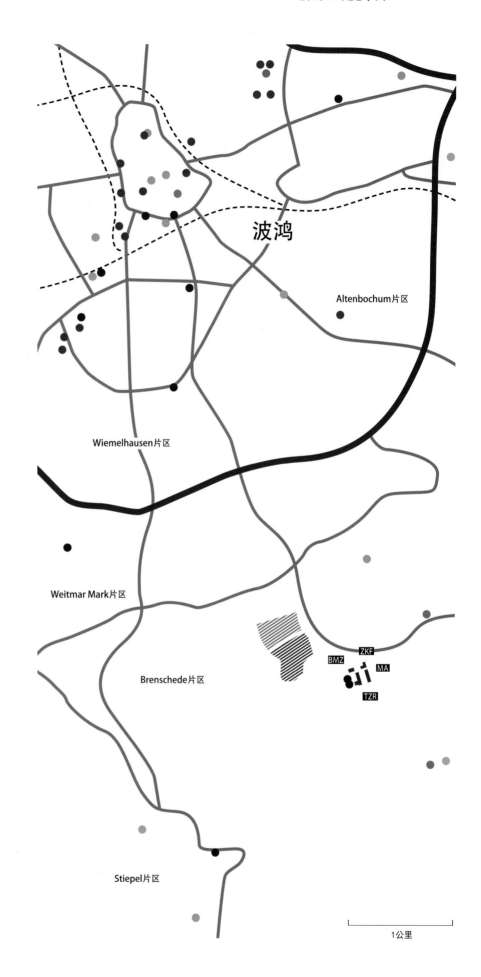

» 特别以波鸿举例说明，该市现在不仅在鲁尔区内，更延伸至整个北威州来发展自己的医疗健康产业。全市目前从事医疗产业各个领域的人员大约有24000人。波鸿除了在内城中分布有众多大学附属门诊外，波鸿鲁尔大学自身的医学研究环境也非常优越，其成立了临床研究中心和生物医药中心。另外，位于大学旁边的"鲁尔技术研发中心"（Technologiezentrum Ruhr）内也特别植入了一些经营医药卫生和健康护理产业的企业机构。目前，北威州政府决策在临近大学西北方向的一处场地成立一所"北威州健康大学"（Gesundheitscampus NRW），届时州级中央研究机构和波鸿新设立的医学类高等院校将落户于此。此外，为了吸纳更多的私人医药保健公司在此落户，"北威州健康大学"场地的东南侧还规划有一处"鲁尔生物医药园"（BioMedizinPark Ruhr），其同时也是一个商业区。这片位于波鸿南城的医疗设施用地将会成为除了集中有众多医疗设施的内城之外的第二个医疗产业增长极。

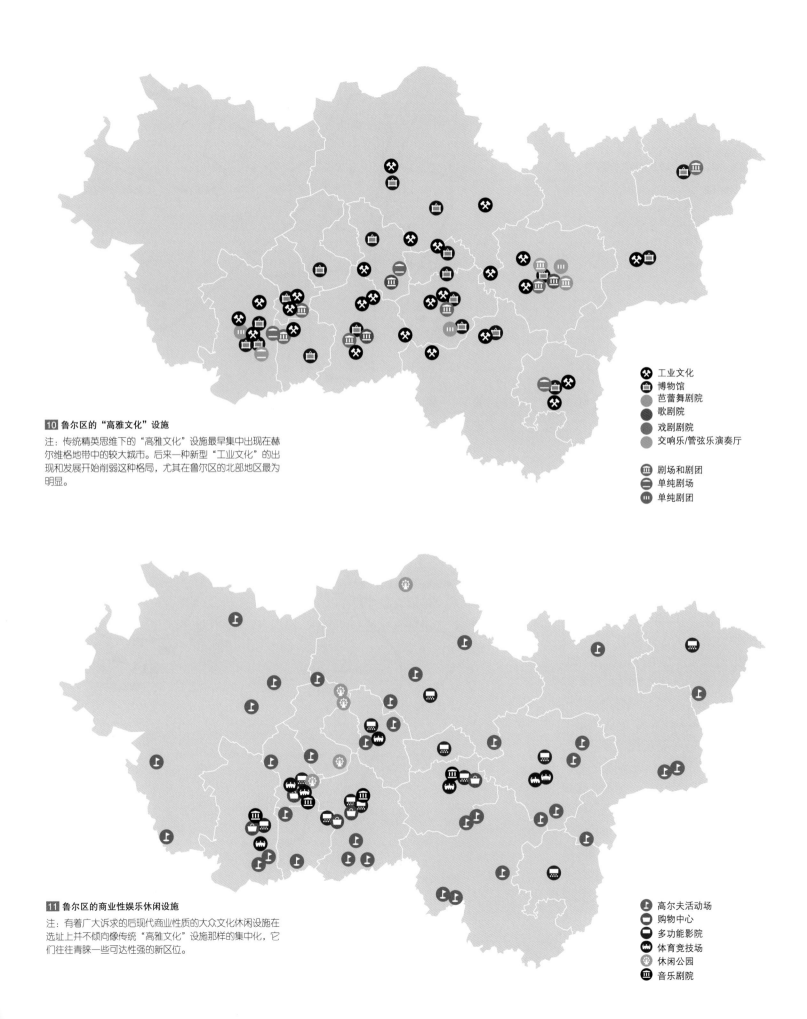

10 鲁尔区的"高雅文化"设施

注：传统精英思维下的"高雅文化"设施最早集中出现在赫尔维格地带中的较大城市。后来一种新型"工业文化"的出现和发展开始削弱这种格局，尤其在鲁尔区的北部地区最为明显。

- ⊗ 工业文化
- 🏛 博物馆
- ◗ 芭蕾舞剧院
- ◗ 歌剧院
- ◗ 戏剧剧院
- ◗ 交响乐/管弦乐演奏厅

- 🏛 剧场和剧团
- ⊖ 单纯剧场
- 🏛 单纯剧团

11 鲁尔区的商业性娱乐休闲设施

注：有着广大诉求的后现代商业性质的大众文化休闲设施在选址上并不倾向像传统"高雅文化"设施那样的集中化，它们往往青睐一些可达性强的新区位。

- ♟ 高尔夫活动场
- ◉ 购物中心
- ⊟ 多功能影院
- 🏟 体育竞技场
- ⊛ 休闲公园
- 🏛 音乐剧院

文化、休闲和消费

城市和城市地区不仅仅是集聚经济活动的空间载体，同样也承载着文化底蕴，是文化传统、文化消费和文化创新的集中地。但是，鲁尔区并不是一个传统认知意义上的"城市"。简单来说，鲁尔区北部的大部分城镇都是工业化以后才发展起来的，而鲁尔区南部的那些工业化以前形成的城镇无论是地域还是人口等特征也彻底被工业化所重塑。人们对"高雅"的传统意识往往源于一种资产阶级性质的小资理念和一种建立在教育背景和社会习俗上的精英思维下的对"主流文化"的偏好。这种典型的"小资主义"在鲁尔区工业化期间形成，尽管并不太多见，但主要流行于赫尔维格地带的较大城市中。

"小资主义"的滋生可能对于直到今天还存在于赫尔维格地带（杜伊斯堡、埃森、波鸿、多特蒙德）中的"高雅文化"设施（戏院、芭蕾舞和歌剧院、交响乐和管弦乐演奏厅）来说是第一种合理的促成因素。第二个因素就是这些城市中有一定的人口规模，可以满足这些文化设施主要靠售票、盈利来支撑运营的需要。可能还存在的第三个因素则是这些城市中新成立的大学也支撑了文化设施的立足和发展。然而应该注意的是，这些文化设施的空间布局已经在变化。一方面，一些较新的"高雅文化"设施倾向选址在一些其他地区的特定场地中，期望通过它们注入新的功能来带动原有场地建筑的再利用（例如以前的工业建筑）或者是设计成具有较大辐射作用的地方特有"稀缺品"；另一方面，在鲁尔区人们对于文化的理解认识已经受到IBA埃姆舍景观公园中"工业文化"理念的影响而发生了变化。其中著名的"工业文化之路"（Route der Industriekultur）串联的众多文化设施节点更向世人强调了一种新型的、智慧型的文化理念，这尤其在以前矿区的附近和北部地区更为强烈，也因此削弱了原有文化设施的分布格局。

还有一个趋势是人们越来越多地摆脱了精英主义、小资文化理念的束缚。从"雅俗对立"走向后现代的高雅文化与通俗大众文化并存的"雅俗共赏"，这也是社会民主化、现代化进程的发展要求所致。在鲁尔区这个后工业社会，一些大众消费、商业性的娱乐休闲活动和所谓文化活动之间的界定区分已经变得模糊。众多新建的音乐剧院、文化中心、歌舞和戏剧剧院、影院、游乐场，甚至是大型购物中心（在这里购买不是重点，而社会和文化参与才是重点）形成了新的文化场所，它们的出现至少像以前那些"高雅文化"设施一样对鲁尔区是如此地有意义。出于商业价值和区位的要求（便于开车可达），这些新兴的文化设施很多是建在城市和城市之间临近高速公路走廊的位置，且倾向选址在鲁尔区南部的比赫尔维格地带密集城市里更大的空间中。还有一些贴近自然的休闲活动（例如高尔夫），也经历了从"精英小资"文化中分离出来的大众普及化，越来越多地出现在鲁尔区城市核心区以外的边缘地带。

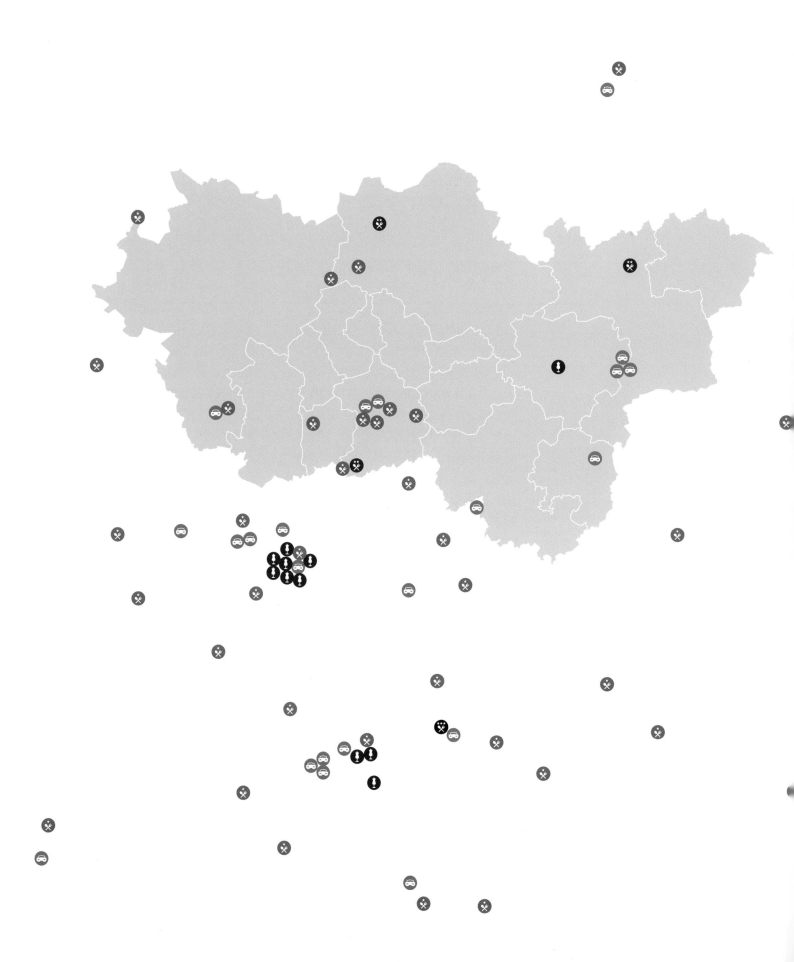

》近几十年来鲁尔区一直经历着深刻的结构性变革，其促进了新的区域竞争力和经济潜力的发展，并创造了很多全新、收入颇丰的工作岗位。尽管拥有这一切，鲁尔区并没有变成：一个奢侈的地区、一个急功近利追求"名利双收"的地区、一个所谓"豪门万户"能够在此一掷千金并奢侈消费的全球性大都市。在鲁尔区其实也有这种富有的"豪门千户"阶层，他们因此不得不去鲁尔区外围消费，尽管他们并没有在鲁尔区之外居住和工作（例如沙尔克04和多特蒙德足球俱乐部的球星）。如果人们想要享受奢华，那么他们可能要离开鲁尔区，因为在这里像高级食品料理、高级时装定制和豪华汽车之类的奢侈品店并不多见，它们并不是鲁尔区的代表，而仅仅作为一些个例出现。这些场所往往在北威州的其他地方，例如位于莱茵河谷地带的经济发达城市（杜塞尔多夫和科隆-波恩一带）中更为常见。

12 鲁尔区及其外围的奢侈品销售点分布

注：在鲁尔区几乎很难找到昂贵的奢侈品店。换句话说，高级料理、高级时装、奢侈品牌汽车的供应商也更青睐在鲁尔区以外的地方开展业务，特别是在莱茵河谷一带的城市（如杜塞尔多夫和科隆）。

⚑ 高级时装定制店
🚗 奢侈品牌汽车店
✕ 高级餐厅（米其林1星或《戈尔和米约指南》评价"2帽餐厅"）
✕ 高级餐厅（米其林2星或《戈尔和米约指南》评价"3帽餐厅"）
✕ 高级餐厅（米其林3星或《戈尔和米约指南》评价"4帽餐厅"）

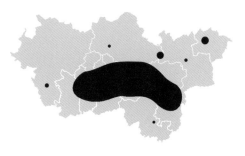

1 高新技术产业/高等院校

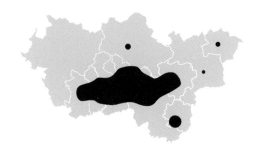

2 文化产业

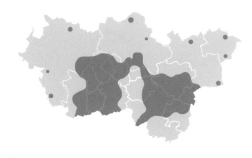

3 休闲娱乐产业

4 医药健康产业

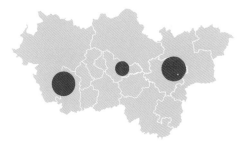

5 物流产业

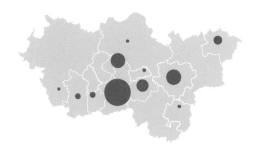

6 能源产业

» 鲁尔区作为一个大工业基地的说法已经不复存在，成为了历史。曾经是鲁尔区经典产业类型的采矿和钢铁业在当代社会已经变得几乎对经济发展毫无意义。换句话说，如果再继续强化原有的传统产业结构，鲁尔区的前景将不再光明。根据诸多指标分析，可以说今天的鲁尔区已经发展成为了一个后工业城市地区，如果要对其产业和功能定位进行界定，则很明显它是一个难以简单界定和区分的复合实体。

因此并不意外的是，鲁尔区的结构性变革给在那里生活和工作的人们脑海中带来了一种高度不确定性的印象和一种认同危机。更为糟糕的是，在结构转型过程中一直以来有很多关于鲁尔区的公众评论和政治宣传口号都形成了如下的定式术语，例如"更新"（说明以前很旧）、"现代化（说明以前不现代）"和"落后"，这些都反映了他们对鲁尔区先入为主的负面印象。同时，经济领域的转型也引发了社会文化领域的变革。那些同样历经几代人传递积累起来的对社会、政治和日常实践的经验认识和价值观正在遭受质疑，甚至日渐走向"消逝"。

据经济领域的调查数据显示，鲁尔区的结构转型已经经历了一个能够促进新的经济增长力和发展潜力形成的实质阶段。一些具有经济增长潜能的前瞻性产业和行业领域在此生根，但是这些产业中无论是和传统产业有着紧密关联的能源产业、物流业，还是所谓"新技术行业"（例如纳米技术），抑或是文化产业和创意经济，都并没有一种能够达到类似从前煤矿钢铁业那样的地位而成为区域的产业引领者，简单来说它们在鲁尔区的局面还尚不具备典范性和全球性。

如果没有增长，未来鲁尔区的转型将不会再持续。这里"增长"的概念并不是简单理解为传统意义上的就业和人口的绝对数量增长，而是在一个产业领域高度差异化格局下的经济增长，同时也伴随有一些产业（例如传统工业）的继续衰退。这种呈现异质性和差异化特征的经济持续转型并没有响亮的"名号"，此外如果没有教育和研发领域的进一步发展支撑其转型也将止步不前。对于鲁尔区这个愈发难以界定、愈发琢磨不透的区域来说，为找到一种全新而独特的发展定位理念（或者是区域识别性）而进行种种往往看似绝望的尝试已经成为了一种新常态。

伴随着经济结构的转型，鲁尔区已经形成了新的空间结构特征和竞争力因子，呈现出显著的内部差异化和"片段化"特点，明显不同于过去基于矿业的结构特征。这些差异化的空间中有一部分仍然保留了以前"老工业基地"的类似格局，还有一些则朝着新的转型方向发展（例

7 弹性的区域转型

如能源经济），在此鲁尔区的"老工业特色"也将不复存在。新的关注领域（例如休闲娱乐）、产业链（例如物流）、发展带和轴线（例如医疗健康轴）也已经在鲁尔区出现，尤其在主要城市的核心空间区位相互交织，使这些区位增加了呈后工业特征的、以知识经济为导向的区位优势。此外，还有一些以前的"消极空间"也已经变为了"积极空间"，因为在其中出现了新兴经济活力和新职能（例如休闲商业），特别是植入了文化功能。

此外，鲁尔区在区域结构转型过程中所体现的弹性不仅仅反映在经济产业和空间领域，还反映在区域管理架构和合作组织机制上。具体来说，鲁尔区的区域管理边界曾经更新过或者说是被重新界定过——例如区域管理机构从"鲁尔区城镇联盟"（KVR）到"鲁尔地区联盟"（RVR）的转变，还有区域规划编制

权的转变，以及"欧洲文化之都——鲁尔2010"区域活动的组织和参与范围变化，等等。在未来根据发展需要和形势还会出现新的区域行动区，其有可能超出了鲁尔区范围或者是仍然覆盖在鲁尔区内部并由不同的次区域变化组合而成（见第7章）。

鲁尔区在结构转型过程中从空间维度、经济维度、社会文化维度以及行政管理维度中积累培育起来的"能力"可能是决定未来新区域竞争力的最重要的因素。鲁尔区这个"结构转型的创意试验场"中已经尝试并采取了很多新的且对其他地区形成样板效应的策略手段。与此同时，鲁尔区的结构转型也形成了一个持续不断的挑战——这个挑战使得新的行动领域的灵活性与开放性、新的空间秩序与结构、新的解决问题的方法成为必需，这个挑战也成为了一种"元叙事"及后工业时代鲁尔区的标志性元素。

第7章

行动区和空间意象
鲁尔区区域治理行动的空间格局

安根利卡·明特尔 (Angelika Münter), 阿西姆·普罗斯科 (Achim Prossek)

本章主要介绍了鲁尔区内采取的区域合作行动的情况,因为区域始终是要靠多方协作来进行治理。需要注意到,承载区域治理行动的空间地域(即行动区)可以有多个变种,且它们之间彼此共存,例如目前"鲁尔地区联盟"(RVR)作为区域行动主体,其管辖下的鲁尔区只是其中的一个行动区。另外,工业化以前形成的行政区划格局和后来的城镇空间重组都对鲁尔区中的区域合作行动和相应的行动区产生了影响。

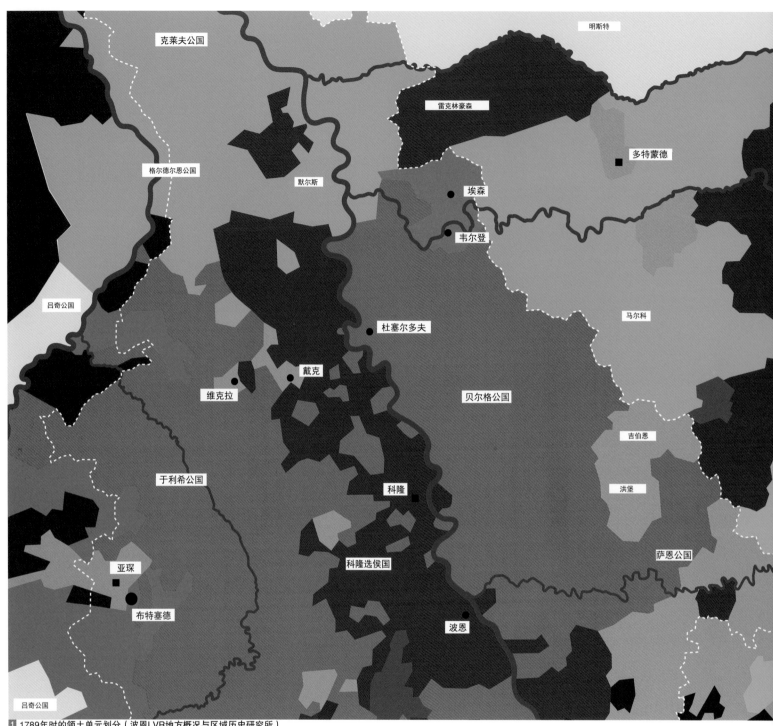

1 1789年时的领土单元划分（波恩LVR地方概况与区域历史研究所）

- ■ 荷兰共和国
- ▨ 普鲁士王国
- ■ 特里尔选侯国
- ■ 科隆选侯国
- ▨ 普法尔茨–巴伐利亚选侯国
- ■ 奥地利哈布斯堡家族
- ▨ 拿骚公国
- ▨ 黑森选侯国
- ■ 存在争议的领地
- ▨ 共治地
- ▨ 小型的精神统治领地
- ▨ 小型的世俗统治领地
- ■ 帝国自由城市
- ┄ 1871年普鲁士王国莱茵省的边界

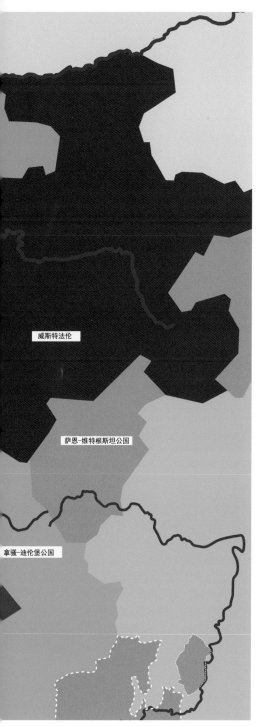

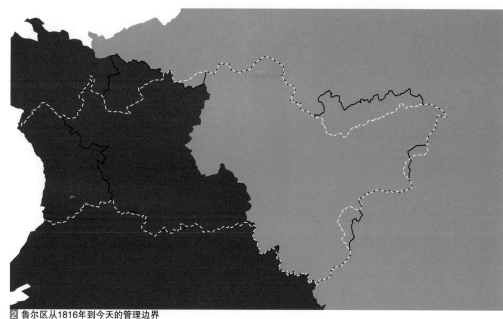

2 鲁尔区从1816年到今天的管理边界

■ 莱茵省（1816–1946）
莱茵区域联盟（1946–）
■ 威斯特法伦省（1816–1946）
威斯特-利珀区域联盟（1946–）

··· "鲁尔矿区住区联盟"（SVR）的管理范围（1920–1979）
— "鲁尔区城镇联盟"（KVR，1979–2004）/
"鲁尔地区联盟"（RVR，2004–）的管理范围

威斯特法伦

萨恩-维特根斯坦公国

拿骚-迪伦堡公国

» 人们今天所说的"鲁尔区"从地域单元的角度来讲实则是指19世纪和20世纪时位于鲁尔河和利珀河之间的伴随工业化而发展起来的区域。从行政管理架构上来说，直到18世纪晚期时鲁尔区还像德国大部分地区一样，政权处于四分五裂的割据状态——由很多个大大小小的隶属于皇帝的"领土所有者"（类似于古代诸侯）共同统治着这片土地。1815年普鲁士邦国重组以后，鲁尔区一直延续至今的管理边界便有迹可循了：它隶属于原普鲁士时代的莱茵省和威斯特法伦省，涉及三个区域行政单元（即杜塞尔多夫行政区、明斯特行政区和阿恩斯贝格行政区）。随着1946年北莱茵-威斯特法伦州的成立，区域联盟组织"莱茵区域联盟"和"威斯特-利珀区域联盟"（die Landschaftsverbände Rheinland und Westfalen-Lippe）便接管了以前两个省份的部分管理架构和职权。由于国家层面的政治原因，将鲁尔区组建为一个完整的区域行政区的提案一直没有成功。

7.2 1920年以来的区域规划

» 鲁尔区是德国继柏林之后第一个成立了自己的区域管理机构并编制区域规划的城市地区。其实早在1920年时鲁尔区就已经成立了法定区域规划机构"鲁尔矿区住区联盟"（SVR），它试图通过一些超越地方城镇利益之上的区域发展策略来协调和引导地方政府的规划作为。然而这种统一的区域规划权力在北威州政府对辖区城镇和管理功能进行改组之后又发生了变化：1975年"鲁尔矿区住区联盟"（SVR）失去了区域规划编制权，将其移交到几个新成立的区域行政单元规划委员会（从2001年起称区域理事会）手中。因为在州政府看来，"鲁尔矿区住区联盟"（SVR）垄断下的"管理组织孤立状态"是不合理的（Halstenberg 1974：17）。

从那时改组以后，鲁尔区的区域规划便被分割成了次区域规划，由三个区域行政单元（杜塞尔多夫行政区、阿恩斯贝格行政区和明斯特行政区）分别承担，这几个行政单元的管理范围分别都只覆盖了鲁尔区的一部分地域。另外，这些次区域规划的规划区范围也不是按照居民点空间结构来确定的，而仍是按照历史上工业化以前的行政管理边界来划定。1979年，"鲁尔矿区住区联盟"改组为"鲁尔区城镇联盟"（Kommunalverband Ruhrgebiet，KVR），其承担区域管理的职责权限又被进一步地削减了。

改组后的"鲁尔区城镇联盟"（KVR）一直呼吁要求重新授予其编制区域规划的权利。然而，过了30年后才迈出了改革的第一步：2004年通过修正案后"鲁尔区城镇联盟"（KVR）又被改组为一直延续到现在的"鲁尔地区联盟"（RVR），其编制区域规划的职能权限得到了拓展，可以编制一些区域层面的非正式规划（例如"总体发展规划"，Masterpläne）。与此同时，一项关于编制区域层面的土地利用规划的试验性条款也被加入了《州空间规划法》（Landesplanungsgesetz）。随后在2005年，位于鲁尔区中部三大区域行政单元交界附近的六个城市自发联合编制了一个非正式规划——"区域土地利用规划"（Regionalen Flächennutzungsplan，RFNP）。该规划在2010年5月3日开始生效，但只是作为暂时过渡性的规划，因为北威州政府并没有同意在《州空间规划法》中永久性地纳入"区域土地利用规划"这种规划类型作为正式规划工具，而只是将其作为逐步通向法定正式区域规划的桥梁使用。

2007年北威州州议会的决策使得鲁尔区的区域规划又迈出了改革的步伐。从2009年10月12日起"鲁尔地区联盟"（RVR）再次获得了编制法定区域规划的权限。"鲁尔地区联盟"（SVR）将编制第一个整个鲁尔区层面的法定正式区域规划，规划期限超过30年。但是，法定规划的编制过程往往需要花费数年时间，因此在此期间"鲁尔地区联盟"（SVR）的管辖范围内以前三个区域行政单元各自编制的法定次区域规划以及之前的"区域土地利用规划"仍然适用。

"鲁尔地区联盟"（RVR）编制法定区域规划的重新赋权为鲁尔区的发展带来了新动力。其应该充分利用这个权力来引导和约束下属成员城镇共同致力于区域发展（Danielzyk u. a. 2010a）。

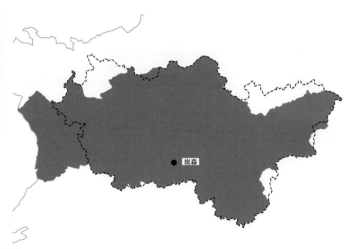

1 1975年以前："鲁尔矿区住区联盟"（SVR）编制区域规划

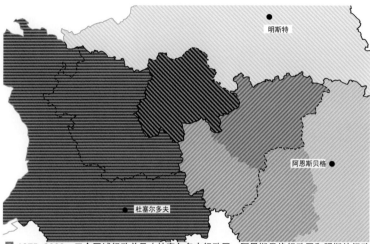

2 1975–2009：三个区域行政单元（杜塞尔多夫行政区、阿恩斯贝格行政区和明斯特行政区）各自编制次区域规划

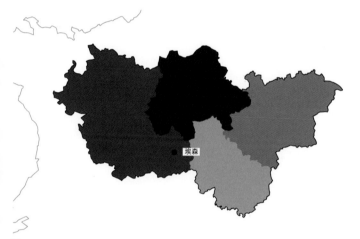

3 2009年10月21日：区域规划编制权被重新赋予"鲁尔地区联盟"（RVR）——之前的法定次区域规划仍然暂时性适用

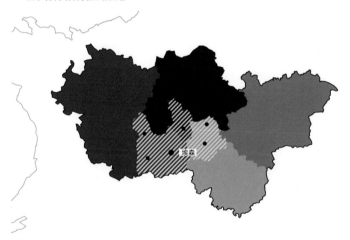

4 2010年5月3日："区域土地利用规划"（RFNP）开始生效，作为一种非法定区域规划

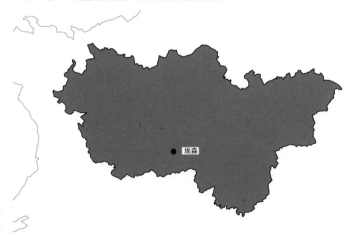

5 2015年以后，会出现新的鲁尔区法定区域规划

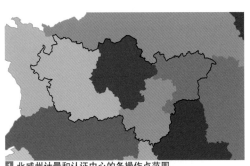

1 北威州计量和认证中心的各操作点范围

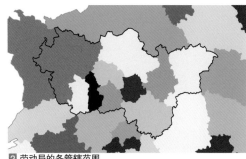

2 劳动局的各管辖范围

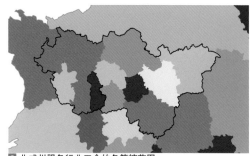

3 北威州服务行业工会的各管辖范围

4 联盟90/绿党的各主政范围

5 基督教民主联盟的各行事范围

区域中行动主体和行动区的范围

本节通过50张小分析图来展现鲁尔区中的各个区域行动主体及相应的行动区，即行使职权、采取治理行动的空间范围。它们反映出鲁尔区中区域协作活动的多样性，但这同时也是约束。以下列举的这些来自不同主体的行动区和合作领域涵盖了私人组织和公共管理机构，涉及政治决策和社会公众参与行为，等等。当然，书中不可能全面一一介绍。区域行动中的"区域"范围是根据具体各自的行动主体而界定，在这里不仅有整个鲁尔区（即"鲁尔地区联盟"所管辖的范围，图中黑色框所示），也包括鲁尔区内部的次区域，还有的是跨境联合次区域（一部分在鲁尔区内，一部分超出了鲁尔区但在北威州内甚至以外，两部分在某个行动领域上是一体相连的）。下文所列举的区域行动都是在1999年"IBA埃姆舍公园国际建筑展"活动结束以后发生的。其中除了少数个例外，大部分的区域行动主体及其活动到今

天仍然活跃，主要依托城镇或县的行政边界来实施。这些个例包括已经结束了的"IBA埃姆舍公园国际建筑展"、"北威州水资源联盟"，还有"天主教教区联盟"（其管辖教区范围在1956年埃森成为教区后发生了变化，并在1970年代北威州市镇重组改革时再次发生了变化）。

从这些分析图中几乎很难找到完全重合的区域行动空间格局，这说明众多区域行动所涉及的乡镇、县市的共同利益不止一处，交集千变万化。另外，图中还反映出鲁尔区内部和超越其范围的各种区域行动区范围灵活多变，交织在一起形成一个令人混乱的"马赛克"景象，因此在每张图中都以黑色线条所示的"鲁尔地区联盟"（RVR）的区域行动区范围（即"鲁尔区"）作为空间参照。

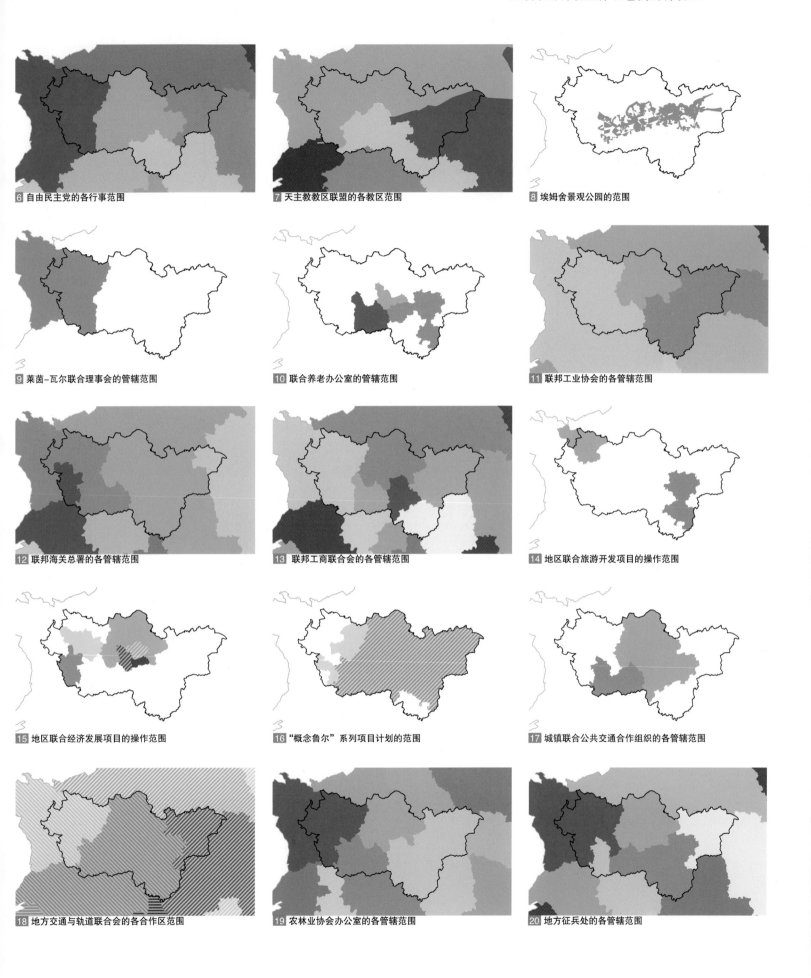

6 自由民主党的各行事范围

7 天主教教区联盟的各教区范围

8 埃姆舍景观公园的范围

9 莱茵–瓦尔联合理事会的管辖范围

10 联合养老办公室的管辖范围

11 联邦工业协会的各管辖范围

12 联邦海关总署的各管辖范围

13 联邦工商联合会的各管辖范围

14 地区联合旅游开发项目的操作范围

15 地区联合经济发展项目的操作范围

16 "概念鲁尔"系列项目计划的范围

17 城镇联合公共交通合作组织的各管辖范围

18 地方交通与轨道联合会的各合作区范围

19 农林业协会办公室的各管辖范围

20 地方征兵处的各管辖范围

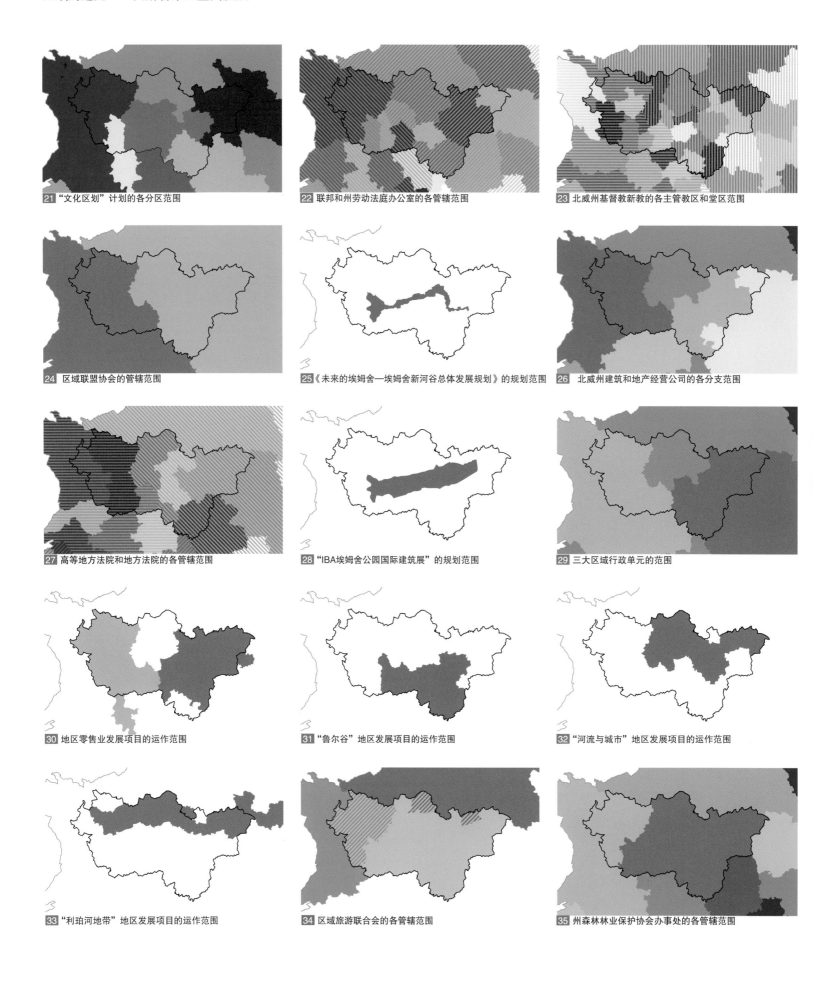

21 "文化区划"计划的各分区范围

22 联邦和州劳动法庭办公室的各管辖范围

23 北威州基督教新教的各主管教区和堂区范围

24 区域联盟协会的管辖范围

25 《未来的埃姆舍—埃姆舍新河谷总体发展规划》的规划范围

26 北威州建筑和地产经营公司的各分支范围

27 高等地方法院和地方法院的各管辖范围

28 "IBA埃姆舍公园国际建筑展"的规划范围

29 三大区域行政单元的范围

30 地区零售业发展项目的运作范围

31 "鲁尔谷"地区发展项目的运作范围

32 "河流与城市"地区发展项目的运作范围

33 "利珀河地带"地区发展项目的运作范围

34 区域旅游联合会的各管辖范围

35 州森林林业保护协会办事处的各管辖范围

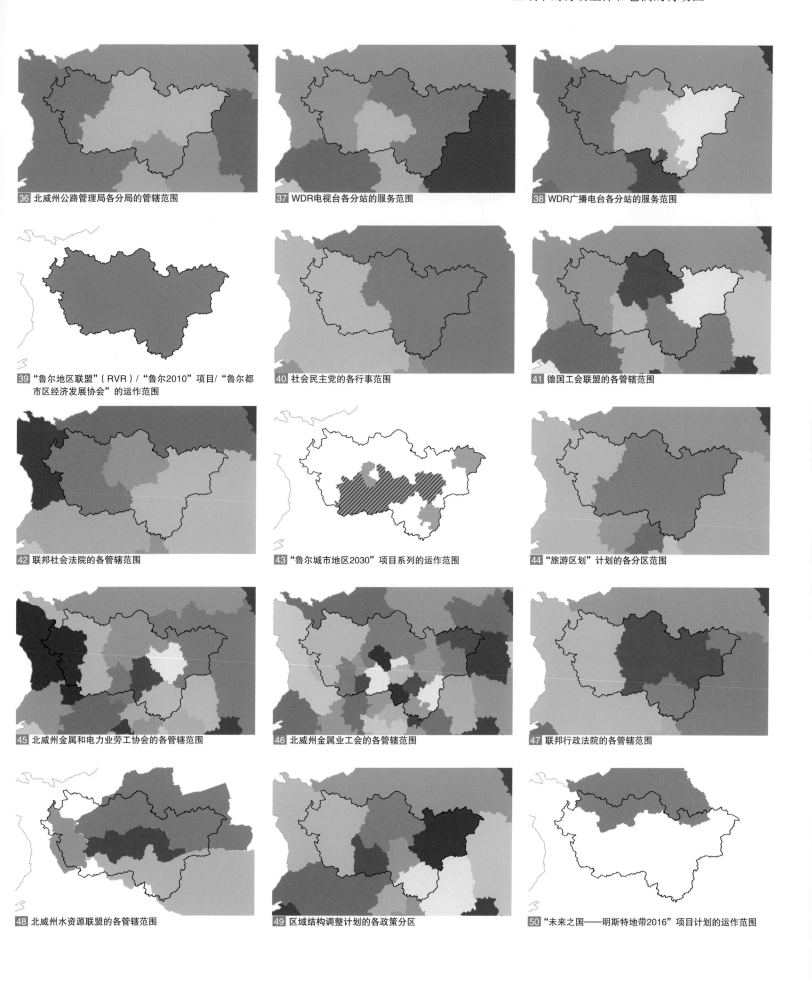

36 北威州公路管理局各分局的管辖范围

37 WDR电视台各分站的服务范围

38 WDR广播电台各分站的服务范围

39 "鲁尔地区联盟"（RVR）/"鲁尔2010"项目/"鲁尔都市区经济发展协会"的运作范围

40 社会民主党的各行事范围

41 德国工会联盟的各管辖范围

42 联邦社会法院的各管辖范围

43 "鲁尔城市地区2030"项目系列的运作范围

44 "旅游区划"计划的各分区范围

45 北威州金属和电力业劳工协会的各管辖范围

46 北威州金属业工会的各管辖范围

47 联邦行政法院的各管辖范围

48 北威州水资源联盟的各管辖范围

49 区域结构调整计划的各政策分区

50 "未来之国——明斯特地带2016"项目计划的运作范围

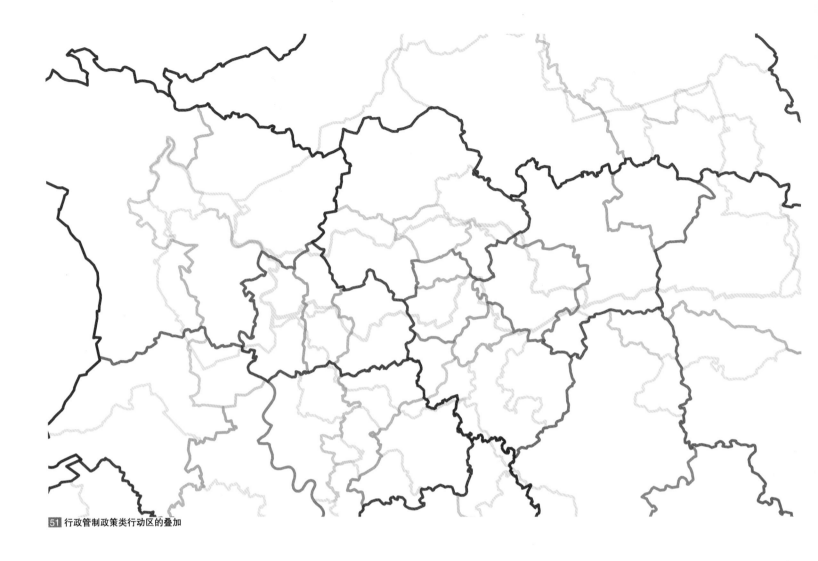

51 行政管制政策类行动区的叠加

行动区的系统化与叠加

前文所有的小分析图完全展示出了鲁尔区及其邻近外围地区中区域治理行动的多样异质性。如果要使它们不那么令人混淆，可以将这些治理行动按主题和行动主体分为三类：

» 行政管制政策类
» 社会经济发展计划类
» 区域合作项目类

将上述三类区域行动各自所涉及的行动区范围边界分别进行叠加，从而形成了三张合成分析图。从图中可以看出鲁尔区及其邻近外围地区的区域治理行动的强度变化。

行政管制政策类行动区——长久依赖工业化以前形成的行政区划边界

这一类行动区的范围主要是按照行政区划和行政管理机构的边界来划分，以承载自上而下的政治磋商和政府决策型区域行动为主。其中的行动区所涉及的主体层面包括国家级（如联邦海关总署）、州级（尤其是司法管辖机构和州属企业、机构的分支办事处）和联合市镇级的协会组织（例如区域联盟协会）。不仅仅是鲁尔区，甚至整个北威州的范围内都被划分成了它们各自行使权责的行动区。该类区域行动除了一些非正式的州级区划行动（如前文图中提及的文化区划、旅游区划和政策区划），其余基本都是正式法定的区域治理行动。

"行政管制政策类行动区"的合成分析图以在鲁尔区内部及其外围地区中的各项此类区域行动的行事范围为基底，描绘了它们的边界叠加强度。越粗越深的边界线则表示此处的区域活动越强（种类越多）。在这张图上没有完全勾勒出鲁尔区的边界（即"鲁尔地区联盟"所管辖的行动区范围）。一方面是因为鲁尔区的边界与某些其他次区域的行动区边界重合（主要是北边界和南边界），例如在北部的明斯特地带和鲁尔区南部接壤的板岩山脉地带。另一方面，有一些区域活动已经突破了鲁尔区自身的范围，例如在鲁尔区境内位于西侧的韦瑟尔县（Wesel）和其邻近西北处的克莱夫县（Kleve）之间的次区域，由于韦瑟尔县和克莱夫县在行政区划上已经整合在了一起，因此"鲁尔地区联盟"（RVR）的行动区边界在此并不相符。

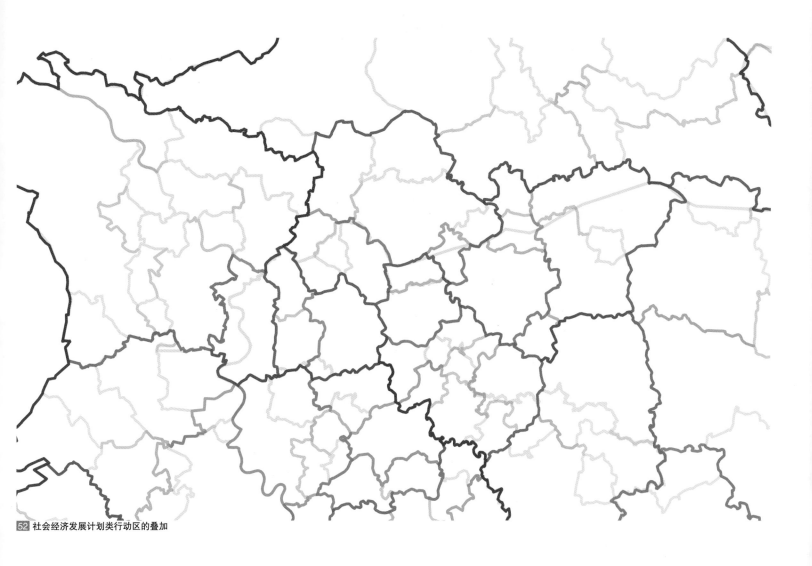

52　社会经济发展计划类行动区的叠加

此外，位于中部的一条比较明显的分割鲁尔区的南北向边界线是原莱茵省和威斯特法伦省之间的界线（见7.1），尽管在"鲁尔地区联盟"（RVR）重新获得法定区域规划编制权后鲁尔区将成为一个整体规划区而不再被分割，但目前这条线仍是很多区域行动和相应行动区的交集。这条边界线形成于1815年维也纳会议之后（普鲁士邦国领土重组）到19世纪中叶工业化开始之前的时间段。

社会经济发展计划类行动区——行政管制政策类行动区的影子

这一类行动区几乎就是行政管制政策类区域行动区在社会和经济发展领域上的映射，因此其中的区域活动也多是自上而下。本类行动区的合成分析图中叠加的行动主体主要包括各行会、党派、区域组织和协会等等。

由于社会经济发展计划类的区域行动非常依赖于行政管制政策的制定，因此反映在合成分析图中这两类行动区的边界极为相似。和行政管制政策类几乎一样，"社会经济发展计划类"分析图中"鲁尔地区联盟"（RVR）所管辖下的鲁尔区北边界和南边界能够识别清楚，但其中部被原莱茵省和威斯特法伦省之间的界线所分割。

51　本图叠加了此类23种区域行动的所有行动区边界，它们所隶属的行动主体（议题）有：联邦劳工法庭、北威州计量和认证中心、联邦海关总署、地方交通与轨道联合会、农林业协会办公室、地方征兵处、"文化区划"计划、州劳工法庭、地方法院、区域联盟协会、北威州建筑和地产经营公司、区域行政单元、高等地方法院、北威州森林林业保护协会、北威州公路管理局、鲁尔地区联盟、联邦社会法院、地方交通与轨道联合会、"旅游区划"计划、水资源联盟、联邦行政法院、"政策区划"计划。

52　本图叠加了此类16种区域行动的所有行动区边界，它们所隶属的行动主体（议题）有：劳动局、北威州服务行业工会、联盟90/绿党、基督教民主联盟、自由民主党、社会民主党、天主教区联盟、德国工会联盟、联邦工业协会、联邦工商联合会、北威州基督教新教教区和堂区、北威州金属和电力产业劳工协会、北威州金属业工会、WDR电视台和WDR广播电台。

所叠加的行动区边界的种类数量
- 1
- 2–6
- 7–12
- 13–22

53 区域合作项目类行动区的叠加

本图叠加了此类16种区域行动的所有行动区边界，它们所隶属的行动主体（议题）有：埃姆舍景观公园、莱茵—瓦尔联合理事会、联合养老办公室、地区联合旅游开发项目、地区联合经济发展项目、"概念鲁尔"项目计划、城镇联合公共交通合作组织、《未来的埃姆舍——埃姆舍新河谷总体发展规划》、IBA埃姆舍公园国际建筑展、地区零售业发展项目、"鲁尔谷"地区发展项目、"河流与城市"地区发展项目、"利珀河地带"地区发展项目、区域旅游联合会、"鲁尔2010"项目、鲁尔都市区经济发展协会、"鲁尔城市地区2030"项目、"未来之国——明斯特地带2016"项目。

所叠加的行动区边界的种类数量

- 1-3
- 4-7
- 8-12
- 13-18

区域合作项目类行动区——"自下而上"的生长

这一类行动区主要承载的是"自下而上"的区域治理行动，它们基于各个地方参与者为了共同利益或是解决共同问题的自发合作而形成。它们往往是在一些非正式的半公共、社会或私人机构的组织协调下采取行动，同时并不一定是面向整个鲁尔区。近年来尤其是北威州出现了很多这样的区域合作组织，负责不同的行动议题和项目。这类区域行动的行事领域包括从制定地区零售业发展计划以促进旅游业发展和城市规划的协同的单一主题合作领域（例如"鲁尔谷"和"河流与城市"项目）到多重复合主题的合作领域（例如"鲁尔城市地区2030"项目系列）。它

们展现了过去几十年中在各个体城镇本位主义夹击下的鲁尔区呈现出的一番区域密集协作的新景象。对此，"IBA埃姆舍公园国际建筑展"的成功运作毫无疑问是最初的推动力。而当前鲁尔区区域协作发展最大的推动力则是来自一些跨时长、主题丰富、合作基础广泛的大型项目系列，包括"鲁尔城市地区2030"、"鲁尔2010"（引起媒体关注）和一些埃姆舍河地带重建过程中的系列合作项目（吸引投资）等等（Danielzyk et al. 2010b）。

在区域合作项目类行动区的合成分析图中可以看出几乎所有的行动区都有重叠，且"鲁尔地区联盟"（RVR）管辖的整个鲁尔区边界可以形成大多数该类区域行动的空间参照。另外，从图中还可以看

出沿着鲁尔区中部核心位置的赫尔维格地带和邻近北侧的埃姆舍河一带的区域合作强度最强（颜色最深），从它们起向外围边缘则逐渐递减。当然，也有少数的行动区超出了鲁尔区的范围。与此同时，在鲁尔区边界外的南部，尤其是东南邻近地带竟然没有一个城镇涉及与鲁尔区的区域合作项目，这更加突显出了鲁尔区清晰的边界。

结论：区域合作和区域规划是鲁尔区发展的催化剂和推动力

鲁尔区中来自"顶层"的行政管制政策类、社会经济发展计划类区域行动和来自"底层"的区域合作项目类行动形成了截然不同的场景。一方面，"自上而下"的行动区还是长久依赖于工业化以前形成的行政边界，并因此对鲁尔区形成了切割（例如原莱茵省和威斯特法伦省之间的分界线）；另一方面，"自下而上"的、只有少部分跨越了鲁尔区范围的区域合作行动则意味着各个地方参与者和行动主体和鲁尔区将视为一个整体区域而共同协作。当然，在其核心地带和边缘地带合作行动的强度和程度有所不同。

区域合作项目类治理行动是推动鲁尔区发展的重要动力。如今这些区域合作行动所呈现出的多样性在数年前还始料未及。当然，"自上而下"的行政指令对于"自下而上"的合作行动也同样有意义，尤其是牵涉到需要通过立法保障实施的环节。到目前为止，本章讨论的大部分区域行动都没有涉及将鲁尔区作为一个整体，在"鲁尔地区联盟"（RVR）重掌法定区域规划编制权之后这一形势会有明显改变（见7.1）。编制鲁尔区整体的区域规划将有助于提升区域凝聚力、挖掘鲁尔区特有的潜力条件并同时解决其面临的挑战。因此，编制区域规划被视为更好地整合鲁尔区内的区域行动所迈出的第一步。

所有区域合作的问题都会随着"鲁尔地区联盟"（RVR）获得区域规划的重新赋权而得到改善。正式、法定的区域规划能够协调区域层面的各项用地安排、统筹各城镇共同促进区域一体化发展。至于城镇自身的利益则只能通过区域规划在首要满足区域利益的情况下有条件地得到满足。

总的来说，自发形成的区域合作仍然是促进鲁尔区未来发展的一个重要议题。但是，过于多样的合作也会导致一些在行动主题、涉及的空间领域和规划发展理念等方面的重叠。特别明显的一个情况是鲁尔区曾经一时间出现了诸多名目下的"总体发展规划"（Masterplan，是一种非正式规划），例如"鲁尔地区联盟"（RVR）组织编制的《居民点空间结构总体发展规划》和《埃姆舍景观公园总体发展规划》；鲁尔区内10个城镇共同编制的《鲁尔总体发展规划》；"埃姆舍合作社"组织编制的《未来的埃姆舍——埃姆舍新河谷总体发展规划》，等等。因此，法定区域规划也应该扮演一个协调多方主体和各种规划的角色，提升规划的透明度，促进多主体合作的协调效应，减少冲突。

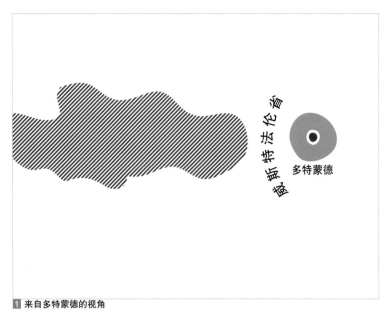

威斯特法伦省
多特蒙德

1 来自多特蒙德的视角

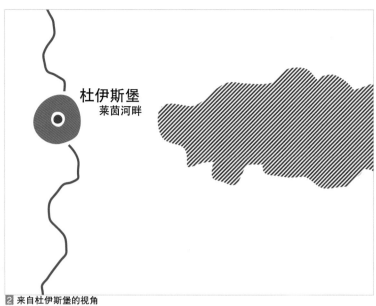

杜伊斯堡
莱茵河畔

2 来自杜伊斯堡的视角

阿姆斯特丹
鹿特丹
乌得勒支
阿恩海姆
文洛
博特罗普
奥伯豪森
新区
沙尔克04
多特蒙德足球俱乐部

4 来自荷兰的视角

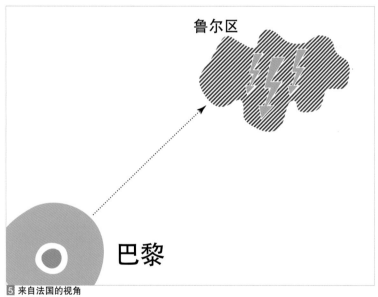

鲁尔区
巴黎

5 来自法国的视角

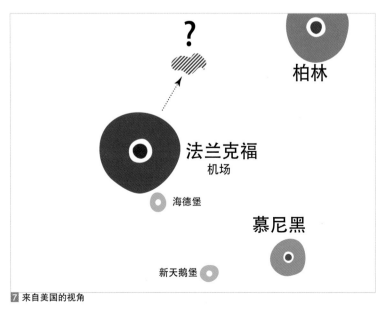

?
柏林
法兰克福
机场
海德堡
慕尼黑
新天鹅堡

7 来自美国的视角

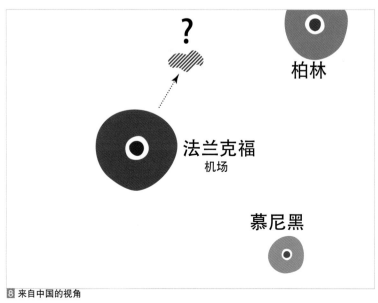

?
柏林
法兰克福
机场
慕尼黑

8 来自中国的视角

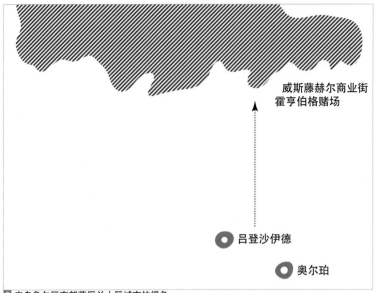

3 来自鲁尔区南部藻厄兰山区城市的视角

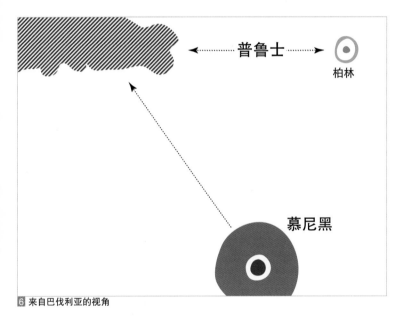

6 来自巴伐利亚的视角

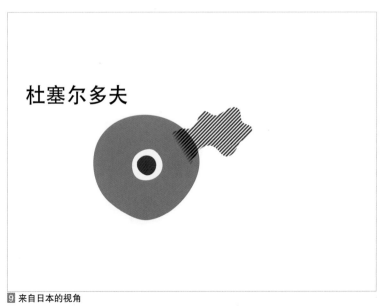

9 来自日本的视角

认知地图：外界对鲁尔区的认知

可以说没有一个认知是完美无缺的。人们如果要想真正认识世界、城市和区域，需要选择多个认知点，并将自己的个人经验感受结合他人的认知描述形成集合加以判断，这样的认知结果才不专断。这种对空间的认知往往是以人们脑中建立起的空间意象和"认知地图"的形式展现，其会进而影响到人们对诸如商业点选址和选择旅游目的地等决策行动，即产生"认知地图效应"—感受影响行为。

本节的分析图抽象地反映了在区域、国家和跨国尺度上的不同外界对鲁尔区的认知意象。就此作几点解释：鲁尔区内部的多特蒙德和杜伊斯堡由于以前的行政从属关系（多特蒙德属于前威斯特法伦省、杜伊斯堡属于前莱茵省）认为它们和鲁尔区"划清了界线"；鲁尔区南部的藻厄兰山区中所选取的两个地点都仅对鲁尔区一些个别事物特点有所印象，例如多特蒙德的足球和休闲购物点。同样荷兰人对鲁尔区的认知也类似，仅仅能产生几个方面的认知意象（例如多特蒙德足球俱乐部、盖尔森基兴沙尔克04足球俱乐部等）。而来自德国巴伐利亚地区和法国对鲁尔区的认知还大多停留在其历史印象（例如工业基地、普鲁士王国等）。

鲁尔区缺乏国际知名度有几个原因：区域整体性不足、有国际影响力的机构和设施少、媒体力量弱，等等。再从旅游业角度的认知来看，鲁尔区给外界留下的国际性印象并不十分明确，不如法兰克福（例如有一个著名机场）、海德堡、慕尼黑等其他德国旅游城市那么鲜明。此外，从经济的视角来认知，大家都知道杜塞尔多夫经济发达，其和很多日本企业都有着紧密的关系，而杜塞尔多夫旁边的鲁尔区却不太"出名"——这也是多年来很多鲁尔区以外的德国人的观点。在这种情况下，像"欧洲文化之都——鲁尔2010"之类的大型活动项目就对改变外界对鲁尔区的"仍停留在过去、固化形成定式"的认知起到了积极作用，并触发形成了很多新的、不一样的空间意象。

» 不同外界视角下的鲁尔区空间意象（认知地图）及其尺度关系，根据克劳斯·R·昆兹曼教授（Klaus R. Kunzmann）的研究而绘制

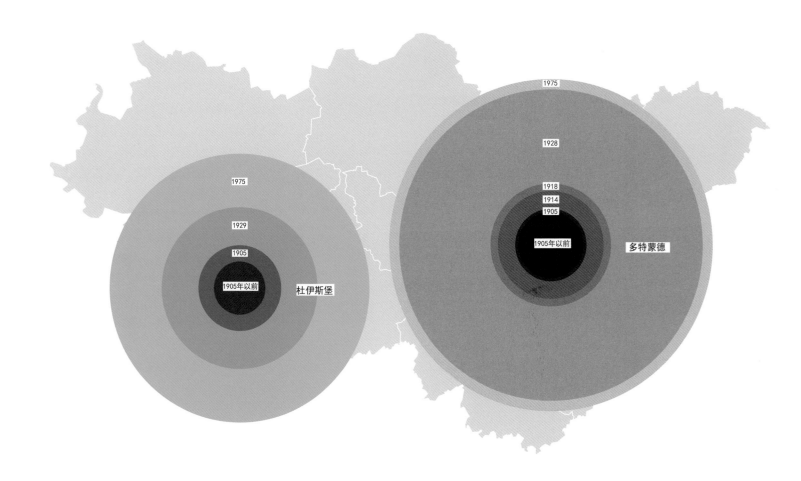

10 多特蒙德和杜伊斯堡的"合并"（空间扩张）过程

作为历史规律的"合并"（城市扩张）

对鲁尔区区域认同感强烈程度的根源在于地方居民与所生活的片区、城市之间的紧密关系。早期工业化形成的那种小片式生活环境（"合并"了矿区、工业区和住宅区）通常被认为是鲁尔区城市发展的起源。此外，一些老村庄的规模化发展也被视作城市扩张的影响因素。

1926年左右德国的很多乡镇开始急剧扩张，合并周边腹地，从而引发了第一轮的城镇空间重组。其实早在多年以前鲁尔区的四个主要城市（杜伊斯堡、埃森、波鸿、多特蒙德）就试图以这种方式膨胀。最典型的是杜伊斯堡合并了汉博恩（Hamborn，之前也是一个大的自治市，被

合并成为了杜伊斯堡的一个行政区），一夜之间人口密度暴增。但鲁尔区并没有在此合并风潮中一举"成功"地跃升为一个特大型"自治市"，反倒是柏林"成功"了。

1975年鲁尔区开始的第二轮城镇空间重组风潮遇到反对者的强烈反对，直至今天在很多地方都难以实施。这些反对的声音有一部分是可以理解的，但有一部分只不过是出于不合理的强烈地方主义。鲁尔区市镇重组很典型的后果是合并后的中心城市对于已经形成固定印象的地方面前有时显得软弱无力，难以驾驭，这对于未来的发展来说无疑是不利的。

注释

1 在德国行政区划体系中，"非县辖市"（Kreisfrei Stadt）即广义上的"城市"，其和"县"（Kreis）是平级的地方政府，县首府所在地称"县辖市"（Kreisstadt），即"县城"。下一层级的地方行政单位则是"乡镇"（Gemeinde，或称社区），其是最基层的地方自治单元。此处的"行政区"（Amt）指在一些县里面由数个人口较少、无行政组织的乡村合组成的一种行政单位，其并非自治团体，而是具有特定任务的公法人。

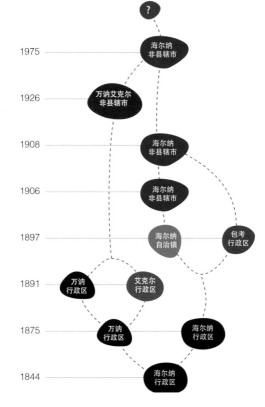

11 海尔纳的"合并"（空间扩张）过程[1]

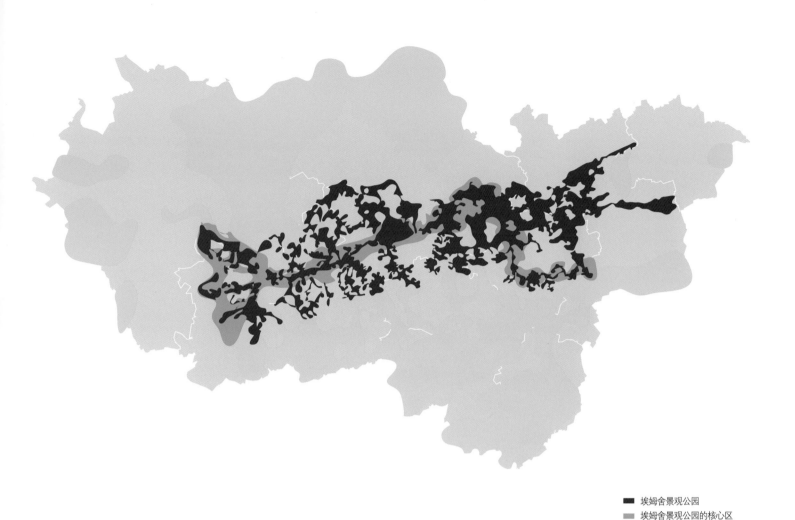

■ 埃姆舍景观公园
■ 埃姆舍景观公园的核心区
■ 原有的区域绿带和开放空间

12 鲁尔区的埃姆舍绿带：过去是绿色边缘，现在是绿色心脏（Emschergenossenschaft，2010）

从绿色边缘到绿色心脏

从1960年代末期起人们开始重点关注鲁尔区北部的发展，并试图将这一地区塑造成能承载更多人口增长的新空间载体。在工业和居民点发展带来巨大空间需求的背景下，为了平衡区域空间发展、满足人们休闲娱乐和保护气候的需求，区域开放空间的发展成为了核心议题。当时除了在中部和北部之间有一条缓冲带外，鲁尔区的大型开放空间几乎都分布在外围边缘地带。这是一种典型的"城乡模式"，城市中的居民需要以大量时间和交通成本为代价才能享用到区域开放空间。

重工业的衰落和对工业用地的后续再开发需求为环境和景观塑造带来了新机遇——需要将鲁尔区中部核心地带变得更加"绿色"，形成更密集的绿网。始于1980年代末的"IBA埃姆舍景观公园"重建项目开启了在鲁尔区"心脏部位"打造一个区域公园的思维理念。自那时起逐步成长起来的埃姆舍景观公园在工业环境之上创造了自然，成为一个极具识别性的大型景观空间以及自行车和步行游览频频造访的体验型空间。

如今的埃姆舍景观公园也是区域规划和后工业区域特质研究的核心对象。为此，一些专门针对开放空间系统的城市设计、景观设计项目开展得更加频繁，意在

更精致地塑造其中的小空间质量。此外，区域合作行动也得到了加强，越来越多的城镇加入了提升埃姆舍公园整体质量为出发点的各种联合项目。需要说明的是本页的分析图所描绘的埃姆舍景观公园范围并不完全匹配于项目实施后的真实面积，而只是为了强化区域公园的整体意象。

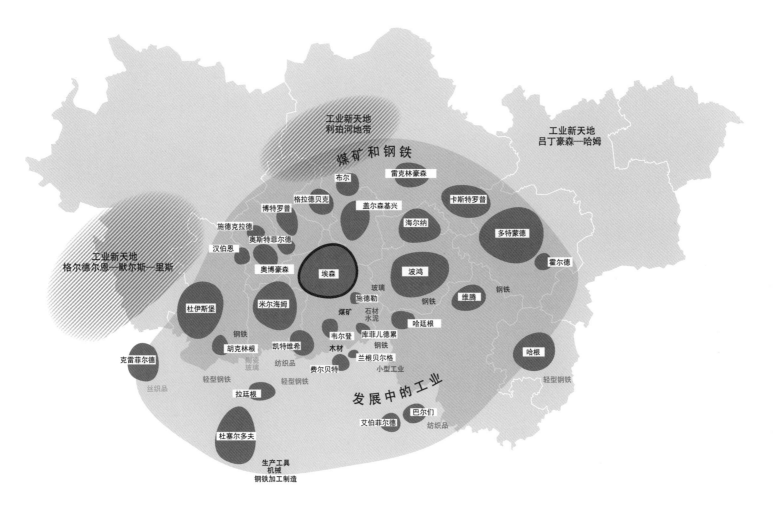

1925年的原莱茵省和威斯特法伦省的产业区规划（Ehlgötz，1925）

时代变迁中的空间规划

区域合作行动往往需要建立在一些功能场所和设施的空间认知意象和有关它们空间秩序安排的规划（例如州总体规划、区域规划）的基础之上。区域规划也不应只是一张静态的终极蓝图，而应处在渐进的动态发展中。几十年以来区域产业体系的布局组织通常都是鲁尔区规划考虑的核心内容。例如早期的"鲁尔矿区住区联盟"（SVR）就一直在力争达到产业发展和城镇社会经济的共赢和谐关系。一直到20世纪末期有一系列的倡议、探讨和规划设想都在延续这个议题，就像后来的埃姆舍景观公园的发展过程一样。很多的科学研究都发现当今的鲁尔区内部其实存在很多分歧，不同次区域处在不同的发展阶段并承载着不同的发展愿景——这些也一直是区域规划和政策制定上的挑战。

1925年时原莱茵省和威斯特法伦省的产业区规划：具有等级秩序的组织结构

由上图可见，城镇是作为产业区和功能区来进行的空间布局，且都围绕埃森布局，使得埃森成为了一个产业中心。另外，在南部明显出现了断层。这张图反映的是城镇合并风潮以前的景象，但是其中已经将海尔纳和万讷艾克尔（Wanne-Eickel）考虑规划成了一个整体（此时它们还未正式合并，见本节图11）。这个产业区规划赋予了埃森一个强中心地位，同时在整个城镇体系上形成了非常明显的等级结构，这以现在的视角来看是有先见之明的。

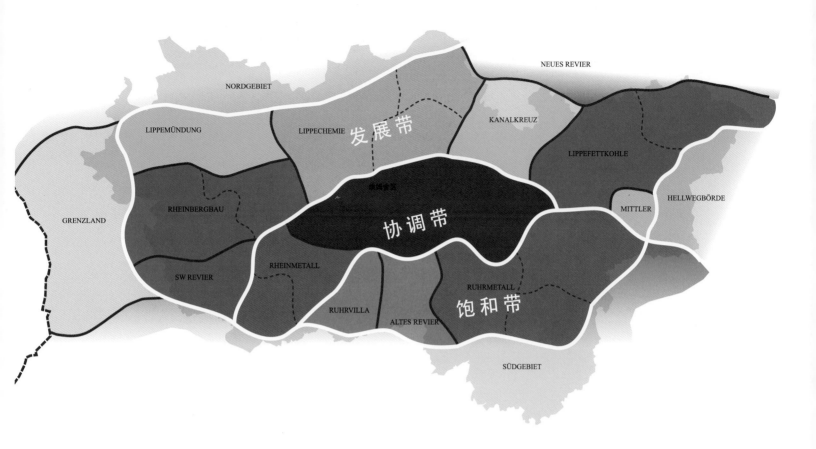

NEUES REVIER

NORDGEBIET

LIPPEMÜNDUNG LIPPECHEMIE 发展带 KANALKREUZ

LIPPEFETTKOHLE

RHEINBERGBAU 协调带 HELLWEGBÖRDE

GRENZLAND MITTLER

SW REVIER RHEINMETALL RUHRMETALL

RUHRVILLA 饱和带

ALTES REVIER

SÜDGEBIET

14 1959年"鲁尔矿区住区联盟"（SVR）规划的带形结构（SVR，1959）

1959年"鲁尔矿区住区联盟"（SVR）规划的带形结构：连贯的规划区

　　1959年"鲁尔矿区住区联盟"（SVR）制定的鲁尔区规划形成了三条发展带的结构，各自具有纯粹的发展意向和诗意名称，并分别包含了不同的功能分区。粗糙的"三段式"分工明显是出于鲁尔区工业北移而对南部地区发展要求降低的逻辑，因此南部地区被规划为"饱和带"。所有的功能分区主要依据基础设施、产业和地理意义上的规范性行业术语来进行划分。其中中部"协调带"中的"埃姆舍区"的划分最有远见：它前瞻性地识别到了"埃姆舍"这一战略性空间（其实际是在1989年"IBA埃姆舍公园国际建筑展"项目之后才得以充分挖掘）。当然，这个规划意图在当时可能仅仅是出于"如果这个地区没有埃姆舍河来解决污水排放将会停止运转"这样的简单考虑。

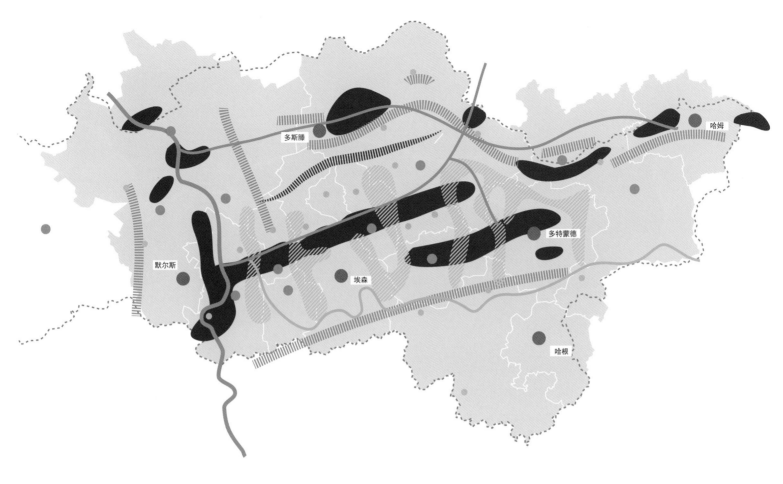

默尔斯

多斯滕

哈姆

多特蒙德

埃森

哈根

15 1961年"鲁尔矿区住区联盟"（SVR）的概念规划

■ 重工业
▥ 中部核心区和北部地区之间的分隔带
▥ 居民点发展带/人口密集区
▨ 区域绿带
● 区域中心
● 次区域中心
• 地方中心
--- 1961年"鲁尔矿区住区联盟"（SVR）的管辖边界

1961年"鲁尔矿区住区联盟"（SVR）的概念规划：工业基地的结构要素组织

这个规划的特点是对鲁尔区空间发展中的结构性要素体系进行组织，主要考虑如何平衡居民点、开放空间和工业发展的关系，消除彼此的用地冲突。在该规划中，北部、西部和南部的条状居住用地形成了整个规划区边界，而波鸿只被定位为一个次级中心。另外规划中尤其突出的是南北向的区域绿带（如今它们中的一部分已和埃姆舍景观公园融为了一体），由此可以看出"鲁尔矿区住区联盟"（SVR）自成立以来履行区域绿色空间保护职责的坚定信念。再有，该规划中采用没有颜色（灰色）的背景作为"图底关系"的"底"，给开放空间和间隔空间的发展留下了无限遐想。

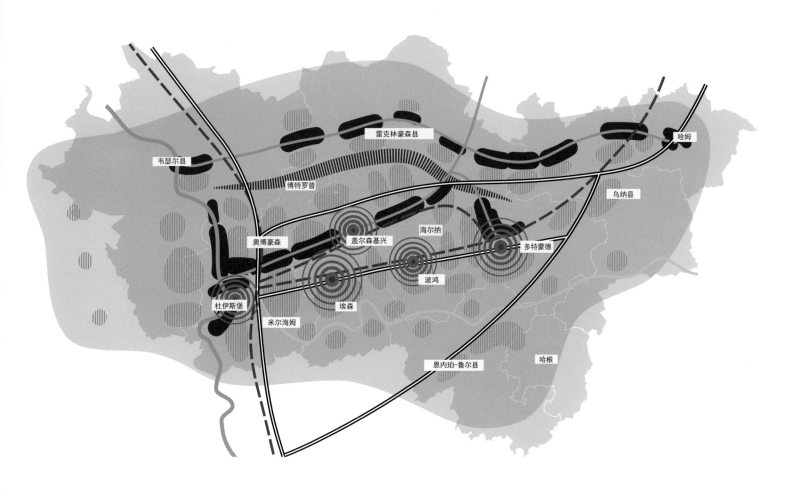

雷克林豪森县

韦瑟尔县

博特罗普

乌纳县

奥博豪森

盖尔森基兴

海尔纳

多特蒙德

哈姆

波鸿

杜伊斯堡

米尔海姆

埃森

恩内珀-鲁尔县

哈根

16 1966年"鲁尔矿区住区联盟"（SVR）的区域发展规划

■ 重工业
||||| 中部核心区和北部地区之间的分隔带
||||| 居民点发展空间/人口密集区
||||| 区域绿带
◉ 鲁尔区的区域性中心城市

1966年的区域发展规划：工业体系结构

1966年"鲁尔矿区住区联盟"（SVR）编制的这个区域发展规划比前一版概念规划更加强调了"空间发展中的结构性要素"组织的理念，且各要素体系之间的关系似乎更为整合和协调。该规划制定了一个居民点、产业区和开放空间之间均衡发展的空间结构，形成能承载700万人口的空间载体。规划中"点-轴"体系的区域空间组织逻辑十分清晰可见。尽管北部被一条"分隔带"隔开，但其通过基础设施也能与中部核心地带产生联系，而不像西部地区在九年后（1975年，SVR失去区域规划编制权，见7.2）就不再属于"鲁尔矿区住区联盟"（SVR）的管理范围了。

17 后工业时代鲁尔区的"片段化"（Blotevogel/Kunzmann，2001）

工业生产集群
矿区
边缘化的城市空间
管理、经济和服务中心
高新技术增长极
休闲中心
物流中心
经历了"绅士化"的城郊空间
● 以私家车为导向的大型购物中心
（鲁尔高速公路A40沿线）

后工业时代的"片段化"：科学发现

工业化时代的鲁尔区发展完全是遵循工业经济的思路，以强调产业体系为核心，到了今天这种发展模式已经在很大程度上被突破了。新的形势已经出现，并且鲁尔区内的空间环境也形成了差异：在经济、社会和生态环境方面发展得更好了，但在整体功能定位上却更不明确了，且南北部的差距也更加悬殊。前重工业地带埃姆舍河地带缓慢而艰难地经历了结构变迁，但付出的巨大投资与在经济和就业领域的回报还难以平衡。如上图所示，进入后工业社会的鲁尔区呈现出典型的后现代、"片段化"空间特征，其未来的发展必须要和邻近的杜塞尔多夫以及莱茵河谷地区整体考虑，将其放在更大的空间框架下进行综合统筹。

18 "概念鲁尔"系列项目计划（"鲁尔都市区经济发展协会"，2008）

● 单体项目
— 线性项目（基础设施改造、绿道连接类）
▨ 以一定空间范畴为对象的项目
▨ 水系
■ 该系列项目的整体运作范围

2008年的"概念鲁尔"系列项目计划：被埋没的潜力

这个"概念鲁尔"系列项目计划的宗旨是制定促进城市和区域可持续发展的战略。地方跨界协作被视为该项计划的基本原则，同时也是长期战略的启动平台。该项目系列的运作范围涵盖了"鲁尔城市地区2030"的项目范围，其除了西部的韦瑟尔县和恩内珀-鲁尔县以外，几乎覆盖了"鲁尔地区联盟"（RVR）治下的整个

鲁尔区范围。从上图中能够看到一个比较合理、均衡的拟开展项目的分布格局，以及统筹地方跨界协作的蓝色轴带。但是也应注意到，这些个体项目所构成的鲁尔区整体空间结构并不是十分清晰。另外，这个系列项目计划虽有创新和潜力，但实际实施起来有一定的前提条件，即要求建立起很好的地方跨界协作机制，仅这一点实现起来就比各城镇单独实施各自的规划要难。

» 尽管鲁尔区是德国最早开始制定区域规划的地区，但却没有持续进行以鲁尔区为整体对象的区域规划。工业化以前形成的部分行政管理构架和边界在今天依然有效，所以才出现了很多以次区域为单位的各种机构组织、联盟以及它们履行职权的区域行动区。"鲁尔地区联盟"（RVR）的管辖范围即我们今天说的鲁尔区也只是众多行动区中的一个，在2009年"鲁尔地区联盟"（RVR）重获区域规划编制权后原本分治的情况会得到很大改善。所有这些行动区中的行动都是建立在各自行动主体的空间认知的基础上，因为这些空间认知往往有助于塑造地方认同性和自己的身份感。尤其是那些自下而上的区域合作行动更有着强化地方认同感、凝聚力和识别性的意愿，这就是2000年以后出现了越来越多的自发区域协作行动的原因。从行动区的空间格局对比来看（见7.3），相比于自下而上的区域合作项目类行动区，鲁尔区在自上而下的行政管制政策类和社会经济发展计划类行动区中的位置和角色性不强，这是因为鲁尔区往往对于自下而上的区域合作行动来说才是主角。只有来自"底层"的参与者才会把鲁尔区视为自己的行动对象，尽管在其核心地带和边缘地区的参与行动强度不同。地方城镇之间通常存在利益博弈，只考虑其自身利益，热衷于自家的"一亩田三分地"（行政范围），因此鲁尔区在1975年以来的城镇空间重组改革才一次次地受阻。地方和区域的认同性应该被当做平行共存的合作关系而不是竞争关系来对待。因此，在区域层面也要设身处地、因地制宜地考虑到各个地方不同的发展诉求和认同感。这也需要新的立法和信服力证据作为支撑，使得共赢利益透明可见。最后来讲，参与者的意愿是促使合作行动成功、可持续的关键。

绿色之岛

莱茵河下游的中心

带有工业浪漫史的交通廊道 A42

杜伊斯堡

Geldspeicher

带有大都市区氛围的交通廊道A40

€

杜塞尔多夫郊区

1 随情景变化的认同感：空间认知的多元化

注：作为地方城镇和个体来说通常不只存在一种身份认同感，而是可能有多种，这取决于外部环境的不同。比如对次区域、地方尺度来说，杜伊斯堡和多特蒙德也可以将自身看作原莱茵省和威斯特法伦省的主角；鲁尔区的北部地区由于自己拥有众多的绿色开放空间也可以认为自己和"肮脏"的工业鲁尔区"划清了界限"。而中部核心地带则保持了鲁尔区一贯的"刻板形象"，认为自己才是代表鲁尔区的"正统"。对于整个鲁尔区的区域尺度而言，则需要贴上如"工业遗产之都"或"文化之都"这样的标语。每一种标语都代表了一种区域定位、认同性和空间意象，尽管这些定位都需要长期持续不断地培养才能形成。新的定位必须要通过集思广益而确定，同时也需要积极付出努力以证明它们存在的价值。

大明斯特地区
郊区

鲁尔区

威斯特法伦
大都市

多特蒙德

高卢村庄农舍

波鸿"百慕大三角带"酒吧街

埃森

购物之城

冰川河谷

通向藻厄兰地区之门

如果……将会怎样?

　　勾画鲁尔区未来可能的发展方向和场景必须要建立在前文所述的对各个系统、要素层分析的基础上,同时还需要秉持大胆的愿景设想。实际经验表明,一些看似不可能的事往往比看似可能的事发生得要快。

如果鲁尔高速公路A40被改造成一个装有路灯的城市林荫大道将会怎样? 临街地面层会结合人行道一起被设计成具有多种使用功能的公共空间。

　　如果把波鸿鲁尔大学的中心场地改造成具有城市氛围和设施的公共活动场所将会怎样? 这个地区会成为一个拥有多样使用功能的城市生活空间和有较大吸引力的驻足休憩场所。

　　如果把一些居民点建成区之间的间隔空间改造成休闲活动区（例如滨水区）将会怎样？届时作为景观积极要素的水将会带给人们新的生活品质和新的体验。

区域空间发展的特别潜质和未来之路：
鲁尔城市性

克里斯塔·莱歇尔（Christa Reicher），克劳斯·R·昆兹曼（Klaus R. Kunzmann），
扬·波利夫卡（Jan Polívka），弗兰克·鲁斯特（Frank Roost），
亚瑟民·乌克图（Yasemin Utku），迈克尔·维格纳（Michael Wegener）

鲁尔区的多中心结构和其结构转型的经验为促进一个可持续发展的知识型地域树立了很好的样板。要想保持存在于鲁尔区独特结构中的既有潜质（即"鲁尔城市性"），就需要建立起适宜贴切的空间发展原则。在邻里、片区、城市、区域和整个北莱茵-威斯特法伦州尺度上的公众参与、规划编制和政策制定必须形成统一的共识来遵守这些原则。各个尺度和所有层面只有在遵守了这些原则的前提下采取的相关行动才能最大化地挖掘、利用和优化提升鲁尔区的现有潜质。

8.1　鲁尔区空间发展未来之路

立足点：鲁尔区的多中心结构和它的潜力

制定鲁尔区的空间发展策略必须要考虑它历经长久的工业发展史所留下的遗产。首先，多中心结构不能改变，这是在自然地理、历史和产业经济等因素下形成的合理格局。在当今地方市场主导的政治经济环境下，区域层面的总体发展规划对这种多中心结构的影响有限。鲁尔区既定的多中心性也因此必须是承载未来空间发展的起点——在这个结构上去考虑同时满足经济、社会、文化和生态的多样需求。这种多中心性更有必要被视为一种机会——以协调来自局部地方和整体区域的认同性，保持人居环境结构的清晰化和特征，并提升其品质。也就是说，无论如何鲁尔区的多中心性都必须被保留、延续和优化。

多中心性在一定程度上摒弃了工业化时期开始盛行的单一功能分区，它支持了土地混合使用，将居住和工作又联系在了一起。传统的工业生产方式下，为了使居民免受空气污染和噪音之扰曾经将居住和工业分开。而之后新的生产和工作方式使得混合用地分散布局成为可能，多中心的格局可以使现代小型而低排放的产业设施更好地融入混合用地中。

多中心性有利于人们在网络中作业。大分散、小集中的居民点是网络体系中的节点，这样也有利于形成高效的地方经济。实际上后工业时代的工作方式特点就是在分散价值链的网络组织中开展工作。除了依靠现代通讯信息技术之外，后工业化的工作网络中也要求人们频繁地进行现场接触（尤其是生产业和服务业），包括从业人员之间、他们和决策者之间等等，地点则可能会在工作场所或其他驻地。尤其是地方创意经济的发展非常依赖于这样的网络组织方式。

多中心性支持了短距离通勤，缩短了人们花在小汽车或者公共汽车上的出行时间。"多中心"中的"中心"往往就是满足日常生活所需的地方服务中心，其集中了就业场所和设施布局，像学校、医院、图书馆、办公室、文化、体育、休闲等公共设施点都可以通过步行或自行车的方式可达。在多中心的结构下个人服务的便利化能得到极大提升，尤其能够满足一些没有车或者行动不便的老年人的个人服务需求，例如去看病、咨询律师、去银行、办保险等等。这样一来也更有利于促进本地经济和本地联系网的发展。

多中心性缩短了前往接触自然和绿色休闲空间的路途。多中心、分散的布局结构更有利于区域绿色开放空间的保护、组织及其向居民点的渗透。对于居民来说，从自己家出发可以相对便捷地到达区域绿地，而不需要走很长的路程或穿越很多的交通设施才能看到绿色。相应地，开放空间系统在多中心的结构下也能获得更佳的连接性，并因此能更好地发挥生态和农业服务功能。

多中心性减少了不必要的货运流量。现代的及时化生产方式、过程还有网购等生活方式极大地提升了货运交通的需求。多中心的结构能够促进地方经济循环，进而减少物流货运的成本从而保护环境。当然，要实现这一点还需要采取更加创新和智能化的管理操作组织模式。

多中心性节省了时间成本。家庭住户的时间分配正在随着经济结构变革和日常生活中所用到的新通讯信息技术的发展而改变。时间概念对于很多城市居民来说再次变得很重要，特别是那些数量不断增加的自由职业者和打工族，他们通常不是就职于一个固定的工作岗位，而是灵活奔波于很多个工作场所来支撑本人及家庭的生计，因此时间对他们来说尤为重要。

多中心性意味着地方认同性。在媒体力量主导的全球化时代，多中心空间布局下的居民点结构更能营造出各自的本地认同感和识别性，使各个分散的"地方自我世界"更有机会去保护及强化本地特色。地方认同性能够加强社会参与意识和公民责任感，进而有利于引导他们参与到政治决策的过程中。多中心还有助于外来移民融入本地社会，他们在这种分散的结构中更容易找到贴近自己习俗的文化群体和生活空间。

多中心性能营造出小空间环境的城市氛围。多中心结构下的节点区位论以及为此配置的交通网络能够影响土地开发市场，能促使在交通可达性强的地方形成人口适度密集的中心节点。也就是说，城市中紧凑密集的"内核"并不一定只是局限在传统的内城中心，而是可以分散于整个区域中，从而引导人口和建设密度的流动，同时疏解在大城市拥挤的中心区中"超负荷"的土地市场。如此一来在多中心的结构下，城市氛围就不会只出现在个别少数的热点地区（如内城中心区），而是可以在很多不同的地方形成。

基于上述众多的理由可以认为鲁尔区的多中心性不是一种缺陷，恰恰是一种机遇。这种机遇必须通过制定有针对性和有政策支撑的规划策略来加以利用，只有如此才能够让它的多中心结构抵御日益的侵蚀，进而防止经济活力过于集中在少数几个中心点上。无论如何，尤为重要的一点是不能只从短视的视角出发，基于城镇个体的自身利益来考虑问题。另外，这里强调鲁尔区的"多中心城市性"并不意味着其他欧洲大都市区（例如柏林、巴黎和伦敦）的发展模式就不理想，它们并不是处在主观臆测的竞争关系中（实际上柏林从城市尺度来看也是多中心结构）。强调多中心性是为了强调建立均衡发展、密度适中的居民点结构的观点，这才是从特有的"鲁尔城市性"中可以借鉴的。

鲁尔城市性：鲁尔区空间发展未来之路

鲁尔区可以有很多个并存的未来发展之路，其中的四个将在后文阐述。它们从空间维度上描绘了区域的未来发展定位与场景。它们是从鲁尔区自身的潜力和发展条件（即"鲁尔城市性"）分析中提炼出来的，将对地方和区域治理行动提供指引。本书在对这些"未来之路"的描述之后还总结有一系列的原则，它们是未来鲁尔区的规划和决策制定过程中应该遵循的。需要说明的是，鲁尔区的社会、经济和环境维度及其发展之路在本书中仅仅是间接地涉及，主要是对其在空间上的映射进行描述。同时，一些用来保障和加强鲁尔区多中心结构的必要的立法和政策措施在此也不予涉及，因为它们应该建立在全民社会理解的基础上，通过共同磋商的过程才能确立。另外，后文中所呈现的"分层图"并不能替代任何鲁尔区的规划，换言之它们并不能当作正式的规划使用，而只是将区域发展战略形象化的图示语言。

8.2 鲁尔区可以成为一个吸引人的景观载体

» 表面上看，鲁尔区不是一个以富有吸引力的景观取胜的地区，至少很多没有在这里经历成长的人都这么觉得。几乎没有一个国际性的导游赞扬过鲁尔区的风景美，而且只有少数的旅游公司把鲁尔区作为景点列入它们的旅游项目。鲁尔区作为旅游目的地对于外界的吸引力只能慢慢发掘才会显现，这主要归功于其在结构转型过程中改造形成的各不相同的工业遗产景观点。鲁尔区的吸引力并不在于风景旅游层面的视觉美，而是在于它的丰富多彩和变化，只有在此居住、工作和度周末休闲体验的人才能领略到。鲁尔区的整体区域认同性需要经历很长时间才能培育形成，因为例如从多特蒙德去杜伊斯堡或者从维腾到博特罗普的路程都要花费较长时间，且也并不是一些好奇的居民首选的休闲体验线路。当然，这种情况在鲁尔区主要城市的人们思想开放以后有所好转。另外，那些备受推崇的南北向区域绿带（其中分布着植被茂盛的山坡、残留的农田，同时也有高压走廊和高速公路通道）实际上也阻滞了区域中一些东西向的贯穿联系。

渐渐地，鲁尔区作为一个在自然和人为共同作用下造就的独特景观载体的整体区域意识便形成在人们的脑海中：三大自然地理景观单元（南部的莱茵板岩山地、东北部的明斯特低地、西部的莱茵河下游平原）在此汇聚；随着煤矿和钢铁业的萧条以及产业结构调整，在人为作用下形成了小斑块状的景观"马赛克"格局，其中无数的景观元素和谐共存，包括残留的工业设施、矿区居住区、耕地、森林、高速公路、服务设施、废弃矿堆、铁路线、运河、烟囱、冷却塔、公园，等等；以三条主要水系为核心形成了三个河谷型景观地带——鲁尔河地带、埃姆舍河地带和利珀河地带；由于地面沉降，这个景观载体只有在持之以恒的巨大代价（加泵抽水）下才能维持其宜居性。

景观空间和内部边缘（第2、5章）

从埃姆舍景观公园的理念产生、草案酝酿到之后在众多城镇达成共识下的共同参与努力并渐进地实施，鲁尔区拥有了一条全新、可及性强的"区域绿脊"。由此人们可以真正体验和享受这个位于鲁尔河地带和利珀河地带之间的多样化景观空间。其中那些经过绿化修复的、带有独特雕塑小品的众多"矿堆人工山"成为了区域新的景观标志和游览观景点。一些小城镇例如哈廷根、韦尔内（Werne）和乌纳等的历史老城区也受益于这些景观点而得到了更多的关注。可以说埃姆舍景观公园的运作将区域开放空间和场地复兴的战略落到了实处，它结合埃姆舍河水系治理打造出了一条串联高品质开放空间的全新东西向绿色走廊。目前埃姆舍景观公园进展中的旗舰项目为"埃姆舍新河谷"，其定位为鲁尔区的绿心，将继续改变人们对区域整体的景观认知。未来的进一步举措是对埃姆舍河的众多支流和滨水空间进行再自然化治理，并对建成区和自然空间接壤的"内部边缘"进行优化，形成具有建筑类型学意义的丰富多样界面，营造出更多可及性强的休闲场所。

工业遗产和认知（第2、5、7章）

鲁尔区的绿色网络不仅包括区域公园、城市公园和绿道等绿色空间，还融入了那些采矿业衰落后保存下来的工业设施和工业遗迹。这些工业遗产在"IBA埃姆舍公园国际建筑展"举办期间获得重生，并由区域中广为人知的"工业文化之路"串联在一起。它们形成了新的鲁尔区区域认同性要素，同时也是景观性地标。由于它们的存在，外界对鲁尔区的整体形象认知也显著得到了改善。也就是说，过去20年以来鲁尔区产生了很多新的工业文化旅游点，它们具有独特的识别性，其影响范围远远超出了鲁尔区自身的范围。这些工业遗产可以很好地与其他城市中那些富丽堂皇的所谓"亮点工程"竞争。更有意义的是，它们的价值不仅仅在于建筑设计本身，更在于伴随它们所发生的活动和事件，这也赋予了鲁尔区新的社会属性。具体来说，这些工业遗产是集合创意设计的场所，是承载国际探讨新文化发展的沙龙，也是举办提升区域文化内涵的大大小小各类文化艺术活动（例如"鲁尔艺术节三年展"、"夏日钢琴节"等）的最具吸引力的场所。此外，它们还是承办例如国际会议、研讨会、婚礼或周年庆典纪念等活动的"宴会厅"。当然，更为重要的是需要考虑将这些工业遗产的价值更好地结合地方生活，服务于本地，而不仅仅是为了辐射国际和区域。

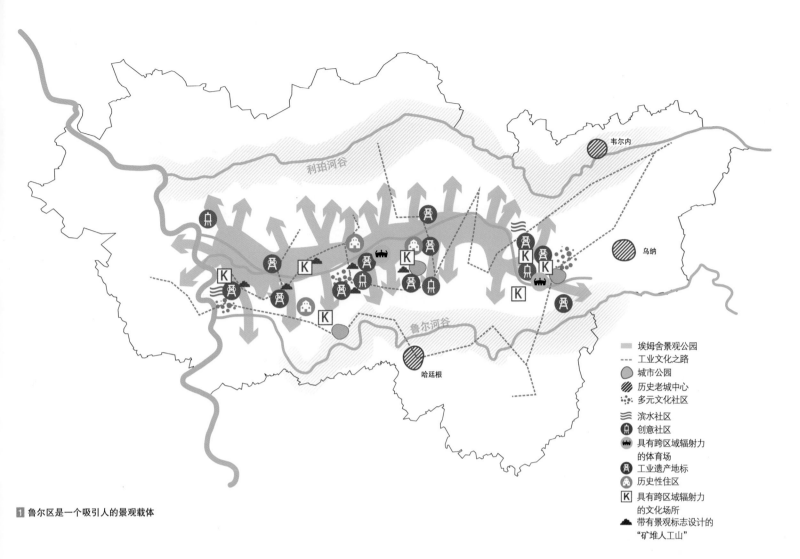

利珀河谷

韦尔内

乌纳

鲁尔河谷

哈廷根

埃姆舍景观公园
工业文化之路
城市公园
历史老城中心
多元文化社区
滨水社区
创意社区
具有跨区域辐射力
的体育场
工业遗产地标
历史性住区
具有跨区域辐射力
的文化场所
带有景观标志设计的
"矿堆人工山"

1 鲁尔区是一个吸引人的景观载体

小环境的城市性代表了生活氛围（第2，4，5，6章）

鲁尔区生活氛围的特点是小环境下的城市性，这一点在第一印象上往往容易被忽视。其体现在如绿色空间的近距离可及和城市设施点之间便利的可达性等方面。这些方面在欧洲其他大城市地区通常受到限制，往往要在密集建成区之外的边缘地区才能得以实现，但在鲁尔区却恰恰作为考虑问题的通则。在鲁尔区的居民点体系中形成了很多的"内部边缘"，通过它们的过渡那些绿色自然开放空间便近在咫尺。鲁尔区的这些生活氛围和品质与其他城市地区相比更有价值，因为它们不是只有高收入阶层才能享受得到，普通阶层同样可以。其实早在工业化时代修建在靠近

工厂大门的工矿居民区就有着很高的社会凝聚力。从整个欧洲各个移民来源国招募的众多产业工人和他们的家庭形成了不同文化氛围、小空间尺度的群体环境，有一部分甚至延续到了今天。成形于一战前后的带有"田园城市"性质的工矿居住区成为了以社会融入为导向的住宅建设典范，后来在"IBA埃姆舍公园国际建筑年展"活动期间也尝试建立这种模式。正是这种带有中心性和等级秩序结构的网络化小环境生活模式促进了鲁尔区空间灵活性、经济和社会的弹性以及包容性的形成，其应该作为鲁尔区建成环境的灵魂而永远保持下去。

» 鲁尔区中集聚了众多有吸引力的场所而体现出的多样性（图1）奠定了区域景观可持续发展的良好基石，对于各阶层的公众生活来说也有着特别的社会意义。妥善对待并发扬鲁尔区的区域景观特性是下一代的政策制定者、规划师和投资者的重任。他们同时也是脱离了传统工业化时代而成长于后工业社会、有能力制定和实施鲁尔区空间发展新战略的第一代。因此，可以说他们现在就已经站在了鲁尔区空间发展的新起点。

》对于鲁尔区或者说对于一个百年来都由煤矿和钢铁业主导的区域来说，关于其能源高效利用前景的探讨有着特别的意义。煤矿开采和重工业生产是导致今天鲁尔区气候变化的罪魁祸首。自从遭遇煤矿危机以来，尤其在近年来鲁尔区已经迈出了打造高效能源基地的决定性步伐，减少由煤炭、石油和天然气等石化燃料带来的温室气体排放，逐渐推广可再生能源的使用，力争发展成为一个节能型地区。

鲁尔区多中心下分散的居民点结构为可持续发展奠定了良好的基础。大量实证研究和模型试验都表明，像鲁尔区这种多中心的城市地区有着很大的内部空间和功能重组的潜质。因为在多中心的结构下，不仅是居住点，同样连就业和服务地点也是高度分散的，这样就能促进地区内部的居住、就业、教育、购物和休闲等功能之间形成相比单中心城市结构（其中大部分的就业岗位、服务设施集中在中心区）而言更短距离的通勤。曾经流行的郊区化趋势目前已经回流，密集建设、功能混合的城市邻里社区再次受到关注，它们在新一代的城镇公民眼中是支持地区功能和空间重组战略的单元载体。因此，鲁尔区现有的分散式居民点结构还要继续强化，形成居住、工作、上学、服务和休闲之间更加融合的功能混合性。这意味着鲁尔区必须要在政策和法律许可的前提下停止一切无序的城市蔓延扩张。

气候保护和能源消耗（第3章）

交通是关系到区域能否成为高效能源基地的核心议题之一，因为交通占据了三分之一的温室气体排放量，也是增加温室气体的主要人类行为活动。另外，直到今天大部分的交通仍然主要依赖化石燃料，其中主要是矿物油。这意味着如果要达成德国联邦政府提出的气候保护目标（与1990年比，到2020年减碳40%，到2050年减碳80%），鲁尔区就必须从交通领域入手来减少能源消耗和温室气体排放。

可持续的交通模式（第3、6章）

很多现代技术革新手段都可以使私人交通能耗更少并减少对化石燃料的依赖，也就是说更为可持续。这些技术措施包括使用高能效引擎、轻型车辆、混合动力或电驱动、可替代的非石化燃料以及优化交通流的信息管控系统，等等。但是，要从交通领域减少能耗和温室气体排放仅仅靠这些技术革新手段是不够的，必须还要采取其他的抑制交通量的手段，从源头上进行控制。这些手段包括从积极鼓励和控制削减两方面来促使人们从依赖私家车到更倾向公共交通的转变，或者说根本就不开车出行，因为相对而言分布在多中心城市结构中的出行目的地大多能够通过步行、自行车或本地公交的方式到达。为了使鲁尔区实现可持续发展的机动性，本书所列举的一些促进分散的居民点结构紧凑化的措施（见后文"空间发展原则"）是十分必要的。首先，应该优化地方交通网（通常是公共汽车网）的覆盖面和出行时刻，再通过它将居民点体系中的居住和其他功能点与区域轨道线网的换乘站便捷联系，如此一来鲁尔区在欧洲的交通区位优势和出行省时便利性才更加能够得以尽显。其次，为了减轻现状鲁尔区中部铁路廊道的交通负担，可以结合现有路径的使用情况而改造打造出两条平行的区域性南北快速铁路走廊。其中一条可称作"埃姆舍走廊"，其位于鲁尔区北部，可连接那些沿着埃姆舍河分布的棕地改造后形成的居住、服务、创意基地等各功能区。第二条可称作"鲁尔谷走廊"，其可以连接鲁尔区南部沿着鲁尔河谷地带分布的功能区，也能减轻中部铁路走廊的交通压力。总的来说，鲁尔区必须形成网络化的交通组织。再有，为了加强地区中教师、研究人员和学生的出行可达性以提升区域整体的知识氛围，还应该建立起鲁尔区中的各个大学和其他文化知识型功能点之间以及它们和城市核心区之间的便利交通联系。当然这必须在区域交通管理机构的共同协作下才能得以实现。

货运交通的发展之路（第2、3、6章）

实现鲁尔区的可持续机动性除了对公共客运交通领域进行改善外，货运交通领域也同样需要作为，因为随着将来企业和家庭的电子商务需求增加也会引起货运交通量的上涨。关于这一点尤其需要对区域物流和物资供应服务的理念和管理组织模式进行创新，并从源头上减少不必要的货运出行量。

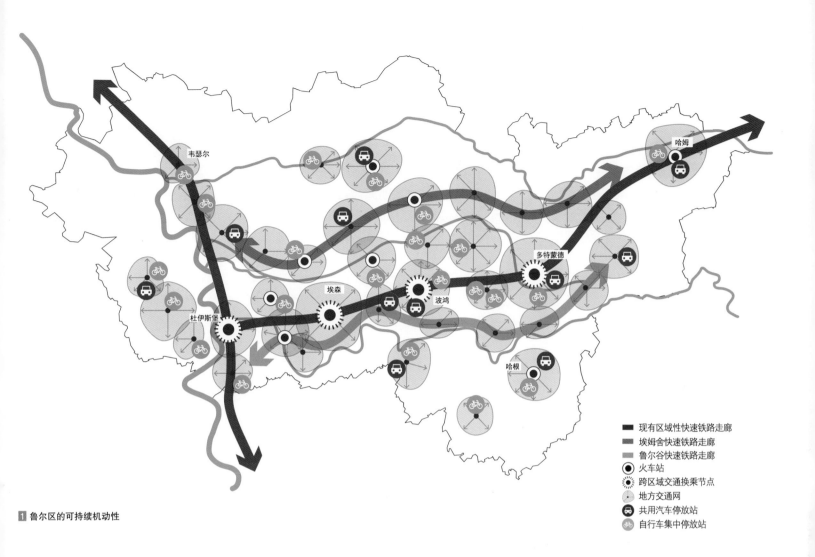

1 鲁尔区的可持续机动性

图例：
现有区域性快速铁路走廊
埃姆舍快速铁路走廊
鲁尔谷快速铁路走廊
火车站
跨区域交通换乘节点
地方交通网
共用汽车停放站
自行车集中停放站

能源高效利用的城市地区（第2、3、6章）

除了交通领域外，其他的生活领域也应该满足能源高效利用的要求。2010年发起的一个名为"鲁尔创新城市"（InnovationCity Ruhr）的项目计划选定了博特罗普市的一个片区作为试点，拟将其发展成为低能耗示范区。该项目的目标是通过新能源技术的运用到2020年减少至少50%的能源需求量。拟采取的革新性技术措施应该确保二氧化碳排放和能源需求的减量：整个地区既有的建筑体系都应该被改造为低能耗的绿色建筑；同时交通系统也应该高能效运转，形成环境友好型机动性。该项目计划发起之初共有16个鲁尔区城镇参与竞争，最后尽管只有博特罗普获得了试点工程的授予权，但其还是为其他地区运作和实施可持续发展的创新理念树立了榜样。当然，不仅仅是博特罗普，革新性措施必须推广至整个鲁尔区的各个领域，使之成为一个能源和资源节约型城市地区。

8.4 鲁尔区可以成为一个知识领地

» 一个多世纪以来，鲁尔区不仅仅是一个工业基地，更是一个知识型地域。所谓"知识"是在鲁尔区数十年积累过程中形成的：它们首先使鲁尔区成为一个成功的工业基地，包括如何进行煤矿开采和钢铁冶金生产的知识，还有涉及这个工业基地如何运转、服务、组织物流以及令这里的工人和居民拥有更好工作和生活环境的现代化更新的所有知识。随着鲁尔区产业结构的调整以及全球化趋势下城市竞争格局加剧等外部形势的变化，上述这些积累的知识的相对重要性正在逐渐丧失。如此一来就需要培育新的知识体系，以应对诸如使产业工人的后代能够继续就业以及使这一区域能够继续可持续发展等鲁尔区在21世纪面临的各种挑战。当然，这种新知识体系也需要新的空间支持——在其中人们能有广泛而密切的交流协作从而能碰撞出区域革新策略的新空间、在其中21世纪的智力工作者及其家庭能够享受舒适生活的新空间。另外，新知识体系的形成同时还需要区域中教育、研究等多领域、跨学科的战略合作。

进入21世纪以来，鲁尔区像德国其他城市地区一样已经形成了一张稠密的教育研究设施网，其中的6个大学和9个高等专业学院中共有17000名学生。鲁尔区的这些相对年轻的高等院校差不多已经发展了50年，担当了区域知识中心的角色。它们是区域的新一代进入高等学府学习深造的门户，它们也是营造出鲁尔区很多地方新形象的一系列科技园和技术研发中心的支撑载体。

知识领地的改善（第4、6章）

人们经过了相当长一段时间才转变固有认识——鲁尔区的大学院校不应只是高等级的教育培训中心，还应被视作区域结构转型的必要公共设施。如今，这些高等院校、研究机构都是区域的知识智力中心，例如鲁尔区有3个马克斯·普朗克研究所（Max-Planck）、4个莱布尼茨（Leibniz）和4个弗劳恩霍夫研究所（Fraunhofer），它们结合在一起形成了密集的知识点网络——这就是鲁尔区未来的希望。另外，经过几十年发展在鲁尔区的各大学院校周边还兴起了超过30个高新技术和企业孵化中心、超过100个再教育和研发机构。这些技术研发中心组成的网络同样密集和震撼人心。据文献记载，在鲁尔区除了一些大型老牌的矿业企业外，还兴起了众多中小型创新企业。它们从事面向未来的新行业领域而的研究、开发和生产经营，提供一系列以产品和市场为导向的服务。它们是区域结构转型的推动引擎。再有，高质量的小学和中学体系也是鲁尔区这个知识领地的重要组成部分。这些小学和中学是基于人口分布、社会和人文族群特征条件而建立起来的，它们不仅是促进地区社会文化融合的载体，更是促进区域竞争力提升的基本单元。

文化知识设施和城市空间的融合（第2、6章）

教育文化知识型设施在城市空间中的融入度可以通过多种方式改善。当前鲁尔区很多的教育文化设施几乎很难在城市中心区找到，它们大部分都以现代建筑的形式存在于非中心区的偏远或城郊位置。也就是说，目前就城市中的所有人都能便利接触到教育文化知识这个方面来说，该类设施的布点仍然不足。一些已经废弃的旧工业用地及其中部分转变为景观地标的构筑物在改造时出于一些原因没有被作为可服务于大学等教育设施的用途。总的来说，鲁尔区的学习和研究行为有很多发生在一些外围地区新建的建筑和设施中，它们像"孤岛"一样分布，和传统、具有鲁尔区代表性的工业文化几乎没有任何关联。这些新建的"孤岛"建筑和设施与城市街区的联系也不紧密，周边地区至少在晚上仍缺乏生活气息。看来公民和决策者并没有"批准"将这些在建筑设计上优秀的新建教育文化设施建在鲁尔区城市的内城中。到目前为止，整个鲁尔区中只有部分地区能同时兼有学术氛围和生活氛围。

校园可以成为城市社区（第2、3、6章）

展望将来，鲁尔区必须要显著改善现有教育文化知识型设施的空间布局和环境。那些偏远孤立的知识"孤岛"必须结合周边城市街区发展成为生动有活力的混合城市社区，形成具有职教、学习、研究、开发等行为的浓厚知识环境氛围；同样，这种城市社区对于从国外来到鲁尔区学习工作的科研人员也会更具有吸引力，在此他们可以独自或与家人一起安心生活。这样一来，原本呈"孤岛"状的教育设施相互之间的可达性也会因此而改善。还有很重要的一点，这种城市社区可能在工作时间结束后仍然活跃，因此它们还应该配置相应的服务、休闲、娱乐等多样的活动场所和作为支撑的良好基础设施。

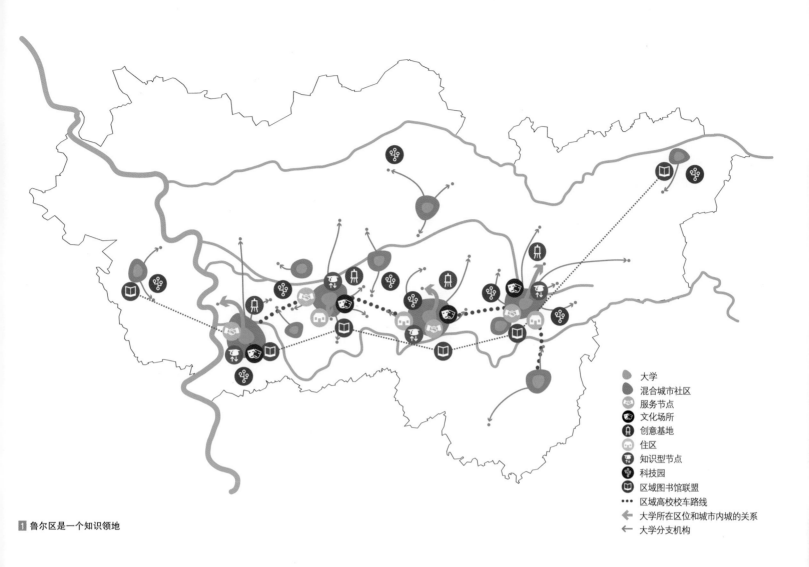

1 鲁尔区是一个知识领地

8.5　鲁尔区可以成为一个结构转型的创意试验场

» 虽然鲁尔区已经做了很多努力，但按照国际上通用的界定标准，鲁尔区并不是、也不可能成为一个世界级大都市区。然而，鲁尔区作为结构调整转型创意试验场的这一身份完全能够使它引起全世界的广泛关注。鲁尔区在过去50多年中从一个"灰色"的大工业基地向绿色的多中心区域华丽变身的成功经验已经成为国际上的样板典范，它证明了从一个功能相对单一的工业地带转型成一个经济多元且没有明显社会负面效应的城市地区是可行的。鲁尔区的转型是在北威州政府"自上而下"的一系列现代化更新措施和"自下而上"的地方政府行动这两股合力的作用下实现的。1960年代起得到广泛发展的大学和科技园区极大地促进和推广了区域现代化更新过程。另外，如果没有长期根植于区域的大型企业以及它们相关衍生行业的多元化战略，如果没有民间社会、公众群体的支持参与，鲁尔区的转型也不会成功。

鲁尔区一度长期依赖于几个大型老牌企业和州政府政策财政支持的发展模式使得这里的人们很难有动力去展现"创新进取"的企业精神，相比于德国其他城市地区而言，这是鲁尔区的一个缺点。但是自从"IBA埃姆舍公园国际建筑展"活动以后，鲁尔区便成功改变了自身形象和其中居民的认识。这些都是通过一系列项目的实施得以实现的，例如对工业遗产的改造、再利用等项目，由此鲁尔区也赢得了新的区域识别性和认同感，以及迎接持续结构转型挑战的种种创意理念和设计手法。此外，2010年埃森被选为鲁尔区的代表举办"欧洲文化之都——鲁尔2010"大型活动又使得鲁尔区的区域认同感和识别性再次得到了加强。"欧洲文化之都"事件特别反映出在IBA事件改变区域的"硬件条件"之后，鲁尔区又迎来了在"工业·文化·景观"主题下的"软质条件"变革机遇，形成了以"发展、体验、前进"为目标的区域行动共识。而这种区域共识应该被继续鼓励和培育。

可以说鲁尔区是德国西部地区中唯一一个充满发展潜力的战略空间。将它称为能使变革成为可能的战略空间，是因为它能够盘活土地市场，因为它不是投资者和投机者的青睐之地，因为它不是专为地方项目服务——也正因为如此，地方土地所有者没有兴趣、想法甚至是没有能力去随意开发，从而才使得这块空间一直保持着潜力。在区域结构转型中扮演了着重要角色的空间和功能性重组在鲁尔区仍然有着很大的弹性余地。

棕地和其他闲置地（第2、5章）

在鲁尔区，将废弃棕地和闲置地转换为新的用途有着广阔的发展天地。目前区域内仍有大大小小的工业用地、工业不动产、建成区之间以及道路旁边的空地，对于它们的利用还没有明确的规划。当然，并不是所有这些弃置地都能在将来转型为融入区域绿色体系的开放空间或私家花园。未来鲁尔区新的"后续开发类型"很可能会出现在一些传统工业用地之外的地区，例如密度较低的外围近郊地区，它们或多或少也是激发创意理念的潜力空间。另外，随着区域未来人口的变化（如数量减少、空间位移），还会涌现出一些新的具有再利用价值的弃置地。

"欧洲文化之都——鲁尔2010"打造的创意城市社区（第2、6、7章）

"欧洲文化之都——鲁尔2010"活动曾在"鲁尔都市区经济发展协会"的合作组织下选择了鲁尔区的八个地区并将其定位为"创意城市社区"项目，它们中的大部分位于旧工业用地或工业遗址。这些"创意城市社区"面向整个欧洲集思广益有关应对变革中的城市景观的创意理念，以便能在鲁尔区实施。如今已经实施成功的"创意城市社区"项目所在地包括多特蒙德的城市地标"U"字大楼（艺术和媒体中心）周边地区、丁斯拉肯（Dinslaken）的Lohberg片区、奥博豪森（Oberhausen）中心区的老市场地区和波鸿的维多利亚街区（Victoria）等等。当然，这些"创意社区"作为一种特殊的城市空间也需要制定特别的管理政策和行动措施来维护发展。

创意产业的潜力空间（第2、6章）

很多新兴的私人企业也在关注能否从鲁尔区境内寻找到有潜质的空间进行投资，用以开发它们未来的创意项目（尤其在很多私人企业倡议抵制一些大型矿业企业对空间的专制占有之后）。当然也不是所有这些投资者都在等待从城市中得到可利用的空间和地皮，但是在鲁尔区多中心的结构下，这些私人举动更有可能拥有上述的新机会。

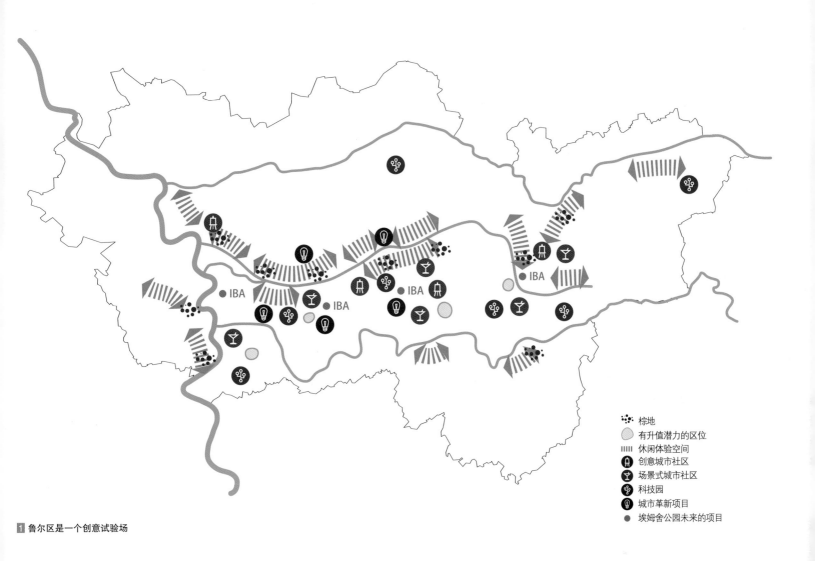

1 鲁尔区是一个创意试验场

图例：
棕地
有升值潜力的区位
休闲体验空间
创意城市社区
场景式城市社区
科技园
城市革新项目
埃姆舍公园未来的项目

传统大型企业是区域的智库（第6章）

源起于鲁尔区并在之后享誉世界的一些大型企业中，有的业务领域已经转向多元化发展，例如赢创集团（Evonik）和施廷内斯公司（Stinnes）；有的则已发展成为面向全球的大型专业化连锁企业和产业链，例如麦德龙（Metro）——它们的总部仍然坐落在鲁尔区城市，它们都是鲁尔区的智库。类似的智库还有设立于埃森的墨卡托基金会（Stiftung Mercator），其出资支持了区域及境外大量的研究活动。鲁尔区的这种企业型"智库体系"是区域未来的一笔宝贵财富和资源。

有升值潜力却被忽视的地方（第2、4、5、7章）

鲁尔区的现代化更新进程产生了不同的空间效应。鲁尔区主要城市的核心地带、技术研发中心、科技园和一些人们偏爱的居住区位都很好地经受住了区域结构调整的冲击，在此过程中屹立不倒，但也有很多地方没能得到应有的保护。这些地方其实都是激发未来发展、创新和尝试的潜力空间。同时它们也是居民生活体系在空间和结构上的支柱，是承接"自下而上"区域行动的战略性空间资源。

地区和区域的场景式社区（第2、4、5、6、7章）

创意的激发需要空间上的联动和有张有弛，需要人与人之间联系的建立。此外，对于知识型工作者和新一代"创意阶层"来说，有吸引力的城市空间环境是有艺术场景式、不拘一格、在其他地方可能格格不入的城市社区邻里。这种场景式的城市社区从另一角度看也能够创造并代表区域的城市意象。它们同时还是出于私人目的的旅游者或公务考察的外来人员想要甚至必须要去的地方。它们内在的经济、社会、文化活力以及可感知的地区独特性就是它们所在的城市创造吸引力的必要条件。

» 如果鲁尔区要延续从一个工业基地向更宜居的多中心综合城市地区的成功转型升级并保持转型过程不盲从于市场力量的话，区域中城镇的空间规划和政策决策就必须要遵循以下原则，即关于地区空间发展的宏伟目标和蓝图不能只停留在纸上，而是必须要考虑如何通过实际的项目实施来落实，并以由历史发展而来的"内核"与"动脉"网络节点体系作为各项目共同的基底。

原则1：居民点中心保持适度的密度

在鲁尔区的居民点结构中，铁路、轨道交通廊道的站点周边是考虑提升紧凑性和密度的首要抓手。"适度"意味着要通过循序渐进的步骤来实现，也就是说必须要保持鲁尔区现有的建筑肌理和空间形态，以之为基础，而不是单纯靠建设摩天大楼和高层建筑来提升密度，因为它们千篇一律并不能体现地方特色。另外，对建设和人口密度的引导还要考虑地区居民的核心价值观体系和他们的居住区位选址需求，因为人们往往偏好住在与社会基础设施的存在地有良好可达性的地方。总的来说，将新建建筑创意性地融入老建筑肌理来提升密度和紧凑性是投资者、建筑师和建筑业主的严峻任务，特别是由于鲁尔区既有的建筑肌理结构比一些所谓的现代建筑更符合美学和生态的标准。

原则2：传承地区建筑特色与空间识别性：

鲁尔区拥有很多符合欧洲传统城市空间肌理的地方和要素——街巷蜿蜒曲折的老城区、老市场、城堡、城寨、历史公园、传统街区以及田园般的住房。它们的美和受欢迎程度实际上与欧洲其他老城中的类似要素不相上下。此外，工业化时代烙下的印记和那些在二战后1950年代左右建于中心区的建筑决定了鲁尔区现在的城市意象和空间肌理。特别是有着150年历史的工矿住宅区为鲁尔区的居民点和居住区建设树立了典范，例如现存的、位于哈根的Walddorf工人社区和埃森的Margarethenhöhe花园住宅区。这些受到"德意志设计制造联盟"（Deutscher Werkbund）设计风格影响的传统建筑风格和空间特色在后来的IBA埃姆舍景观公园建设过程中被重新唤醒并得到了极大地推广运用，例如在盖尔森基兴的Schüngelberg社区，建筑和景观近乎完美地融合在一起。随着全球化价值体系的形成，这些传统建筑特色和空间识别性必须得到传承。新建建筑和社区应该从建筑形态符合可持续发展的和低能耗标准的角度来进行设计，也就是说应该从那些经过历史考验的传统老建筑和空间中汲取借鉴，因为它们具备了这些品质。只有如此，鲁尔区物质空间形态的特色才能经久不衰。

原则3：增强现有的片区和邻里中心

鲁尔区已经出现了经济活力向城市中心集中的态势。几个较大城市的中心区一般是政客、规划师和投资者关注的地方，但是很多中、小城镇的中心还有较大城市的一些片区和邻里中心却通常会遭受到不可原谅的忽视。在这些地方很多支撑日常生活服务的零售业几乎很难生存，因为消费者往往更青睐去更热闹的内城中心甚至开车去更远的近郊大型购物中心消费。除此之外也有受到发展迅速的电子商务、网上购物冲击的原因，因为它们没有购物时间约束，也能满足家庭日常所需。因此，很有必要采取一定措施去增强现有的片区、组团和邻里社区中心，让它们重新获得被认可的机会。措施包括加强这些地区的公共服务设施配置，营造有活力的公共空间和场所，改善交通提高可达性和便利度，以及调整商业业态的营业时间，等等。

原则4：盘活棕地

出于保护生态的原因，德国的城市发展中一直强调"减少开发建设行为对绿色开放空间的占据"的理念。鲁尔区有着大量的基于种种原因而未能使用的废弃棕地或闲置用地，其中有的受到污染，有的因区位不佳而未能获得市场青睐或者甚至根本没有面向市场。另外，鲁尔区已有的居住用地也因为受到人口减少的制约而难以成规模拓展。以上这些原因都促进了郊区的联排住宅、内城附近空地中的预制装配式房屋等类型的建设。鲁尔区未来的新增开发建设行为应该首先立足于对区域中现有存量闲置用地和空间的盘活，对它们开展试点项目、组织设计竞赛、激发有创意的再开发理念和想法。IBA埃姆舍景观公园就是个很好的例子，其付出了很多努力将新的建设行为限制在既有的棕地改造中。

原则5：混合利用

在工业化时代曾经为了避免相互干扰影响而倡导功能分区，但是工业化结束之后，就有必要去反思这种做法了。在新时代、新行业的背景下，新的生产工作方式、人们新的价值体系、适应解决复杂问题的新管理架构以及生态和社会层面需要紧凑化的原因都支持了将长久分离的功能进行重新整合并形成各个维度的混合利用的诉求。混合使用必将是鲁尔区未来城市发展的首要目标。这就需要对可能进行混合、提升密度的地区进行仔细考量并制定精细的项目策划，特别需要所涉及的各利益相关者和第三方保持持续的沟通协作，这是自下而上的层面。此外，在某些地方如果没有自上而下的决策和强有力的组织协调，混合利用的原则不可能真正实施。对此，混合功能、提升密度的理由就在政策制定、行政决策过程中显得尤为重要。IBA埃姆舍景观公园的典型案例已经证明了混合利用原则可以落实得很好。

原则6：促进社会人文环境的和谐

上文中的"混合利用"不仅仅局限于在物质空间层面对功能、土地利用的混合，同样还应该包括在非物质空间层面上的混合，即促进多元的社会和人文环境和谐共融。对此，应该强化地区和区域尺度下现有的小环境、小片式混合邻里社区发展的理念，通过促进本地（民族）经济、宗教和群体多元化的发展来塑造包容、和谐共存的社会人文环境。另外，还必须保证现有邻里社会环境的内外渗透性，保持资源的流动性，这也是鲁尔区未来发展的核心议题之一。这种邻里社会环境的渗透性尤其需要通过加强地方学校建设以提供平等均衡的教育机会来得到改善。

原则7：公共交通优先

环境问题和不可再生资源的支配是整个欧洲共同面临的挑战，对此所有的城市规划和公共政策部门都必须把公共交通的发展视为核心议题。鲁尔区现实的情况是没有新的空间也没有必要去大规模扩展高速公路网，当然一些小范围的地方连接性道路除外。此外，还有一些新规划的铁路轨道线没有彻底实施，一些现有的工业铁路线也并没用于客运。在这种情况下，如何改善公共交通以增加对鲁尔区居民和外来乘客更有吸引力就值得思考。对此可以有很多的措施来应对，包括修正公交时刻表（调整频率和换乘衔接时间），加强公交的安全性和舒适性、提升公交的便利性和可靠性等，当然这些措施都必须通过公共交通管理部门来实施。此外，还可以在市镇级土地利用规划和下一层次的详细规划中采用一些优化公交换乘节点地区的环境并提升其吸引力的规划手段，例如加强站点周边的建筑密度，设计精致的公共空间，配置完善的公共服务和商业设施、设置开放的市场，定期组织举办街道邻里公共活动，等等。

原则8：营造吸引人的公共空间和场所

公共空间和场所是向公众展现城市风貌的窗口和客厅，赋予了人们共同交流、参与社会生活的机会。同时，它们作为交往场所也给成长在不同文化背景下的外来移民提供了融入本土社会环境的重要渠道。此外，公共空间和场所还是旅游者游览休憩的理想地。但是，由于长期以来形成的缺乏城市感的生活传统和休闲活动理念，鲁尔区城市中能够承担上述重要功能、有吸引力的公共空间仍然匮乏。因此，对于现有公共空间系统的提升和新的公共空间和场所的营造应该是鲁尔区所有城市考虑的重点，其中区域公共交通系统的换乘站周边尤其是典型的塑造公共空间的潜力地区。

原则9：加强地方连接网的建设

为了在鲁尔区城市中保障和营造小尺度、高品质的生活环境，还需要加强地方连接网络予以支撑，满足居民尤其是儿童、青少年和老人的身心需求。加强地方连接网的建设涉及两个方面：一是道路网络，以使公共设施相互之间能更为便利地联系；二是"内部边缘"界面体系，以使居民点用地和周边开放空间能够更好地过渡衔接，进而与整个区域绿道系统融为一体。当然，要实现本项原则在很大程度上需要唤起公众意识，因为地方连接网通常涉及私人土地所有者、业主和投资者的兴趣和利益，他们必须统一阵线。这就尤其需要与利益相关者开展大量的沟通，耐心地协调和说服。

原则10：消除穿越的障碍

鲁尔区中现存的形成穿越障碍的众多"断点"——包括公路、铁路和以前工业用地废弃后形成的难以进入的棕地，在可能的情况下都应该逐步去化解掉，这样一来区域中的步行和骑自行车的人们才能够随心所欲地穿行。换句话说，在这些"断点"对用地产生割裂的地方应该加强跨越连接通道的建设以保证两侧用地的连通，或者是对部分"断点"的路径进行改造，使之可用。这一点尤其应该和区域自行车路网系统的规划结合在一起考虑，如将一些废弃或很少使用的铁路线改为自行车路径，使自行车路网能真正覆盖整个区域。

上述所有的鲁尔区空间发展原则都必须被考虑和落实，当然，在如今区域政治主体和行动区的多元"片段化"环境下它们看起来不是件容易实施的事。但是，它们是可以实现的，这就必须以政策制定、规划和公众意识形成统一共识为前提，共同认识到这些从鲁尔区自身空间特征中提炼出来的原则是必要的，落实它们能够激发区域的未来发展潜力。如果来自所有空间层面——邻里社区、片区、城市、区域乃至整个北莱茵-威斯特法伦州的行动主体都能贯彻上述的空间发展原则并为之筹集力所能及的财政资助，一个充满光明、希望、可持续发展的鲁尔区就会在前方。

》 鲁尔区境内分布着三种类型截然不同的大型地理景观单元——西部的莱茵河下游平原、东南部的藻厄兰山麓和北部的明斯特低地。它们虽然景观成因各不相同，但交织覆盖下的鲁尔区拥有共同的空间特征：居民点用地相对比较紧凑，并且总是能通过"内部边缘"界面的过渡与邻近开放空间产生联系。这些小斑块状、比邻居住地的开放空间在居民日常生活中扮演着重要休闲场所的角色。

鲁尔区境内的公路和铁路网与跨区域大交通体系的良好衔接支撑了鲁尔区在欧洲的区位优势，同时自身也形成了一个服务于国际重要交通流线的多节点换乘体系。总的来说，在鲁尔区无论是交通还是其他领域都是网络节点的组织模式，节点之间的等级层次区分相对较小，也就是说不完全依赖于一个或几个占主导位置的中心节点。这种模式映射在空间上就是多中心分散式结构，使就业、娱乐、服务等各种功能场所形成在区域尺度上的疏解。

上述的这些功能场所又由以交通廊道为载体的"动脉"系统连接成网，从而奠定了鲁尔区的空间骨干。其中最大的"动脉"（高速公路A40）位于鲁尔区中部的赫尔维格地带，其连接了鲁尔区几个较大城市的中心。赫尔维格地带虽然从整体上来看是鲁尔区最为突出的部分，但其中也再分为次区域、子空间，且这些子空间都各自承担有不同的区域职能，所以这个地带严格来讲不是一个连绵成片的高密度大城市带。它更像一个连接着众多承载区域特性的子空间的"空间子集"，与密度较低的南北向轴线形成对比，并平行于外围衍

生出的部分其他片区中心和居住发展带。同时这些片区中心和居住发展带也与赫尔维格地带的城市中心形成网络连接，二者联系紧密、相互依托（见2.6）。

除了较大城市的中心区外，众多中小基层乡镇的镇区和数以千计的片区、组团中心也同样奠定了鲁尔区的多中心空间结构。它们就像分散布局的"次级内核"，其中也不是由一片或几片密实的城市肌体所构成，而仍然是由几十甚至数百个小尺度的居住组团和社区邻里组成，彼此之间都留有空间间隔，并没有连绵在一起。

鲁尔区中很多中小城镇和尺度较小的城市片区同样面临着社会、经济和人口方面的严峻挑战，这在埃姆舍河地带的一些地方尤为明显。但该地带却并没有因此衰落。相反地，这样反而促使埃姆舍河地带成为一个需要增加区域战略性治理行动的行动区。它所需要的是一个可持续发展的治理过程，而并不是完全置现在的结构于不顾却又重新规划一个新的结构。因此，对于整个鲁尔区必须采取一系列不同的手段，考虑以现有的小片式空间结构和建成环境肌理特征为基础，优化空间"内核"和"动脉"体系，以渐进式治理的方式朝着一个更为有序的多中心、能源高效、景观具有吸引力的知识领地的方向发展。

"鲁尔城市性"在物质空间层面和功能结构层面都映射为要素相互交织叠加的小片式空间组织，这样一来有时可能只能部分而难以全部地反映鲁尔区所有的空间要素和社会经济要素。聚焦于鲁尔区空间领域的空间发展战略是为了有意识地唤起对其他行动领域的关注和共识，包括对未

来鲁尔区至关重要的交通、经济领域的机动性和物流业发展、环境和能源领域的政策制定、移民和地方经济的发展以及整个区域的经济发展等等。进而需要多方领域共同协作、采取新的治理行动去应对区域参与全球竞争的挑战。在众多领域中空间领域和空间因素扮演了主要角色——通过空间的塑造去改善有知识、有能力的从业人员的生活与工作环境也决定了区域未来的经济和社会发展。当然，其他领域也同样重要。特别是行政管制领域，区域的未来发展也取决于作为地方政府的城市（县）和乡镇如何去统筹协调来解决社会问题。在区域、城市（县）和乡镇的层面如何做到这一点，例如如何实施住房保障政策或者社会基础设施保障政策，目前还存在局限性。或许这样的措施更依赖于更上一层次的国家或欧盟尺度的政策制定。因此，只能一步步地向前走，渐进式地去推动区域物质空间环境的改良；反过来看，区域也应该被理解为正处于变化和协调中的中间状态。

上文所述的空间发展过程当然不是终极蓝图。本章的所有分析图都展示了对鲁尔区未来区域治理行动领域的构想。当然，它们必须置身在更为广阔、更向公众开放的区域协作背景环境中才能行之有效。总而言之，鲁尔区未来的空间发展取决于：欧盟、联邦政府和北莱茵-威斯特法伦州政府行政指令和资金支持架构下的区域和地方市镇规划如何组织；区域中的各市县和乡镇如何相互协调，处于何种协作程度；以及公众社会如何真正融入规划的编制和决策过程。在这种情况下就要考虑

鲁尔区是否还需要一个自下而上由民主选举出来的代表，去组织市镇之间的自愿合作并协调区域发展和地方利益。

　　本章中列举出了对鲁尔区所有的空间发展展望。如果对下一步有所期望的话，本章所提到的空间发展原则、措施建议和行动领域必须与更加全面具体的战略计划和规划方案相整合，这样才能保障鲁尔区拥有可持续发展的未来。

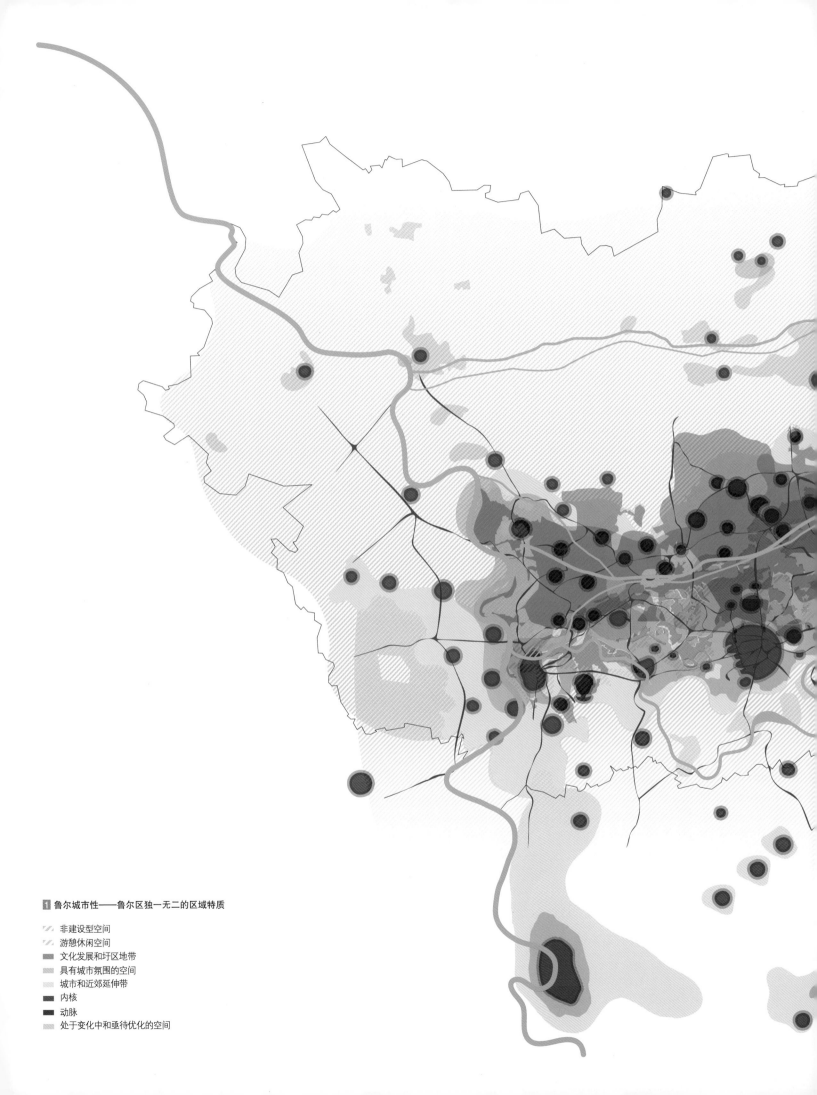

1 鲁尔城市性——鲁尔区独一无二的区域特质

- 非建设型空间
- 游憩休闲空间
- 文化发展和圩区地带
- 具有城市氛围的空间
- 城市和近郊延伸带
- 内核
- 动脉
- 处于变化中和亟待优化的空间

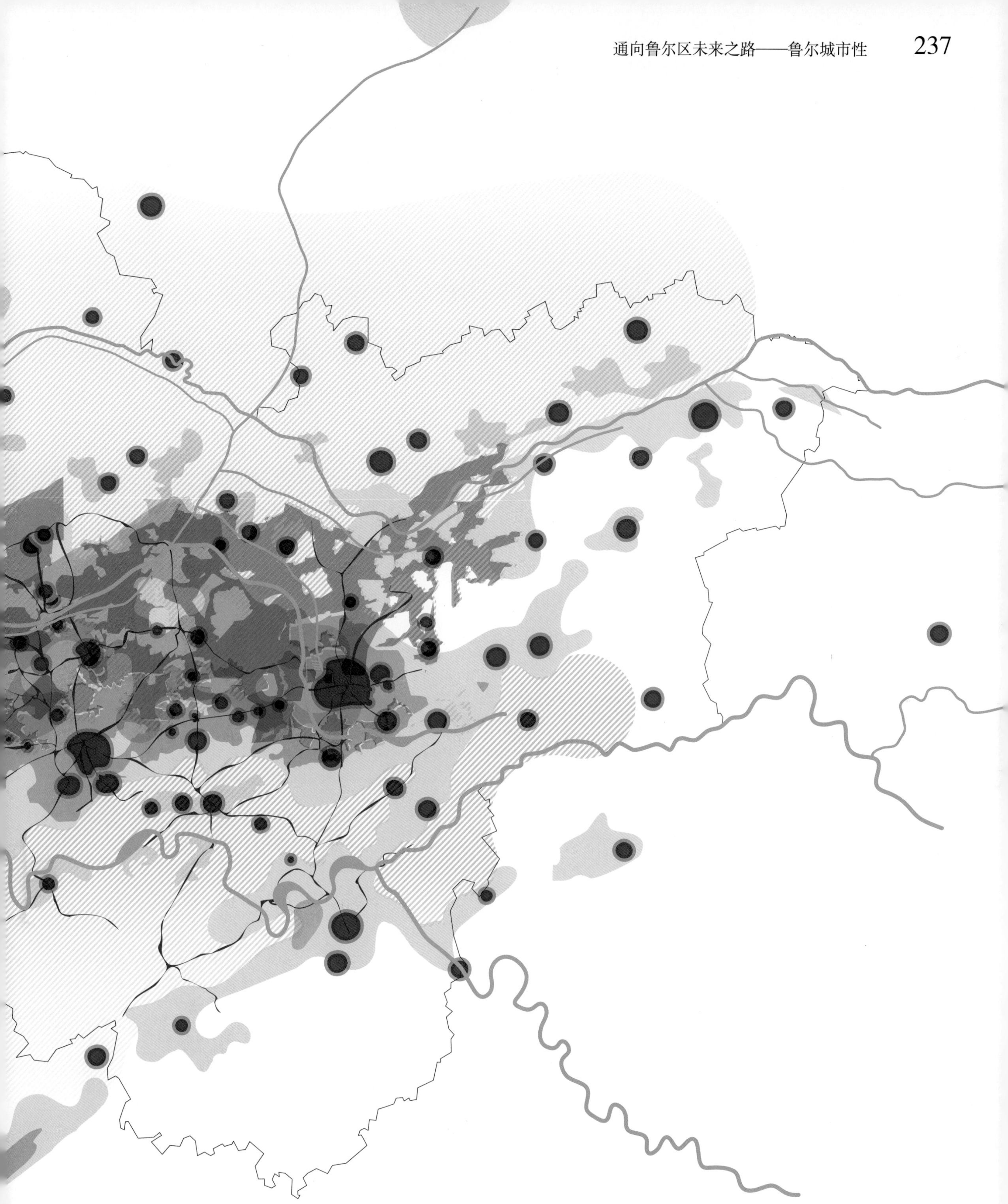

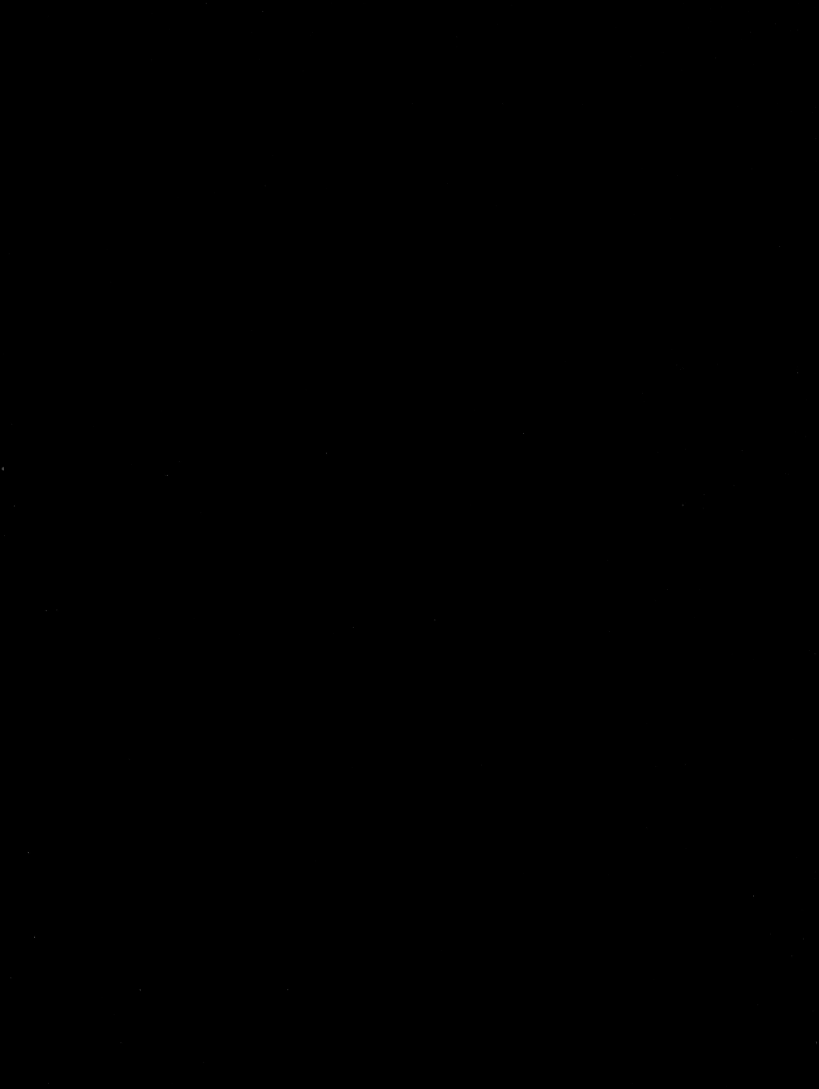

附录

图像数据来源

1.2.1 1.2.2 1.2.3 1.2.4 1.2.5 1.2.6 P19

区域与边界：鲁尔区，伦敦都市区，伊斯坦布尔都市区，
巴塞罗那都市区，柏林都市区，洛杉矶都市区

自制图像所依据的资料数据来源：
» European Environment Agency: Corine Land Cover Data –
  CLC 2000 [www.eea.europa.eu/themes/landuse/
  interactive/clc-download]
» City of Los Angeles
  [http://www.lacity.org/cao/econdemo.htm]
» US Census [www.census.gov]
» RVR 2010

1.3.1 1.3.2 1.3.3 1.3.4 1.3.5 1.3.6 P20

空间演进历程：鲁尔区，伦敦都市区，伊斯坦布尔都市区，
巴塞罗那都市区，柏林都市区，洛杉矶都市区

自制图像所依据的资料数据来源：
» Font u.a.1999
» Diercke Weltatlas 1957
» Hayes 2007
» Homer Hamlin, city engineer; Map of Territory annexed
  to the city of Los Angeles, Los Angeles 1916
  [http://memory.loc.gov/ammem/index.html]
» RVR 2010
» Spörhase u.a.2009

1.4.1 1.4.2 1.4.3 1.4.4 1.4.5 1.4.6 P21

地形地貌：鲁尔区，伦敦都市区，伊斯坦布尔都市区，
巴塞罗那都市区，柏林都市区，洛杉矶都市区

自制图像所依据的资料数据来源：
» U.S. Geological Survey, Department of the Interior/USGS
  [http://seamless.usgs.gov/index.php, 2009]

1.5.1 1.5.2 1.5.3 1.5.4 1.5.5 1.5.6 P22

河湖水系：鲁尔区，伦敦都市区，伊斯坦布尔都市区，
巴塞罗那都市区，柏林都市区，洛杉矶都市区

» Cloudmade [http://cloudmade.com/]
» ESRI 2009: ArcGIS Online Microsoft Bing Maps [http://www.
  esri.com/data/data-maps/data-and-maps-dvd.html]
» Southern California Association of Governments
  [http://www.scag.ca.gov/]

1.6.1 1.6.2 1.6.3 1.6.4 1.6.5 1.6.6 P23

绿色空间：鲁尔区，伦敦都市区，伊斯坦布尔都市区，
巴塞罗那都市区，柏林都市区，洛杉矶都市区

» Cloudmade [http://cloudmade.com/]
» ESRI 2009: ArcGIS Online Microsoft Bing Maps [http://www.
  esri.com/software/arcgis/arcgisonline/bing-maps.html]
» Southern California Association of Governments
  [http://www.scag.ca.gov/]

1.7.1 1.7.2 1.7.3 1.7.4 P24

鲁尔区的公路与铁路网

» ESRI 2009: ArcGIS Online Microsoft Bing Maps [http://www.
  esri.com/software/arcgis/arcgisonline/bing-maps.html]
» 绘图依据：OpenStreetMap contributors,
  CC-BY-SA [http://wiki.openstreetmap.org/wiki/License]
  [http://www.openstreetmap.org]
  [http://www.creativecommons.org]

1.7.5 1.7.6 1.7.7 1.7.8 P25

伦敦的公路与铁路网

» ESRI 2009: ArcGIS Online Microsoft Bing Maps [http://www.
  esri.com/software/arcgis/arcgisonline/bing-maps.html]
» 绘图依据：OpenStreetMap contributors,
  CC-BY-SA [http://wiki.openstreetmap.org/wiki/License]
  [http://www.openstreetmap.org]
  [http://www.creativecommons.org]

1.7.9 1.7.10 1.7.11 1.7.12 P26

伊斯坦布尔的公路与铁路网

» ESRI 2009: ArcGIS Online Microsoft Bing Maps [http://www.
  esri.com/software/arcgis/arcgisonline/bing-maps.html]
» 绘图依据：OpenStreetMap contributors,
  CC-BY-SA [http://wiki.openstreetmap.org/wiki/License]
  [http://www.openstreetmap.org]
  [http://www.creativecommons.org]

1.7.13 1.7.14 1.7.15 1.7.16 P27

巴塞罗那的公路与铁路网

» ESRI 2009: ArcGIS Online Microsoft Bing Maps [http://www.
  esri.com/software/arcgis/arcgisonline/bing-maps.html]
» 绘图依据：OpenStreetMap contributors,
  CC-BY-SA [http://wiki.openstreetmap.org/wiki/License]
  [http://www.openstreetmap.org]
  [http://www.creativecommons.org]

1.7.17 1.7.18 1.7.19 1.7.20 P28

柏林的公路与铁路网

» ESRI 2009: ArcGIS Online Microsoft Bing Maps [http://www.
  esri.com/software/arcgis/arcgisonline/bing-maps.html]
» 绘图依据：OpenStreetMap contributors,
  CC-BY-SA [http://wiki.openstreetmap.org/wiki/License]
  [http://www.openstreetmap.org]
  [http://www.creativecommons.org]

1.7.21 1.7.22 1.7.23 1.7.24 P29

洛杉矶的公路与铁路网

» ESRI 2009: ArcGIS Online Microsoft Bing Maps [http://www.
  esri.com/software/arcgis/arcgisonline/bingmaps.html]
» 绘图依据：OpenStreetMap contributors,
  CC-BY-SA [http://wiki.openstreetmap.org/wiki/License]
  [http://www.openstreetmap.org]
  [http://www.creativecommons.org]

1.8.1 1.8.1a 1.8.1b 1.8.1c 1.8.1d P30

多特蒙德核心地带

» ESRI 2009: ArcGIS Online Microsoft Bing Maps [http://www.
  esri.com/software/arcgis/arcgisonline/bing-maps.html]

1.8.2 1.8.2a 1.8.2b 1.8.2c 1.8.2d P31

伦敦核心地带

» ESRI 2009: ArcGIS Online Microsoft Bing Maps [http://www.
  esri.com/software/arcgis/arcgisonline/bing-maps.html]

1.8.3 1.8.3a 1.8.3b 1.8.3c 1.8.3d P32

伊斯坦布尔核心地带

» ESRI 2009: ArcGIS Online Microsoft Bing Maps [http://www.
  esri.com/software/arcgis/arcgisonline/bing-maps.html]

1.8.4 1.8.4a 1.8.4b 1.8.4c 1.8.4d P33

巴塞罗那核心地带

» ESRI 2009: ArcGIS Online Microsoft Bing Maps [http://www.
  esri.com/software/arcgis/arcgisonline/bing-maps.html]

1.8.5 1.8.5a 1.8.5b 1.8.5c 1.8.5d P34

柏林核心地带

» ESRI 2009: ArcGIS Online Microsoft Bing Maps [http://www.
  esri.com/software/arcgis/arcgisonline/bing-maps.html]

1.8.6 1.8.6a 1.8.6b 1.8.6c 1.8.6d P35

洛杉矶核心地带

» ESRI 2009: ArcGIS Online Microsoft Bing Maps [http://www.
  esri.com/software/arcgis/arcgisonline/bing-maps.html]

1.9.1 P36-37

大都市区对比的核心数据

图像数据所依据的网络来源：
» City Population 2011 [http://www.citypopulation.de/]
» OECD – Organisation for Economic Co-Operation and
  Development [http://www.oecd.org/home/]
» Metropole Ruhr [http://www.metropoleruhr.de/]
» Stadtverwaltungen der Städte und Metropolregionen:
  Ruhrgebiet; London; Istanbul; Barcelona; Berlin; Los Angeles
» Statistische Ämter der Städte und Länder: Ruhrgebiet;
  London; Istanbul; Barcelona; Berlin; Los Angeles
» Tourismusinformationen der Städte: Ruhrgebiet; London;
  Istanbul; Barcelona; Berlin; Los Angeles

2.1.1 P40

自绘图像

2.1.2 2.1.3 P41

居民点体系中的开放空间：杜塞尔多夫和多特蒙德

自绘图像所依据的资料数据来源：
» European Environment Agency: Corine Land Cover Data –
  CLC 2000 [www.eea.europa.eu/themes/landuse/
  interactive/clc-download]

2.1.4 P42-43

鲁尔区的城镇居民点结构肌理

自绘图像所依据的资料数据来源：
» RVR 2010

2.1.5 P44-45

鲁尔区的居民点体系从1840年到今天的发展过程

自绘图像所依据的资料数据来源：
» RVR 2010
» Spörhase u.a. 2009

2.1.6 P46

鲁尔区盖尔森基兴-海尔纳地区从1840-2010年
的空间发展

自绘图像所依据的资料数据来源：
» RVR 2010
» Spörhase u.a. 2009

2.1.7 P47

盖尔森基兴-海尔纳地区：工矿业导向的居民点结构
肌理

自绘图像所依据的资料数据来源：
» RVR 2010
» SVR 1960; Spörhase u.a. 2009

2.1.8 P48

1840, 1950和2010年鲁尔区采矿点的空间分布

自绘图像所依据的资料数据来源：
» RVR 2010
» SVR 1960; Spörhase u.a. 2009

2.1.9 P49

当代鲁尔区就业区位的空间分布：工企业、城
市功能场所和重要的跨区域服务中心

自绘图像所依据的资料数据来源：
» RVR 2010
» SVR 1960; Spörhase u.a. 2009

2.2.1 P50-51

鲁尔区核心地段的居住区、产业区和开放空间以及聚居点与绿色空间之间的交汇线

自绘图像所依据的资料数据来源：
» RVR 2010
» Masterplan Emscher: zukunft, Metadaten ARGE Freiraumplanung / Städtebau, Emschergenossenschaft, Essen, 2005/2006/2007

2.2.2 P53

盖尔森基兴-海尔纳地区居民点与绿色开放空间之间的交汇线

自绘图像所依据的资料数据来源：
» RVR 2010
» Masterplan Emscher: zukunft, Metadaten ARGE Freiraumplanung / Städtebau, Emschergenossenschaft, Essen, 2005/2006/2007

2.2.3 P54-55

埃姆舍河地带居民点与绿色开放空间的交汇线以及新开辟的滨河绿色空间

自绘图像所依据的资料数据来源：
» RVR 2010
» Masterplan Emscher: zukunft, Metadaten ARGE Freiraumplanung / Städtebau, Emschergenossenschaft, Essen, 2005/2006/2007

2.3.1 P56-57

鲁尔区的"断点"系统

自绘图像所依据的资料数据来源：
» RVR 2010

2.3.2 P58

空间特征：盖尔森基兴-海尔纳地区居民点体系中的结构要素

自绘图像所依据的资料数据来源：
» RVR 2010
» Regionalverband Ruhr: Aktuelle Befiegung des Ruhrgebiets. Essen 2010

2.3.3 P59

聚居空间的割裂

自绘图像所依据的资料数据来源：
» RVR 2010

2.3.4 P59

灰色的鲁尔区？

自绘图像所依据的资料数据来源：
» RVR 2010

2.4.1 P60-61

多样的开发建造类型

自绘图像

2.4.2 P62-63

盖尔森-海尔纳地区中建设密度和建造类型分布

自绘图像所依据的资料数据来源：
» RVR 2010
» Strukturmodell Gelsenkirchen-Herne-Wanne 1:10.000, Christoph Beck und Jürgen Blüm, Darmstadt 1993

2.4.3 至 2.4.14 P64-65

盖尔森-海尔纳地区中建设密度和建造类型分布

自绘图像所依据的资料数据来源：
» RVR 2010

2.4.15 P66

开发建设的"马赛克"特征：盖尔森基兴-海尔纳地区

自绘图像所依据的资料数据来源：
» RVR 2010

2.4.16 2.4.17 P67

紧凑的开发建设；松散的开发建设

自绘图像所依据的资料数据来源：
» RVR 2010

2.5.1 P68

盖尔森基兴-海尔纳地区居民点结构中的"内核"与"动脉"体系，以建设密度分区的表达方式

调查和自绘图像所依据的资料数据来源：
» RVR 2010

2.5.2 P69

盖尔森基兴-海尔纳地区居民点结构中的"内核"与"动脉"体系，以图底关系的表达方式

调查和自绘图像所依据的资料数据来源：
» RVR 2010

2.5.3 P70

盖尔森基兴地区的地方性空间和区域性空间

调查和自绘图像所依据的资料数据来源：
» RVR 2010

2.5.4 P71

盖尔森基兴-海尔纳地区：中心、工业、企业和铁路

调查和自绘图像所依据的资料数据来源：
» RVR 2010

2.5.5 P72

盖尔森基兴-海尔纳地区的中观空间和宏观空间

调查和自绘图像所依据的资料数据来源：
» RVR 2010

2.5.6 P73

盖尔森基兴-海尔纳地区的开放空间、建成区和主要的"断点"

调查和自绘图像所依据的资料数据来源：
» RVR 2010

2.5.7 P74

盖尔森基兴-海尔纳地区局部地段中根据建设密度而识别的"内核"与"动脉"（国道235沿线）

调查和自绘图像所依据的资料数据来源：
» RVR 2010

2.5.8 P74

盖尔森基兴-海尔纳地区局部地段中根据建筑肌理（图底关系）而识别的"内核"与"动脉"（国道235沿线）

调查和自绘图像所依据的资料数据来源：
» RVR 2010

2.5.9 P75

在鲁尔区的核心地带从1830年起沿着"动脉"（国道235）的空间生长过程

调查和自绘图像所依据的资料数据来源：
» RVR 2010
» Spörhase u.a. 2009

2.5.10 P75

在当今居民点结构肌理中的历史性"动脉"（国道235）

调查和自绘图像所依据的资料数据来源：
» RVR 2010

2.6.1 P76-77

在鲁尔区的空间结构中强调以对开发强度有引导作用、形成小片分散布局的"动脉"和"内核"作为结构性要素

调查和自绘图像所依据的资料数据来源：
» RVR 2010

2.6.2 P78-79

重点表达的一些选取的聚居带和交通廊道的鲁尔区空间结构

调查和自绘图像所依据的资料数据来源：
» RVR 2010

3.2.1 P83

鲁尔区在欧洲的区位

自绘图像

3.2.2 P83

鲁尔区在德国的区位

自绘图像

3.2.3 P84

时间分析图：1993年和2020年在欧洲铁路网下的出行时间对比

» Spiekermann / Wegener 1994

3.2.4 P85

1840-2020年以多特蒙德为起点利用铁路方式的出行时间和范围

» Spiekermann 2000

3.2.5 P86

1910-2020年从鲁尔区到欧洲以铁路出行方式的出行时间

» Spiekermann 2000

3.2.6 P87

1980年和2010年从多特蒙德到德国境内以铁路出行方式的出行时间

自绘图像

3.2.7 P87

1980年和2010年从多特蒙德到德国境内以汽车出行方式的出行时间

自绘图像

3.2.8 P88

鲁尔区在欧洲的铁路可达性：以高铁的出行方式

» Spiekermann 2001

3.2.9 P89

1980-2030年鲁尔区在欧洲的多方式联运可达性

自绘图像

3.2.10 P90
1980年和2010年德国客运交通的可达性：以铁路、公路和航空出行的方式
自绘图像

3.2.11 P90
1980年和2010年德国货运交通的可达性：以铁路和公路运输的方式
自绘图像

3.2.12 P91
2010年德国的人口密度分布（人/平方公里）
自绘图像

3.2.13 P91
2010年德国人均国内生产总值的分布（一千欧元）

自绘图像

3.3.1 P92
鲁尔区内的就业场所可达性
自绘图像

3.3.2 P92
鲁尔区内的居住区位可达性
自绘图像

3.3.3 P93
鲁尔区内的零售业所可达性
自绘图像

3.3.4 P93
鲁尔区内的高、次级中心可达性
自绘图像

3.3.5 P94
步行和公交出行方式下多特蒙德的就业场所可达性

» Schwarze 2011

3.3.6 P94
步行和公交出行方式下多特蒙德的零售业可达性

» Schwarze 2011

3.3.7 P95
步行和公交出行方式下多特蒙德的小学可达性

» Schwarze 2011

3.3.8 P95
步行和公交出行方式下多特蒙德的中学可达性

» Schwarze 2011

3.4.1 P96
鲁尔区的公共客运交通网

自绘图像

3.4.2 P97
鲁尔区的道路网

自绘图像

3.4.3 P98
大莱茵-鲁尔地区的通勤流
» Spiekermann 2001

3.4.4 P99
鲁尔区的交通流
自绘图像

3.4.5 P100
鲁尔区道路网络的交通密度分布
自绘图像

3.4.6 P101
鲁尔区内公共客运系统的出行速度
自绘图像

3.5.1 P102
1970年和2010年多特蒙德每人每天的小汽车出行公里数
自绘图像

3.5.2 P102
1970年和2010年多特蒙德每人每天使用小汽车所产生的二氧化碳排放量（千克）
自绘图像

3.5.3 P103
2010年多特蒙德的交通噪音分布
» Spiekermann/Wegener 2004; in: Lautso u. a. 2004

3.5.4 P103
2010年多特蒙德的空气污染（二氧化氮）分布
» Spiekermann/Wegener 2004; in: Lautso u. a. 2004

3.6.1 P105
1977年北莱茵-威斯特法伦州"州发展规划"中的中心地体系
» LEP NRW 1977

3.6.2 P105
1973年赫霍尔兹笔下描绘的多中心鲁尔区
» Buchholz 1973

3.6.3 P105
鲁尔区的多中心性
自绘图像

3.6.4 P106-107
鲁尔区的轨道站点是重点提升的组团功能中心
自绘图像

4.1.1 P110
鲁尔区是移民的主要生活地
» 统计数据依据: 联邦和州统计署（StatBL-Statistische Ämter des Bundes und der Länder): 2005年人口抽样调查; 自己的计算
» 绘图依据: 联邦地理及大地测量局(Bundesamt für Geographie und Geodäsie)

4.1.2 P110
德国十岁以下的移民比例
» 杜伊斯堡市政府人口登记处（Einwohnermelderegister der Stadt Duisburg)

4.1.3 P110
移民是鲁尔区重要的人口结构基础
» 杜伊斯堡市政府人口登记处（Einwohnermelderegister der Stadt Duisburg)

4.1.4 P110
只有一半是真实的
» 杜伊斯堡市政府人口登记处（Einwohnermelderegister der Stadt Duisburg)

4.1.5 P110
鲁尔区十岁以下人口的移民背景情况
» 杜伊斯堡市政府人口登记处（Einwohnermelderegister der Stadt Duisburg)

4.1.6 P111
鲁尔区人口族群的来源（2005/2007)
» 杜伊斯堡市政府人口登记处（Einwohnermelderegister der Stadt Duisburg)

4.1.7 P111
杜伊斯堡中非德裔人口的来源国（1955/1970)
» 杜伊斯堡市政府人口登记处（Einwohnermelderegister der Stadt Duisburg)

4.2.1 P112
鲁尔区中心地带的南北极化
自绘图像所依据的资料数据来源:
» Kersting u.a. 2009: SGBII Gebietstypisierung (ergänzt um Herne);
» 绘图依据: Ortsteile/statistische Bezirke der jeweiligen Kommunen

4.2.2 P113
鲁尔区中心地带中年轻的北部
自绘图像和计算所依据的资料数据来源:
» Kommunalstatistik (KOSTAT-Datensatz) 2008; 2008年博特罗普统计年鉴;
» 绘图依据: 联邦地理及大地测量局（Bundesamt für Geographie und Geodäsie)

4.2.3 P113
鲁尔区中心地带中老化的南部
自绘图像和计算所依据的资料数据来源:
» Kommunalstatistik (KOSTAT-Datensatz) 2008; 2008年博特罗普统计年鉴;
» 绘图依据: 联邦地理及大地测量局（Bundesamt für Geographie und Geodäsie)

4.3.1 P114
北莱茵-威斯特法伦州的人口正在缩减
» IT.NRW 2009
» 绘图依据: 多特蒙德区域与城市发展研究中心(ILS – Institut für Landes- und Stadtentwicklungsforschung, 根据北威州各乡镇的边界)

4.3.2 P115
北莱茵-威斯特法伦州的青少年比例
» IT.NRW 2009
» 绘图依据:多特蒙德区域与城市发展研究中心(ILS – Institut für Landes- und Stadtentwicklungsforschung, 根据北威州各乡镇的边界)

4.3.3 P115
北莱茵-威斯特法伦州和鲁尔区的老龄人口比例
» IT.NRW 2009
» 绘图依据: 多特蒙德区域与城市发展研究中心(ILS – Institut für Landes- und Stadtentwicklungsforschung, 根据北威州各乡镇的边界)

4.3.4 P115

北莱茵-威斯特法伦州劳动力人口的下降

» IT.NRW 2009
» 绘图依据: 多特蒙德区域与城市发展研究中心(ILS – Institut für Landes- und Stadtentwicklungsforschung, 根据北威州各城镇的边界)

4.4.1 P116

教育面临的挑战: 鲁尔区的教育程度情况

自绘图像和计算所依据的资料数据来源:
» 联邦和州统计署 (StatBL-Statistische Ämter des Bundes und der Länder): 区域移民人口状况调查; 2007年人口抽样调查结果. Wiesbaden

4.4.2 P116

社会隔绝阻碍了接受教育的机会
自绘图像和计算所依据的资料数据来源:
» Kersting et al 2009: SGB II Gebietstypisierung (ergänzt um Herne), 升学率统计: IT.NRW 2003–2007; 空间分布和数据计算: Terpoorten 2009
» 绘图依据: 联邦地理及大地测量局(Bundesamt für Geographie und Geodäsie)

4.4.3 P117

不同社会经济背景环境影响下的中学: 两所综合中学的辐射范围
自绘图像所依据的资料数据来源:
» Kersting et al 2009: SGBII Gebietstypisierung (ergänzt um Herne), 学校数据统计: IT.NRW 2003–2008; 空间分布和数据计算: Terpoorten 2009

4.5.1 P118

鲁尔区——移民经济的区域集中地

» 自己的计算 (Ivonne Fischer-Krapohl)
» 统计数据依据: StatBL (Statistische Ämter des Bundes und der Länder): Mikrozensus 2005
» 绘图依据: 联邦地理及大地测量局(Bundesamt für Geographie und Geodäsie)

4.5.2 P119

生态位法则: 在城市空间和行业领域中愈发差异化发展的移民经济

» 自己的计算(Ivonne Fischer-Krapohl)依据: 多特蒙德通讯簿 1967, 1989/1990; Beleke GmbH: Gewusst wo in Dortmund 2009/10; 多特蒙德市政府: 2010年人口统计报
» 绘图依据: 联邦地理及大地测量局(Bundesamt für Geographie und Geodäsie)

4.5.3 P121

移民经济带来的就近物资供应和服务

» 图像自绘 (Ivonne Fischer-Krapohl)
» 绘图依据: OpenStreetMap (© CC-BY-SA 2.0), Straßennetz

4.6.1 P122

杜伊斯堡移民社会地位和价值取向的异质性

» Sinus Sociovision 2008, Microm 2009

4.6.2 P123

属于"扎根传统型"和"经济不稳定型"的移民家庭阶层在杜伊斯堡占绝大比例

» Sinus Sociovision 2008, Microm 2009
» 绘图依据: Microm 2009 (Hauskoordinaten), 杜伊斯堡市政府（行政分区）

4.6.3 P124

杜伊斯堡Hochemmerich片区的移民阶层分布

» Sinus Sociovision 2008, Microm 2009
» 绘图依据: Microm 2009 (Hauskoordinaten), OpenStreetMap (© CC-BY-SA 2.0; Straßennetz)

4.6.4 P124

杜伊斯堡Hochemmerich片区中各移民社会阶层的比例分布

» Sinus Sociovision 2008, Microm 2009

4.6.5 P125

杜伊斯堡Buchholz片区的移民阶层分布

» Sinus Sociovision 2008, Microm 2009
» 绘图依据: Microm 2009 (Hauskoordinaten), OpenStreetMap (© CC-BY-SA 2.0; Straßennetz)

4.6.6 P125

杜伊斯堡Buchholz片区中各移民社会阶层的比例分布

» Sinus Sociovision 2008, Microm 2009

4.7.1 P126

土耳其裔移民中上升的住宅物业持有率

» ZfT 2010

4.7.2 P127

杜伊斯堡德国人/非德国人家庭的住宅物业持有情况

» 根据杜伊斯堡地产价值评估委员会(Gutachterausschuss Duisburg) 2009年调查结果而计算; Kersting u. a. 2009
» 绘图依据: 杜伊斯堡市政府（行政分区）

4.8.1 P128-129

宗教多元化是鲁尔区的主要特征之一

» Hero u. a. 2008
» 绘图依据: 联邦地理及大地测量局(Bundesamt für Geographie und Geodäsie)

4.9.1 P130-131

鲁尔区是一个社会人文镶嵌体

» Kersting u. a. 2009
» 绘图依据: 联邦地理及大地测量局(Bundesamt für Geographie und Geodäsie)

5.1.1 P135

1840年鲁尔区的聚落景观

» Spörhase u. a. 2009

5.1.2 P135

鲁尔区现今的聚落景观

» RVR 2010

5.1.3 P136-137

鲁尔区中"新"与"旧"的山体和河谷

» Spörhase u. a. 2009
» RVR 2010
» Emschergenossenschaft 2009: 90

5.1.4 P138

1840年鲁尔区的水系景观

» Spörhase u. a. 2009

5.1.5 P139

当代鲁尔区的水系景观

» RVR 2010

5.1.6 P139

埃姆舍河与鲁尔河的比较

自绘图像所依据的资料数据来源
» Spörhase u. a. 2009
» RVR 2010

5.2.1 P141

1840年时鲁尔河地带还是一个大矿区

» Spörhase u. a. 2009
» RVR 2010

5.2.2 P141

今天的鲁尔河地带形成了一条"湖泊带"

» RVR 2010

5.2.3 P143

1840年时赫尔维格地带还是一片肥沃的耕地

» Spörhase u. a. 2009
» RVR 2010
» 绘图依据: Geologische Karte Ruhrgebiet, in: Prossek u. a. 2009

5.2.4 P143

今天的赫尔维格地带是一条城镇带

» RVR 2010
» 绘图依据: Geologische Karte Ruhrgebiet, in: Prossek u. a. 2009

5.2.5 P145

1840年的埃姆舍河地带还是一片沼泽地

» Spörhase u. a. 2009

5.2.6 P145

今天的埃姆舍河地带是一片分布有很多"人工山"的圩区

» RVR 2010
» Emschergenossenschaft 2009: 90

5.3.1 P146

水系自然要素是地形地貌的塑造者

» Spörhase u. a. 2009

5.3.2 P147

采矿行为要素也是地形地貌的塑造者

» RVR 2010

5.3.3 P148

鲁尔区新的地面沉降

» RVR 2010
» Emschergenossenschaft 2009: 90

5.3.4 P149

鲁尔区新的山体景观

» RVR 2010

5.4.1 P151

1840年时的水利设施

» Spörhase u. a. 2009

5.4.2 P151

埃姆舍河"水利机"——收集和排放污水

» RVR 2010
» Emschergenossenschaft [http://www.eglv.de/emscher-genossenschaft/emsche/karten.html]

5.4.3 P152 - 153

埃姆舍河"水利机"——加泵与滞留

» RVR 2010
» Emschergenossenschaft [http://www.eglv.de/emscher-genossenschaft/emsche/karten.html]
» Emschergenossenschaft 2009: 87 u. 90

5.4.4 P154

鲁尔河"水利机"——收集和渗透

» RVR 2010
» Emschergenossenschaft 2009: 17
» ELWAS-IMS
[http://www.elwasims.nrw.de/ims/ELWAS-IMS/viewer.htm]
» AWWR [http://www.awwr.de/fileadmin/download/wasser-werke_gelsenwasser_version2.jpg]

5.4.5 P155

鲁尔河"水利机"——加泵、旋转、通航和水上体验

» RVR 2010

5.5.1 P156-157

三个"鲁尔景观王国":
圩区之国、赫尔维格之国和山区之国

» RVR 2010
» Emschergenossenschaft 2009: 90

6.1.1 P161

变化中的就业结构

» 1935年, 1953年和2009年德国乡镇镇计年鉴。
三大产业领域的分配比例是以下述方法为依据进行的统计,其中采矿业被列入第二产业。从支付劳动力工资的角度来看,1933年意味着雇佣"劳工",1952年意味着支付"雇员",而2007年则意味着需"赡养社会保障型员工"。由于1933年和1952年仅有乡镇一级的数据,且当时的乡镇划分和今天的城镇及县的行政区划不尽一致,因此这两年的产业数据一方面是根据如今的行政边界累加乡镇数据汇总而来(例如瓦滕沙伊德和波鸿),另一方面尤其在一些外围县中以较大的乡镇为代表采集数据而对县一级的行政单位进行分析(例如乌纳县以施韦特镇为代表)。

6.2.1 P162

1950年代末的工业用地

» SVR; Abschnitt VII/2 (Flächennutzung, Stand 1957);
工业用地的统计包括工业区、矿区和仓储堆场用地。

6.2.2 P163

1952年鲁尔区的二产从业状况

» 1952年德国乡镇统计年鉴;
与6.1.1的图所对应

6.3.1 **6.3.2** P164

1952年和2009年鲁尔区煤矿业的从业状况

» 1952年德国乡镇统计年鉴;"鲁尔地区联盟"(RVR)在线数据库(2009年);各行会产业报告——"采矿业等产业"(1952)、"采矿业和其它矿产品"(2009)、"钢铁冶金生产业等产业"(1952)中的从业统计数据;所有数据都是基于如今城镇和县的行政边界,与6.1.1的图所对应

6.3.3 P164

鲁尔区煤矿业的从业形势变化

» Gebhardt 1957 (1945年以前的数据)
» Statistik der Kohlenwirtschaft e. V. o. J.: Datenangebot Statistik der Kohlenwirtschaft, Tab. Steinkohle 7.2: BE-LEG_REVIERE.xls (Gesamtbelegschaft nach Revieren, ab 1945, Stand 01/10). www.kohlenstatistik.de/download.php (按年底统计的数据)

6.3.4 **6.3.5** P164

1952年和2009年鲁尔区钢铁冶金业的从业状况

» 1952年德国乡镇统计年鉴;"鲁尔地区联盟"(RVR)在线数据库(2009年);各行会产业报告——"采矿业等产业"(1952)、"采矿业和其它矿产品"(2009)、"钢铁冶金生产业等产业"(1952)中的从业统计数据;所有数据都是基于如今城镇和县的行政边界,与6.1.1的图所对应

6.3.6 P164

鲁尔区钢铁冶金业的从业形势变化

» 鲁尔区就业人口普查报告(1925–1987);北威州数据处理与统计署(Landesamt für Datenverarbeitung und Statistik)/"鲁尔地区联盟"(RVR)在线数据库(1990、1994、1999 ff.)——所有数据都获取于"鲁尔地区联盟"(RVR)的统计部门

6.3.7 **6.3.8** P165

1952年和2009年鲁尔区服务业的从业状况

» 1952年德国乡镇统计年鉴;"鲁尔地区联盟"(RVR)在线数据库(2009年);各行会产业报告——"采矿业等产业"(1952)、"采矿业和其它矿产品"(2009)、"钢铁冶金生产业等产业"(1952)中的从业统计数据;所有数据都是基于如今城镇和县的行政边界,与6.1.1的图所对应

6.3.9 **6.3.10** **6.3.11** **6.3.12** **6.3.13** **6.3.14** P166

1973年、1978年、1988年、1989年、1999年和2009年的失业率

» "鲁尔区城镇联盟"(KVR):鲁尔区城市和县的统计数据(不同年份的);联邦劳动局(BA für Arbeit)的在线网络数据(www.statistik.arbeitsagentur.de),通过该局的西部统计服务部(Statistik-Service West)核实并增补数据;数据为每年九月的数据;1973年和1978年的数据以当时各劳动分局为依据统计叠加(各办公室和分支机构);1988年以后的数据以如今城市和镇的劳动局架构为依据统计

6.3.15 **6.3.16** **6.3.17** **6.3.18** P167

杜伊斯堡、哈根、波鸿和米尔海姆的失业状况

» 失业数的统计:"鲁尔区城镇联盟"(KVR):鲁尔区城市和县的统计数据(不同年份的);联邦劳动局(BA für Arbeit)的西部统计服务部(Statistik-Service West);电话咨询涉及城镇的统计局;北威州信息与技术中心(IT.NRW)的统计数据;失业数是每年9月统计的数据,居民数则是每年12月31日的数据

6.4.1 P168

现代化更新的类型

自绘图像

6.4.2 **6.4.3** **6.4.4** P169

多特蒙德的凤凰湖地区:昔日、现在和未来

» 总平面图和分析:"昔日"(1950年代):多特蒙德市政府;"现在":多特蒙德市政府,phoenixdortmund.de;"未来":多特蒙德市政府,www.phoenixdortmund.de

6.5.1 P170

鲁尔区的高等院校

» 数据源于各大学和高等专业学院的网站,并通过电话咨询方式核实及增补信息(除了多特蒙德大学、哈根远程教育大学和富克旺根艺术大学)

6.5.2 P171

鲁尔区的技术研发中心

» 数据源于各技术研发中心/科技园的网站,并通过电话和邮件咨询方式核实及增补信息

6.5.3 P171

鲁尔区的专利授权

» 在线调研德国专利商标局(Deutschen Patent-und Markenamt)的网络数据库(www.dpma.de/service/e_dienstleistungen/depatisnet/index.html);专利授权的获取状况是按发明者的居住地进行的统计,按比例综合计算而来

6.5.4 P172

鲁尔区的能源业务

» 在线调研"EnergieRegion.NRW"能源协会的网络数据库(www.energystate.de/index.php?lang=de)以及"鲁尔能源"企业联盟(RuhrEnergy)的网络数据库(www.ruhrenergy.de/kompetenzatlas/index.php?lang=de);通过网络和电话咨询方式核实并增补信息;以上述的研究方式为基础而自行统计分类

6.5.5 P172

鲁尔区的大型能源企业

» 在线调研"EnergieRegion.NRW"能源协会的网络数据库(www.energystate.de/index.php?lang=de)以及"鲁尔能源"企业联盟(RuhrEnergy)的网络数据库(www.ruhrenergy.de/kompetenzatlas/index.php?lang=de);通过网络和电话咨询方式核实并增补信息;以上述的研究方式为基础而自行统计分类

6.5.6 **6.5.7** P173

1960年和2010年时的博特罗普Bernemündung污水处理厂及其周边状况

» "1960年Bernemündung污水处理厂及其周边状况":根据图纸资料"Gutachten zum Denkmalwert der ehemaligen Kläranlage Bernemündung in Bottrop-Ebel"的分析(sds_utku事务所代表博特罗普市政府于2007年所制作);"2010年Bernemündung污水处理厂及其周边状况":源自"埃姆舍新河谷"项目规划图(www.eglv.de)

6.5.8 P174

鲁尔区的医疗机构

» 鲁尔区各大学医学院的网站信息;医疗机构信息索引(www.kliniken.de)以及"鲁尔地区联盟"(RVR)的地理信息数据服务器;通过网络和电话咨询方式核实、更新并增补信息;其中一些较小的、不属于对医疗机构常规理解范畴所谓"诊所"未列入统计

6.5.9 P175

波鸿的医疗产业

» 源自德国企业资信评估机构信贷改革公司（Creditreform）的Markus企业分析数据库调研，由波鸿市政府经济发展署提供支持；通过网络和电话咨询方式核实并修正信息；请注意这里所列举的医疗产业类型并不涵盖波鸿当前所运营的所有常规医疗产业门类，这里提及的主要是医疗制造类、医疗教育研发类、医院及门诊类，而其他的类型包括医学实践类、按摩保健类、理疗康复类、商业医疗类（如药店、医药批发）、兽医类及医疗保险类等并未纳入分析

6.5.10 P176

鲁尔区的"高雅文化"设施

» 通过网络和电话咨询方式对鲁尔区市县乡镇领域范围内的设施调研（包括剧场、歌剧院、芭蕾舞剧院、交响乐演奏厅等）；这里的"工业文化"指的是鲁尔区"工业文化之路"中的节点（见 www.route-industri-ekultur.de/ankerpunkte/index.php?idcat=12）；博物馆主要指的是鲁尔艺术博物馆联盟中的成员(http://ruhrkunst-museen.ruhr2010.de/sammlung.html)

6.5.11 P176

鲁尔区的商业性娱乐休闲

» 网络和电话咨询调研

6.5.12 P179

鲁尔区及其外围的奢饰品销售点分布

» 通过各自的网站查询以下各品牌店及其办事处在北威州境内的分布，包括时尚用品和时装类——卡地亚，路易斯威登，普拉达，古驰，Dolce & Gabbana，爱马仕，香奈儿，迪奥，Jean Paul Gaultier 和卡尔·拉格斐；汽车类——兰博基尼，玛莎拉蒂，法拉利，劳斯莱斯，宾利和保时捷；高级餐厅的分级和分布通过《米其林指南》（Guide Michelin—www.viamichelin.de bzw. www.gourmetglobe.de/images/stories/restaurants/michelin/michelin_deutschland_2010.pdf)和《戈尔和米约指南》（Gault Millau—www.gaultmillau.de)查询；在高级餐厅的分级中将按《米其林指南》评价"3星餐厅"和按《戈尔和米约指南》评价"4帽餐厅"纳入同一级；相应地，"米其林2星餐厅"与《戈尔和米约指南》"3帽餐厅"为同一级，"米其林1星餐厅"与《戈尔和米约指南》"2帽餐厅"为同一级；而《戈尔和米约指南》已不再评级"1帽餐厅"；

6.6.1 **6.6.2** **6.6.3** **6.6.4** **6.6.5** **6.6.6** **6.6.7** P180 - 181

弹性的区域转型

自绘图像

7.1.1 P184-185

1789年时的领土单元划分

» 波恩LVR地方概况与区域历史研究所
（LVR-Institut für Landeskunde und Regionalgeschichte)

7.1.2 P185

鲁尔区从1816年到今天的管理边界

自绘图像

7.2.1 P187

1975年以前：
"鲁尔矿区住区联盟"（SVR）编制区域规划

自绘图像

7.2.2 P187

1975-2009：
三个区域行政单元各自编制次区域规划

自绘图像

7.2.3 P187

2009年10月21日：区域规划编制权被重新赋予"鲁尔地区联盟"（RVR）

自绘图像

7.2.4 P187

2010年5月3日：
"区域土地利用规划"（RFNP）开始生效

自绘图像

7.2.5 P187

2015年以后，会出现新的鲁尔区法定区域规划？

自绘图像

7.3.1 到 **7.3.50** P188-191

鲁尔区中50个区域行动主体及其行动区的范围

自绘图像所依据的资料数据来源：
» Blotevogel u.a. (有补充)

7.3.51 P192

鲁尔区行政管制政策类行动区的叠加

自绘图像所依据的资料数据来源：
» Blotevogel u.a. (有补充)

7.3.52 P193

鲁尔区社会经济发展计划类行动区的叠加

自绘图像所依据的资料数据来源：
» Blotevogel u.a. (有补充)

7.3.53 P194

鲁尔区区域合作项目类行动区的叠加

自绘图像所依据的资料数据来源：
» Blotevogel u.a. (有补充)

7.4.1 到 **7.4.9** P196-197

不同外界视角下的鲁尔区空间意象

根据克劳斯·R·昆兹曼教授（Klaus R. Kunzmann）的研究而绘制

7.4.10 P198

多特蒙德和杜伊斯堡的"合并"（空间扩张）过程

自绘图像

7.4.11 P198

海尔纳的"合并"（空间扩张）过程

自绘图像

7.4.12 P199

鲁尔区的埃姆舍绿带

自绘图像所依据的资料数据来源：
» Landesregierung Nordrhein-Westfalen 1968
» Projekt Ruhr GmbH

7.4.13 P200

1925年的原莱茵省和威斯特法伦省的产业区规划

» Ehlgötz 1925

7.4.14 P201

1959年"鲁尔矿区住区联盟"规划的带形结构(SVR，1959)

» SVR 1960

7.4.15 P202

1961年"鲁尔矿区住区联盟"（SVR）的概念规划

» von Petz 1995

7.4.16 P203

1966年"鲁尔矿区住区联盟"（SVR）的区域发展规划

» Blase 1997

7.4.17 P204

后工业时代鲁尔区的"片段化"
(Blotevogel/Kunzmann 2001)

» Blotevogel /Jeschke 2003

7.4.18 P205

"概念鲁尔"系列项目计划（"鲁尔都市区经济发展协会"，2008)

» wmr 2008

7.5.1 P206-207

随情景变化的认同感

自绘图像

如果...将会怎样？ P210-215

» 摄影：Uwe Grützner
» 图像绘制：labor b 图文设计公司

8.2.1 P221

鲁尔区是一个吸引人的景观载体

根据克劳斯·R·昆兹曼教授（Klaus R. Kunzmann）的草图而修改绘制

8.3.1 P223

鲁尔区的可持续机动性

根据克劳斯·R·昆兹曼教授（Klaus R. Kunzmann）的草图而修改绘制

8.4.1 P225

鲁尔区是一个知识领地

根据克劳斯·R·昆兹曼教授（Klaus R. Kunzmann）的草图而修改绘制

8.5.1 P227

鲁尔区是一个创意试验场

根据克劳斯·R·昆兹曼教授（Klaus R. Kunzmann）的草图而修改绘制

8.7.1 P232-233

鲁尔城市性 - 鲁尔区独一无二的区域特质

自绘图像

AS&P [Albert Speer & Partner]: Ruhrplan 21. Projektskizze zu einem Strategieatlas für die Zukunft des Ruhrgebiets. Frankfurt 2010 [http://www.as-p.de/files/studien/AS-P_Ruhrplan21_Web.pdf, Zugriff am 02.06.2011]

Bade, F.-J./Spiekermann, K.: Arbeit und Berufsverkehr – das tägliche Pendeln. In: Deiters, J./Gräf, P./Löffler, G. (Hg.): Nationalatlas Bundesrepublik Deutschland. Bd. 9: Verkehr und Kommunikation. Heidelberg 2001, P78–79

Baur, C./Häußermann, H.: Ethnische Segregation in deutschen Schulen. In: Leviathan, 37. Jg. (2009), H. 3, P353–366

Beck, C./Blüm, J.: Das Emschergebiet, eine Region im Umbruch. Entwurf. TH Darmstadt, Darmstadt 1993

Beckmann, K. J./Brüggemann, U./Gräfe, J./Huber, F./Meiners, H./Mieth, P./Moeckel, R./Mühlhans, H./Schaub, H./Schrader, R./Schürmann, C./Schwarze, B./Spiekermann, K./Strauch, D./Spahn, M./Wagner, P./Wegener, M.: ILUMASS: Integrated Land-Use Modelling and Transport System Simulation. Endbericht. Berlin 2007 [http://www.spiekermann-wegener.de/pro/pdf/ILUMASS_Endbericht.pdf, Zugriff am 02.06.2011]

Blase, D.: Stadtentwicklung im Ruhrgebiet. Von den 60er Jahren bis zur IBA Emscher Park. In: Barbian, J.-P./Heid, L. (Hg.): Die Entdeckung des Ruhrgebiets. Das Ruhrgebiet in Nordrhein-Westfalen 1946–1996. Essen 1997, P221–245

Blotevogel, H. H./Jeschke, M.: Stadt-Umland-Wanderungen im Ruhrgebiet. Abschlussbericht. Duisburg 2003

Blotevogel, H. H./Münter, A./Terfrüchte, T.: Raumwissenschaftliche Studie zur Gliederung des Landes Nordrhein-Westfalen in regionale Kooperationsräume. Dortmund 2009

Böhm, H.: Deutschland – Die westliche Mitte. Braunschweig 1999

Buchholz, H.J.: Das polyzentrische Ballungsbiet Ruhr und seine kommunale Neugliederung. In: Geographische Rundschau, 25. Jg. (1973), H. 8, P297–318

Danielzyk, R./Münter, A./Wuschansky, B.: Vom SVR über den KVR zum RVR – zur Geschichte der Regionalplanung im Ruhrgebiet. In: Fehlemann, K./Reiff, B./Roters, W./Wolters-Krebs, L. (Hg.): Charta Ruhr – Denkanstöße und Empfehlungen für polyzentrale Metropolen. Essen 2010, P26

Danielzyk, R./Grotefels, S./Münter, A.: Regionale Kooperationen im Ruhrgebiet. In: Fehlemann, K./Reiff, B./Roters, W./Wolters-Krebs, L. (Hg.): Charta Ruhr – Denkanstöße und Empfehlungen für polyzentrale Metropolen. Essen 2010, P26

Destatis [Statistisches Bundesamt]: Allgemeinbildende Schulen: Absolventen/Abgänger nach Abschlussarten. Wiesbaden 2011 [http://www.destatis.de/jetspeed/portal/cms/Sites/destatis/Internet/DE/Content/Statistiken/Bildung/ForschungKultur/Schulen/Tabellen/Content100/AllgemeinbildendeSchulenAbschlussart,templateId=renderPrint.psml, Zugriff am 02.06.2011]

Dettmar, J.: Die Industrielandschaft an der Emscher. In: Dettmar, J./Ganser, K. (Hg.): IndustrieNatur – Ökologie und Gartenkunst im Emscher Park. Stuttgart 1999

Deutsche Bundesregierung: Perspektiven für Deutschland. Unsere Strategie für eine nachhaltige Entwicklung. Berlin 2002

Deutscher Bundestag: Dritter Bericht „Schutz der Erde" der Enquête-Kommission „Vorsorge zum Schutz der Erdatmosphäre". In: BT-Drucksache 11/8030 (1990), S. 855 [http://dip.bundestag.de/btd/11/080/1108030.pdf, Zugriff am 02.06.2011]

Diercke Weltatlas. Braunschweig, 110. Aufl. 1957

Duckwitz, G. (2002a): Von der Halde zum Landschaftsbauwerk. In: Duckwitz, G./Hommel, M. (Hg.): Vor Ort im Ruhrgebiet: ein geographischer Exkursionsführer. Bottrop 2002, P136–137

Duckwitz, G. (2002b): Der Steinkohlenbergbau wandert nach Norden. In: Duckwitz, G./Hommel, M. (Hg.): Vor Ort im Ruhrgebiet: ein geographischer Exkursionsführer. Bottrop 2002, P120–123

Duckwitz, G. (2002c): Strom aus der Kraft des Wassers. In: Duckwitz, G./Hommel, M. (Hg.): Vor Ort im Ruhrgebiet: ein geographischer Exkursionsführer. Bottrop 2002, P126–127

Duckwitz, G./Herbold, J.: Aus den Tagen der Ruhrschifffahrt. In: Duckwitz, G./Hommel, M. (Hg.): Vor Ort im Ruhrgebiet: ein geographischer Exkursionsführer. Bottrop 2002, P112–113

Ehlgötz, H.: Ruhrland. Deutschlands Städtebau. Berlin 1925.

Emschergenossenschaft: Masterplan Emscher:zukunft, Metadaten. Essen 2005/2006/2007

Emschergenossenschaft: Wo nichts mehr fließt, hilft nur noch pumpen. Essen 2008, P29

Emschergenossenschaft: Flussgebietsplan Emscher. Essen 2009, P90

Font, A./Llop, C./Vilanova, J. M.: La Construcció del territori metropolità – Morfogènesi de la regió urbana de Barcelona. Barcelona 1999

Gebhardt, G.: Ruhrbergbau. Geschichte, Aufbau, Verflechtung seiner Gesellschaften und Organisationen. Essen 1957

Halstenberg, F.: Neue Perspektiven der Landesentwicklung in Nordrhein-Westfalen. In: Landesentwicklung. Schriftenreihe des Ministerpräsidenten des Landes Nordrhein-Westfalen, H 36. Düsseldorf 1974

Harnischmacher, S.: Die naturräumlichen Potenziale. In: Prossek, A./Schneider, H./Wessel., H. A./Wetterau, B./Wiktorin, D.: Atlas der Metropole Ruhr. Köln 2009, P16–23

Hayes, D.: Historical Atlas of California – With Original Map. Berkeley/Los Angeles 2007

Held, T./Schmitt, T.: Wälder und Fließgewässer. In: Duckwitz, P./Hommel, M. (Hg.): Vor Ort im Ruhrgebiet: ein geographischer Exkursionsführer. Bottrop 2002, P36–39

Herget, J.: Lebensader Ruhr. In: Duckwitz, P./Hommel, M. (Hg.): Vor Ort im Ruhrgebiet: ein geographischer Exkursionsführer. Bottrop 2002, P78–79

Hero, M./Krech, V./Zander, H. (Hg.): Religiöse Vielfalt in Nordrhein-Westfalen. Empirische Befunde und Perspektiven der Globalisierung vor Ort. Paderborn 2008

Kersting, V./Meyer, C./Strohmeier, P./Terpoorten, T.: Die A 40-Der Sozialäquator des Ruhrgebiets. In: Prossek, A./Schneider, H./Wessel., H. A./Wetterau, B./Wiktorin, D.: Atlas der Metropole Ruhr. Köln 2009, P142–145

Landesregierung Nordrhein-Westfalen: Entwicklungsprogramm Ruhr. Düsseldorf 1968

Lautso, K./Spiekermann, K./Wegener, M./Sheppard, I./Steadman, P./Martino, A./Domingo, R./Gayda, S.: PROPOLIS: Planning and Research of Policies for Land Use and Transport for Increasing Urban Sustainability. PROPOLIS Final Report. Helsinki 2004 [http://www.iee-library.eu/images/all_ieelibrary_docs/229_propolis.pdf, Zugriff am 02.06.2011]

Liedtke, H.: Landschaft, Untergrund und Oberflächenformen im Ruhrgebiet. In: Duckwitz, P./Hommel, M. (Hg.): Vor Ort im Ruhrgebiet: ein geographischer Exkursionsführer. Bottrop 2002, P16–19

Moeckel, R./Schwarze, B./Spiekermann, K./Wegener, M.: Simulating Interactions between Land Use, Transport and Environment. Proceedings of the 11th World Conference on Transport Research. Berkeley, CA 2007 [http://www.spiekermann-wegener.de/pub/pdf/ILUMASS_WCTR.pdf, Zugriff am 02.06.2011]

MVRDV: RheinRuhrCity. Die unentdeckte Metropole – The Hidden Metropolis. The REGIONMAKER. Ostfildern-Ruit 2002

NRW [Nordrhein-Westfalen]: Landesentwicklungsplan I/II: Raum und Siedlungsstruktur. Düsseldorf 1977

Peters, R.: 100 Jahre Wasserwirtschaft im Revier. Die Emschergenossenschaft 1899–1999. Bottrop/Essen 1999

Petz, U. von: Vom Siedlungsverband Ruhrkohlenbezirk zum Kommunalverband Ruhrgebiet: 75 Jahre Landesplanung und Regionalpolitik im Revier. In: Kommunalverband Ruhrgebiet (Hg.): Kommunalverband Ruhrgebiet. Wege. Spuren. Essen 1995, P7–67

Projekt Ruhr GmbH (Hg.): Masterplan Emscher Landschaftspark 2010. Essen 2005

RVR [Regionalverband Ruhr]: Das Ruhrgebiet. Zahlen – Daten – Fakten. Essen 2005

RVR [Regionalverband Ruhr]: Datensatz zum Stadtplanwerk Ruhrgebiet – Metadaten für die Geobasisinformationen des Regionalverbandes Ruhr. Essen 2010

RVR [Regionalverband Ruhr] (2010a): Bevölkerungsstruktur und-entwicklung [http://www.metropoleruhr.de/metropoleruhr/daten-fakten/bevoelkerung.html, Zugriff am 02.06.2011]

RVR [Regionalverband Ruhr] (2010b): Hellweg [http://www.ruhrgebiet-regionalkunde.de/glossar/hellweg.php?m=p, Zugriff am 2.6.2011]

RVR [Regionalverband Ruhr] (2010c): Ruhrzone [http://www.
ruhrgebiet-regionalkunde.de/grundlagen_und_anfaenge/
historischer_besiedlungsgang/ruhrzone.php?m=p, Zugriff
am 2.6.2011]

RVR [Regionalverband Ruhr] (2010d): Emscherzone [http://
www.ruhrgebiet-regionalkunde.de/grundlagen_und_anfaen
ge/historischer_besiedlungsgang/emscherzone.php?p=1,6,
Zugriff am 02.06.2011]

RVR [Regionalverband Ruhr] (2010e): Nordwanderung des
Bergbaus im Ruhrgebiet [http://www.ruhrgebiet-regional
kunde.de/grundlagen_und_anfaenge/kohle/nordwanderung_
bergbau.php?p=2,3, Zugriff am 02.06.2011]

RVR [Regionalverband Ruhr] (2010f): Hellwegzone [http://
www.ruhrgebiet-regionalkunde.de/grundlagen_und_anfaen
ge/historischer_besiedlungsgang/hellwegzone.php?p=1,5,
Zugriff am 02.06.2011]

Schmidt, R.: Denkschrift betreffend Grundsätze zur Aufstel-
lung eines General-Siedlungsplanes für den Regierungsbe
zirk Düsseldorf (rechtsrheinisch). Essen 1912. Nachdruck:
Essen 2009

Schürmann, C./Spiekermann, K./Wegener, M.: Erreichbarkeit
und Raumentwicklung. In: Deiters, J./Gräf, P./Löffler, G. (Hg.):
Nationalatlas Bundesrepublik Deutschland, Bd. 9: Verkehr
und Kommunikation. Heidelberg 2001, P124–127

Seggern, H. von: Raum + Landschaft + Entwerfen In: Eisel, U./
Körner, S.: Befreite Landschaft. Moderne Landschaftsar-
chitektur ohne arkadischen Ballast? Beiträge zur Kulturge-
schichte der Natur. Bd. 18, Freising 2009, P265–286

Sieverts, T.: Zwischenstadt: zwischen Ort und Welt, Raum
und Zeit, Stadt und Land. Bauwelt Fundamente 118. Braun-
schweig/Wiesbaden 1997

Spiekermann, K.: Eisenbahnreisezeiten 1870–2010 – Visua-
lisierung mittels eines interaktiven Computerprogramms. In:
Kartographische Nachrichten, 50. Jg. (2000), H. 6, P265–274

Spiekermann, K./Wegener, M.: The Shrinking Continent: New
Time-Space Maps of Europe. In: Environment and Planning B:
Planning and Design, 21. Jg. (1994), P653–673

Spörhase, R./Wulf, I./Wulf, D.: Ruhrgebiet 1840–1930–1970.
In: Prossek, A./Schneider, H./Wessel., H. A./Wetterau, B./
Wiktorin, D.: Atlas der Metropole Ruhr. Köln 2009, P66–71

Steiner, J.: Raumgewinn und Raumverlust: Der Januskopf der
Geschwindigkeit. Raum 3 (1991), P24–27

Studienprojekt F13: Räumliche Szenarien für die Ruhrstadt
2030. Dortmunder Beiträge zur Raumplanung: Projekte 24.
Dortmund 2003

SVR [Siedlungsverband Ruhrkohlenbezirk] (Hg.): Atlaswerk
Regionalplanung. Essen 1960

Wegener, M.: The IRPUD Model. Dortmund 2001 [http://www.
spiekermann-wegener.de/mod/pdf/IRPUD_Model_2001.pdf,
Zugriff am 02.06.2011]

Wegener, M.: SASI Model Description. Working Paper 08/01.
Dortmund 2008. [http://www.spiekermann-wegener.de/mod/
pdf/AP_0801.pdf, Zugriff am 02.06.2011]

Wegener, M., Eskelinen, H., Fürst, F., Schürmann, C., Spieker-
mann, K.: Kriterien für die räumliche Differenzierung des
EU-Territoriums: Geographische Lage. Studienprogramm
zur europäischen Raumplanung. Forschungen 102.1. Bonn
2001 [http://www.bbsr.bund.de/cln_016/nn_23494/BBSR/
DE/Veroeffentlichungen/BMVBS/Forschungen/1998__2006/
Heft102__1.html, Zugriff am 02.06.2011]

Wehling, H.-W.: Die industrielle Kulturlandschaft des Ruhrge
bietes. In: Essener Unikate 19/2002, P110–119

wmr [Wirtschaftsförderung metropoleruhr GmbH] (Hg.):
Konzept Ruhr. Gemeinsame Strategie der Städte und Kreise
zur nachhaltigen Stadt-und Regionalentwicklung in der
Metropole Ruhr. Mülheim an der Ruhr 2008

ZfT [Stiftung Zentrum für Türkeistudien] (Hg.): Teilhabe und
Orientierungen türkeistämmiger Migrantinnen und Migran-
ten in Nordrhein-Westfalen. Ergebnisse der zehnten Mehr-
themenbefragung 2009. Essen 2010

卢格尔·巴斯坦（Ludger Basten）：
博士，德国多特蒙德大学综合教学法研究院社会经济地理方向教授。

主要研究方向：城市和都市区演进过程、规划管制、德国和北美地区（尤其加拿大）的区域郊区化。

海克·汉赫尔斯特（Heike Hanhörster）：
经济博士，空间规划专业工学硕士，德国多特蒙德区域与城市发展研究中心（Institut für Landes-und Stadtentwicklungsforschung，ILS）"城市社会空间"领域研究员。

主要研究方向：社会和种族隔绝、住房市场的包容与排斥、德国城镇难民问题、社区邻里的社会凝聚。

莫纳·El·卡菲夫（Mona El Khafif）：
工学博士，加拿大滑铁卢大学（University of Waterloo）建筑学院副教授、建筑师、规划师，DATAlab项目联系主任，SCALE SHIFT建筑事务所合伙人。

主要研究方向：建筑与城市设计、城市数据分析、城市更新和地区品牌策略、城市生态学。

克劳斯·R·昆兹曼（Klaus R. Kunzmann）：
工学博士，英国纽卡斯尔大学（Newcastle）荣誉文学博士，英国皇家城镇规划协会（MRTPI）荣誉会员，德国多特蒙德大学空间规划学院欧洲空间规划"让·莫内教授"（Jean Monnet Professor，1974—2006年以及2010/2011年担任），2006年"鲁尔区荣誉公民"（Bürger des Ruhrgebiets），1994—1999年IBA埃姆舍景观公园咨询委员会成员，长期致力于鲁尔区结构转型和空间发展研究。

西格伦·郎格纳（Sigrun Langner）：
助理教授，工学博士，景观建筑师，德国魏玛包豪斯大学（Bauhaus-Universität Weimar）城市学和建筑学院景观建筑与规划系负责人，德国莱比锡Station C23建筑学与景观建筑事务所合伙人，城市景观工作室（Studio Urbane Landschaften）成员。

主要研究方向：大尺度景观设计、设计图示语言、城市改造。

安根利卡·明特尔（Angelika Münter）：
空间规划专业工学博士/硕士，德国多特蒙德区域与城市发展研究中心（Institut für Landes- und Stadtentwicklungsforschung，ILS）"大都市区和区域"领域研究员（博士后）。

主要研究方向：多中心空间发展、都市区化、区域治理和区域化、郊区化和再城市化进程。

扬·波利夫卡（Jan Polívka）：
城市与区域规划专业工学博士，德国多特蒙德大学空间规划学院城市设计与土地利用系讲师/城市主义研究组负责人。

主要研究方向：城市设计、城镇建设规划、应用概念和总体发展规划、城市发展与更新策略、城市学理论和实证研究。

阿希姆·普罗思科（Achim Prossek）：
地理学博士，德国柏林洪堡大学地理研究所研究员。

主要研究方向：应用地理、城市和文化地理学、城市空间意象、区域发展过程。

克里斯塔·莱歇尔（Christa Reicher）：
德国多特蒙德大学空间规划学院城市设计与土地利用系系主任、教授，建筑师和城市规划师，德国亚琛reicher haase architekten + stadtplaner设计事务所合伙人。

主要研究方向：城市设计、城市与景观规划设计、建筑文化。

弗兰克·鲁斯特（Frank Roost）：
城市与区域规划专业工学博士，德国卡塞尔大学（Universität Kassel）城市和区域规划系系主任、教授。

主要研究方向：建筑社会学、城市营销、大都市区品牌化和城市复兴策略。

亚瑟民·乌克图（Yasemin Utku）：
城市规划和建筑学专业双硕士，德国多特蒙德sds_utku城市设计、历史遗产保护与城市学事务所（sds_utku Büro für Städtebau Denkmalpflege Stadtforschung）主任，德国多特蒙德大学空间规划学院和德国科隆应用科技大学"北威州城市设计硕士项目"（Master Städtebau NRW an der TH Köln）讲师。

主要研究方向：城市发展、城市设计、城市更新、城市遗产保护与城市建设历史。

迈克尔·维格纳（Michael Wegener）：
教授，德国柏林工业大学建筑学专业硕士，德国亚琛工业大学城市与区域规划专业工学博士，1999—2003年任德国多特蒙德大学空间规划学院空间规划研究所执行董事，2003迄今任多特蒙德Spiekermann & Wegener城市与区域研究事务所合伙人。

主要研究方向：空间发展和规划理论（特别是居民点发展与交通领域）、欧洲空间规划、空间规划中的规划过程理论与数学模型方法及信息系统。

李潇：城市规划与设计专业硕士，高级城市规划师，2007—2013年就职于中国城市规划设计研究院，2013年起于德国多特蒙德大学空间规划学院从事博士研究（德意志学术交流中心博士科研奖学金持有者）。

主要研究方向：城市设计、产业转型与空间重构、区域治理。

黄翊：人文地理学硕士，中国建筑工业出版社编辑

Schichten einer Region
Kartenstücke zur räumlichen Struktur des Ruhrgebiets

编者
» 克里斯塔•莱歇尔(Christa Reicher)
» 克劳斯•R•昆兹曼(Klaus R. Kunzmann)
» 扬•波利夫卡(Jan Polívka)
» 弗兰克•鲁斯特(Frank Roost)
» 亚瑟民•乌克图(Yasemin Utku)
» 迈克尔•维格纳(Michael Wegener)

加工处理
» 德国多特蒙德大学空间规划学院城市设计与土地利用系(Fachgebiet Städtebau, Stadtgestaltung und Bauleitplanung, Fakultät Raumplanung, TU Dortmund)
» 德国多特蒙德区域与城市发展研究中心(Institut für Landes– und Stadtentwicklungsforschung gGmbH)

联合作业
» Urbaneslabor_Zentrum für Baukultur e. g. V.

作者
» 卢德纳•巴斯顿(Ludger Basten)
» 海克•汉赫尔斯特(Heike Hanhörster）
» 莫纳•El•卡菲夫(Mona El Khafif)
» 克劳斯•R•昆兹曼(Klaus R. Kunzmann)
» 西格伦•郎格纳(Sigrun Langner)
» 安根利卡•明特尔(Angelika Münter)
» 扬•波利夫卡(Jan Polívka)
» 阿希姆•普罗思科(Achim Prossek)
» 克里斯塔•莱歇尔(Christa Reicher)
» 弗兰克•鲁斯特(Frank Roost)
» 迈克尔•维格纳(Michael Wegener)
» 亚瑟民•乌克图(Yasemin Utku ）

合作者
» 伊万•费歇尔•克拉珀(Ivonne Fischer–Krapohl)
» 马尔库斯•赫尔罗(Markus Hero)
» 帕特里克•劳森(Patrick Lausen)
» 迈克尔•莱利(Michael Reilly)
» 布约恩•施瓦尔兹(Björn Schwarze)
» 克劳斯•施毕科尔曼(Klaus Spiekermann)
» 托比亚斯•特尔波腾(Tobias Terpoorten)
» 托比亚斯•温多尔夫(Tobias Wendorff)

图像分析与绘制
» 诺亚•格利尔(Noah Greer)
» 麦斯•al•亚法里(Mais al Jafari)
» 施特凡•考朴(Stefan Kaup)
» 里昂•马尔廷森(Leah Marthinsen)
» 拉尔斯•尼曼(Lars Niemann)
» 尼可拉斯•莱克普(Niklas Rehkopp)
» 伊莎贝尔•罗游•普里多(Isabel Rojo Pulido)
» 犹塔•赫恩施(Jutta Rönsch)
» 托马斯•施拉姆(Thomas Schramme)
» 卡里那•塔莫舒斯(Carina Tamoschus)
» 卡尔罗斯•托比施(Carlos Tobisch)
» 卢卡斯•凡•米尔马斯(Lucas van Meer–Mass)

统计数据分析
» 尤里亚•布鲁克施(Julia Breuksch)
» 诺亚•格利尔(Noah Greer)
» 科里纳•哈曼(Corinna Hamann)
» 亚历山大•林德(Alexandra Linde)
» 里昂•马尔廷森(Leah Marthinsen)
» 阿玛尔•麦尤菲(Amal Mayoufi)
» 提莫•吕思勒尔(Timo Rüßler)
» 詹斯•索夫纳(Jens Soffner)

责任人
» 克里斯塔•莱歇尔(Christa Reicher)
» 扬•波利夫卡(Jan Polívka)

项目管理
» 扬•波利夫卡(Jan Polívka)

专业校审
» 卢兹•迈尔策尔(Lutz Meltzer)

排版设计
» 德国多特蒙德labor b图文设计公司 (labor b designbüro)

图像设计
» 作者与合作者
» 德国多特蒙德labor b图文设计公司 (labor b designbüro)

印刷
» Kettler Druck公司, 伯嫩（Bönen）

所用字体
» Lineto Akkurat

所用纸张
» Schneidersöhne PlanoJet 120 g/m2

德国国家图书馆(Deutsche Nationalbibliothek)的书目信息

德国国家图书馆已经通过关联数据服务平台（DNB）收藏了本书，具体数据资料详见以下网址链接：
http://dnb.d-nb.de abrufbar.

jovis出版社(jovis Verlag GmbH)
Kurfürstenstraße 15/16
10785 柏林（Berlin）
www.jovis.de

ISBN
» 978–3–86859–113–2

赞助商/支持方

» 北莱茵-威斯特法伦州经济、能源、建筑、住房与交通部(Ministerium für Wirtschaft, Energie, Bauen, Wohnen und Verkehr des Landes Nordrhein-Westfalen)

» 埃姆舍合作社(Emschergenossenschaft)

» 鲁尔地区联盟(Regionalverband Ruhr)

» "鲁尔倡议"集团(Initiativkreis Ruhr)

» "埃姆舍之友"协会(Emscher-Freunde e.V.)

» 市政府：波鸿，多特蒙德，杜伊斯堡，黑尔腾，埃森，盖尔森基兴，卡门，卡斯特罗普-劳克塞尔，吕能

特别鸣谢

» 克里斯托弗•贝克(Christoph Beck)，达姆施塔特市政府

» 沃尔夫冈•贝克勒格(Wolfgang Beckröge)博士，鲁尔地区联盟

» 汉斯•约根•贝斯特(Hans-Jürgen Best)，埃森市政府

» 汉斯•H•布鲁特伏格尔(Hans H. Blotevogel)教授，博士，多特蒙德大学

» 施德芬•伯克勒尔(Stefan Böckler)博士，杜伊斯堡统计、城市研究与欧洲事务局(Amt für Statistik, Stadtforschung und Europaangelegenheiten der Stadt Duisburg)

» 莱奈尔•丹尼兹科(Rainer Danielzyk)教授，博士，德国多特蒙德区域与城市发展研究中心

» 约根•德累斯勒尔(Jürgen Dressler)，杜伊斯堡市政府

» 卡尔•亚斯伯尔(Karl Jasper)，北莱茵-威斯特法伦州经济、能源、建筑、住房与交通部

» 珍斯•汉德里克斯(Jens Hendrix)，波鸿市政府

» 约根•埃维尔特(Jürgen Evert)，吕能市政府

» 乌维•格吕兹纳(Uwe Grützner)，多特蒙德大学

» 艾恩斯特•克拉兹施(Ernst Kratzsch)博士，波鸿市政府

» 埃克阿尔特•科吕克(Eckart Kröck)，波鸿市政府

» 汉斯•约根•莱奇特雷克(Hans-Jürgen Lechtreck)博士，埃森富克旺根博物馆

» 沃尔克尔•林德纳(Volker Lindner)，黑尔腾市政府

» 那丁•梅格德弗朗(Nadine Mägdefrau)，多特蒙德大学

» 迈克尔•米勒(Michael von der Mühlen)，盖尔森基兴市政府

» 马丁•奥尔登哥特(Martin Oldengott)，卡斯特罗普-劳克塞尔市政府

» 玛缇那•奥尔登哥特(Martina Oldengott)教授，博士，埃姆舍合作社

» 托马斯•罗梅尔施普拉赫(Thomas Rommelspacher)博士，鲁尔区域联盟

» 卡罗拉•舒尔兹(Carola Scholz)，北莱茵-威斯特法伦州经济、能源、建筑、住房与交通部

» 艾格伯尔特•施雷德尔(Egbert Schröder)，鲁尔地区联盟

» 里塔•舒尔兹•伯因格(Rita Schulze Böing)，哈姆市政府

» 拉夫•舒马赫尔(Ralf Schumacher)，埃姆舍合作社

» 迈克尔•施瓦尔兹•罗德里安(Michael Schwarze-Rodrian)，鲁尔都市区经济发展协会

» 托马斯•西维尔兹(Thomas Sieverts)教授，博士，慕尼黑

» 乌利希•西尔劳(Ullrich Sierau)，多特蒙德市政府

» 约痕•施特普勒维斯基(Jochen Stemplewski)博士，埃姆舍合作社

» 拉斯•塔踏(Lars Tata)博士，"鲁尔倡议"集团

» 托马斯•特尔弗吕希特(Thomas Terfrüchte)，多特蒙德大学

» 约翰纳斯•特尔文(Johannes Terwyen)，鲁尔区域联盟

» 莱奈尔•魏克林(Rainer Wilking)，北莱茵-威斯特法伦州国家总理局

» 拉夫•茨梅尔•赫格曼(Ralf Zimmer-Hegmann)，德国多特蒙德区域与城市发展研究中心

» 克里斯多夫•崔伯尔(Christoph Zöpel)教授，博士，多特蒙德大学

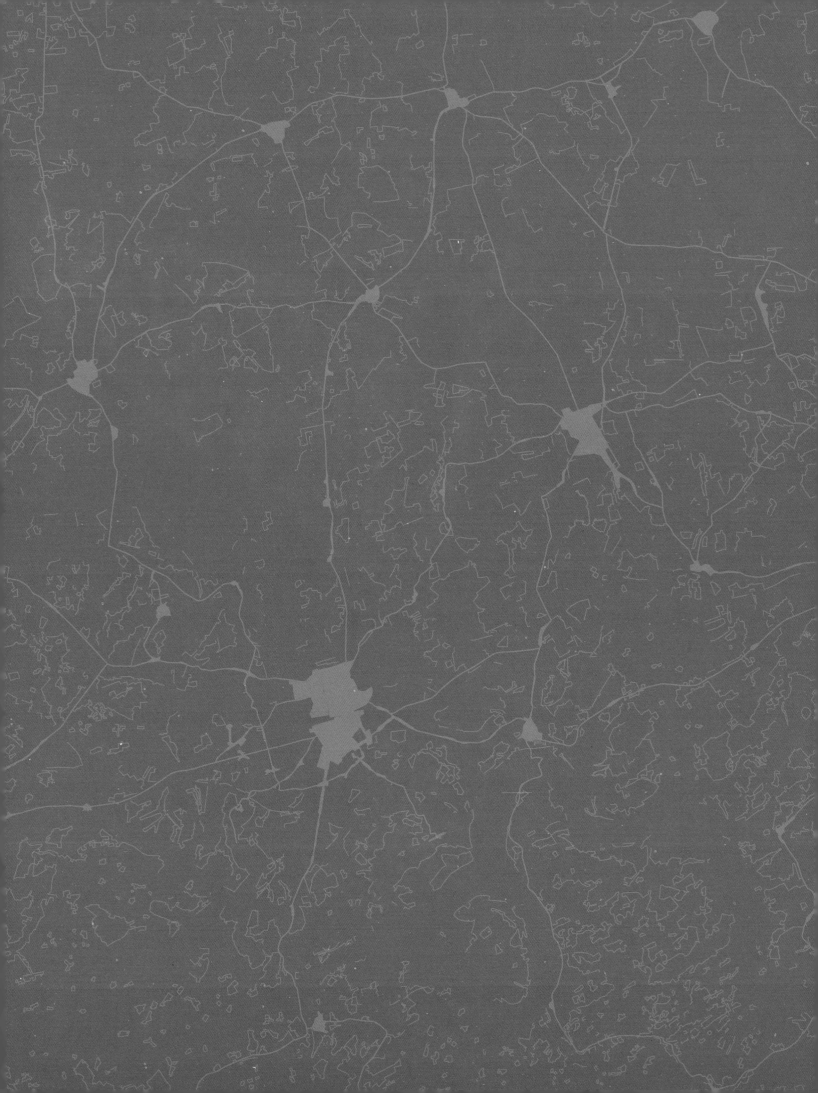